职业教育机械类专业“互联网+”新形态教材

金属材料与热加工

主　编　许秀举　赵洪胜
副主编　赵　松　王春青
参　编　杨淑霞　李　斌　李　建
　　　　孙　航　吕　震　付　强
主　审　郑泽锋

机 械 工 业 出 版 社

本书是根据山东省教育厅新颁布的《山东省中等职业学校机械加工制造技术专业教学指导方案（试行）》，同时参考国家职业资格标准编写的。本书主要讲述了金属的性能、铁碳合金、钢的热处理、合金钢、铸铁、有色金属及硬质合金、铸造、锻压、焊接等内容。本书在内容上尽量简化理论介绍，文字精炼，通俗易懂；介绍了近几年出现的新知识、新工艺、新技术，采用了现行相关国家标准；突出职业教育特色，做到图解直观形象，尽量联系生产实际；每个项目里都配备了课后练习，引导学生积极思考；附有实验项目，力求对学生加强实验技能和综合能力的培养；同时运用了“互联网+”形式，在每个项目知识目标附近嵌入微课二维码，方便读者理解相关知识，进行更深入的学习。

本书可作为中等职业院校机械类相关专业教材，也可作为机械类中级技术工人和职工岗位培训教材。

为便于教学，本书配套有电子课件、操作视频等教学资源，凡选用本书作为授课教材的教师可登录 www.cmpedu.com 注册后免费下载。

图书在版编目（CIP）数据

金属材料与热加工/许秀举，赵洪胜主编. —北京：机械工业出版社，2021.5

职业教育机械类专业“互联网+”新形态教材

ISBN 978-7-111-67702-4

Ⅰ.①金… Ⅱ.①许… ②赵… Ⅲ.①金属材料-热加工-中等专业学校-教材 Ⅳ.①TG306

中国版本图书馆 CIP 数据核字（2021）第 041703 号

机械工业出版社（北京市百万庄大街 22 号 邮政编码 100037）
策划编辑：黎 艳 责任编辑：黎 艳 王海霞
责任校对：陈 越 封面设计：张 静
责任印制：张 博
三河市国英印务有限公司印刷
2021 年 6 月第 1 版第 1 次印刷
184mm×260mm · 12.25 印张 · 301 千字
0001—1900 册
标准书号：ISBN 978-7-111-67702-4
定价：39.80 元

电话服务 网络服务
客服电话：010-88361066 机 工 官 网：www.cmpbook.com
010-88379833 机 工 官 博：weibo.com/cmp1952
010-68326294 金 书 网：www.golden-book.com
封底无防伪标均为盗版 机工教育服务网：www.cmpedu.com

前言 PREFACE

本书是按照山东省教育厅新颁布的《山东省中等职业学校机械加工制造技术专业教学指导方案（试行）》的要求，经过机械工业出版社初评、申报的职业教育机械类专业“互联网+”新形态教材。

本书主要介绍金属材料的组织、性能以及热加工的基础知识。通过对本书的学习，学生可以认识金属材料，知道它们的由来，学会如何识别和使用它们；培养学生动手操作能力和社会实践能力，以及收集、处理和使用信息的能力；培养学生独立思考、自主探究和求实创新的意识。本书编写过程中，重视内容与实际生产和科技发展的联系，关注学生的发展和学习兴趣，突出对学生能力的培养，以“宽、浅、用、新”为原则，在充分调研的基础上，以最新的课程标准为依据，将内容分成了九个项目。在编写本书时主要突出了以下几个特色：

1. 精选整合内容，不讲深奥的理论知识。例如，在项目二中，铁碳合金相图中典型合金结晶过程的理论性强，内容枯燥乏味，实验条件难以达到，属于难教、难学内容，而这部分内容在工作中应用很少，本书未予介绍。

2. 创新教材的编写方法，结合生活中的实例，增加“想一想”“小知识”“拓展知识”“交流讨论”等小栏目，创设了开放的、面向实际的学习情景，以促进师生互动，激发学生学习兴趣，培养学生主动探究、独立思考的能力。

3. 努力拓宽知识面，介绍新工艺、新技术。金属材料课程属于应用性强的学科，如果仅以文字的方式呈现，难免会枯燥乏味。本书根据学生实践经验匮乏的情况，尽量增加生产实践中的典型图片，适当穿插一些史料和新闻。例如，书中介绍了越王勾践剑、曾侯乙编钟、“鸟巢”等实例，以增强学生主动阅读教材的兴趣，拓宽视野，丰富知识，激发学生的求知欲望。

4. 书中名词、术语、图表、符号、单位均采用现行相关国家标准和法定计量单位。

5. 尽可能使用图片、实物、表格、思维导图等形式把相关知识点展现出来，让学生更直观地认知金属。书中增加了学生身边的生活实例，使内容更加具体，更贴近学生自身生活。例如，书中介绍了计算机主板散热片、熔丝、不锈钢阀门等实例，引导学生认识金属材料应用的基础知识。

6. 加大了实验和企业实践相关内容，例如热处理车间、拉伸试验、硬度试验、冲击试验、钢的火花鉴别等方面的内容。通过这些内容，让学生在实践中加深对知识的理解与掌握。

7. 运用了“互联网+”技术，在每个项目的知识目标附近设置了微课二维码，使用者可以用智能手机进行扫描，便可在手机屏幕上显示和教学资源相关的多媒体内容，方便读者理解相关知识，进行更深入的学习。

本书在教学安排上有以下几点说明：①多采用实验、多媒体辅助教学、实物展示、企业参观等教学手段，引导学生观察、探究；②根据书中内容，适时安排生产实践，以使理论与实践结合；③相关学习效果考核由日常考核、理论考核和技能考核组成，日常考核主要考核学生的学习态度、作业完成情况、安全文明生产情况，理论考核主要考核学生对理论知识的掌握程度，技能考核主要检验学生的动手能力和对理论知识的应用能力。

本书可安排 107 学时，各项目参考学时见下表：

项目	参考学时	项目	参考学时
项目一　认识金属的性能	6 学时	项目八　认识锻压	10 学时
项目二　认识铁碳合金	10 学时	项目九　认识焊接	30 学时
项目三　认识钢的热处理	16 学时	实验一　拉伸试验	1 学时
项目四　认识合金钢	8 学时	实验二　布氏硬度试验	1 学时
项目五　认识铸铁	6 学时	实验三　摆锤冲击试验	1 学时
项目六　认识有色金属及硬质合金	6 学时	实验四　钢的热处理	1 学时
项目七　认识铸造	10 学时	实验五　钢的火花鉴别	1 学时
		合计	107 学时

本书由烟台机电工业学校许秀举、赵洪胜任主编，烟台船舶工业学校郑泽锋主审，烟台船舶工业学校赵松、齐河县职业中等专业学校王春青任副主编。具体编写分工如下：许秀举编写了项目一、项目五、项目九和实验一，赵洪胜编写了项目七和项目八，赵松编写了项目三、项目六和实验四，王春青编写了项目四和实验五，齐河县职业中等专业学校李斌编写了项目二和实验三，阳谷县职业中专杨淑霞参编项目八和实验二，齐河县职业中等专业学校李建参编项目九，潍坊机械工业学校孙航参编项目七，参与编写的还有淄博理工学校吕震、烟台船舶工业学校付强，编写了二维码。在本书编写过程中，烟台机械工程学校刘玉金、日照工业学校窦湘萍、聊城技师学院刘兴成提供了相关资料，同时参阅了国内外出版的有关教材和文献资料，在此向文献资料的作者致以诚挚的谢意，并感谢对本书编写给予支持的企业和行业专家。

由于编者水平有限，书中难免存在不足之处，恳请读者批评指正。

编　者

二维码索引

CONTENTS 目录

项目一

认识金属的性能

知识目标

1. 掌握金属材料的性能包括哪些内容
2. 掌握金属材料力学性能指标的含义及应用
3. 掌握低碳钢拉伸曲线的绘制及各段曲线的含义
4. 能够了解力学性能指标的测试方法及应用
5. 了解金属工艺性能的有关概念
6. 熟悉和掌握金属材料工艺性能的衡量指标

能力目标

1. 了解常用物理、化学性能对材料的应用范围、产品质量及工艺性能的影响
2. 了解硬度的测试方法及应用
3. 能够根据加工要求，正确地选择机械工程材料
4. 能根据机件的工作条件，对其分析制造材料力学性能的要求

素质目标

1. 能理解常用力学性能指标在工业生产中的应用
2. 能充分认识工艺性能在机械加工中的重要性
3. 具备搜索、阅读、鉴别资料、文献、获取信息的能力
4. 具有严谨的工作态度以及较强的质量和成本意识
5. 能解决生产中的实际问题

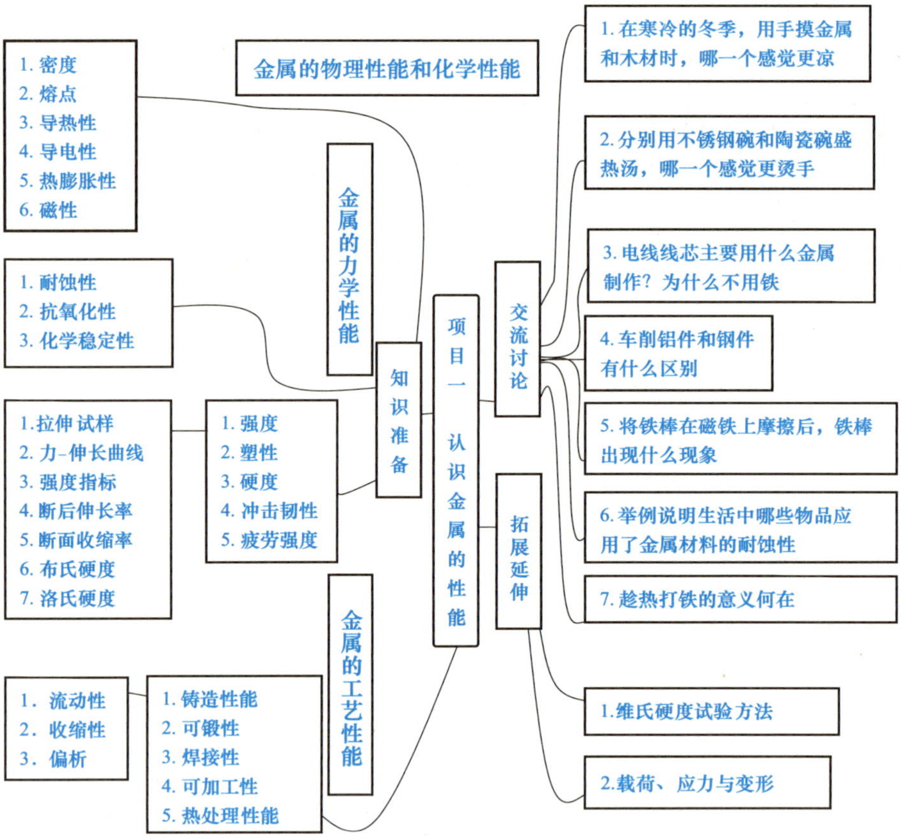

在人类历史发展的长河中，金属材料因其自身所拥有的优异性能，被人类广泛应用到生活和生产中。例如，灯泡中的钨丝、电路中用于过载保护的锡丝、用于电路板散热的铝片、制作导线的铜或铝、用在渔具上的铅制吊坠、管路连接中的不锈钢阀门、玻璃刀的金刚石割头、铆钉等应用实例不胜枚举。通过本项目的学习，可以掌握金属材料的力学性能及其变化规律，为日后能够更好地利用金属材料打下坚实的基础。

金属材料的使用性能是指金属在使用过程中所表现出来的性能，包括物理性能、化学性能和力学性能。本项目重点学习金属材料的力学性能指标——强度、塑性、硬度、冲击韧性及疲劳强度。

金属材料的工艺性能是指金属在加工过程中所表现出来的性能，包括铸造性能、可锻性、焊接性、可加工性及热处理性能。金属材料性能分类如图 1-1 所示。

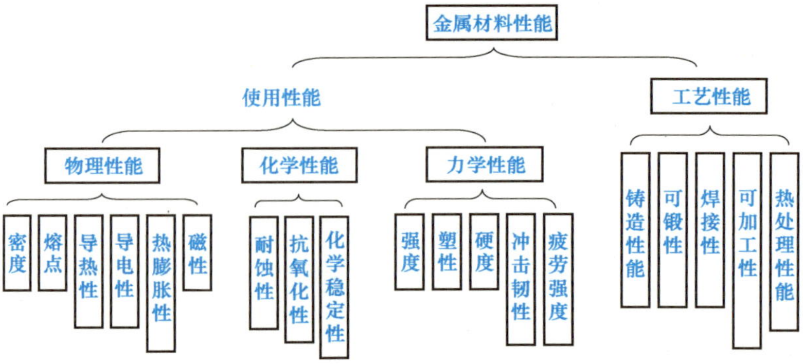

图 1-1　金属材料性能分类

任务一 金属的物理性能和化学性能

金属固有的属性称为金属的物理性能；金属在环境的化学作用下所表现出来的性能称为金属的化学性能。

一、金属的物理性能

1. 密度

物质单位体积的质量称为密度。密度小于 5×10^3 kg/m^3 的金属称为轻金属，如铝、镁、钛及它们的合金，轻金属多用于航天航空器上；密度大于 5×10^3 kg/m^3 的金属称为重金属，如铁、铅、钨等。

小知识

德国大众汽车集团奥迪 A8L（图 1-2）轿车车身用铝合金量达 80%。我国汽车除上海桑塔纳、一汽奥迪和捷达车身用铝合金较多外，国产轿车以红旗轿车车身铝合金用量较多，为 80~100kg。用铝合金结构代替钢结构，汽车质量可减少 30%~40%。采用铝合金作为车身材料是实现汽车轻量化、环保、节能的重要途径之一。

钛合金素有“太空金属”之称，因其有密度小、耐高温、耐腐蚀、耐低温、强度高等优点，使其成为制造火箭发动机壳体及人造卫星（图 1-3）、宇宙飞船的合适材料。

图 1-2 奥迪 A8L 轿车车身

图 1-3 人造卫星

2. 熔点

金属或合金从固态向液态转变时的温度称为熔点。纯金属都有固定的熔点。熔点高的金属称为难熔金属，如钨、钼、钒等；熔点低的金属称为易熔金属，如锡、铅等。

小知识

熔点高的金属可以用来制造耐高温零件，它们在火箭、导弹、燃气轮机和喷气飞机上得到广泛应用；熔点低的金属可用于制造熔丝和防火安全阀等零件。

钨常用作灯泡里的灯丝，有“光明使者”的美誉，主要利用了其熔点高的特性。

3. 导热性

物质传导热量的好坏称为导热性。导热性用热导率来衡量，热导率越大，导热性越好。

金属的导热性以银的表现最好，铜、铝次之。纯金属的导热性比合金好。

小知识

在热加工和热处理时，必须考虑金属材料的导热性，防止材料在加热或冷却过程中形成过大的内应力，而使零件变形或开裂。导热性好的金属散热性也好，在制造计算机主板散热器（图1-4）、汽车散热器（图1-5）与活塞等零件时，要选用导热性好的金属材料。

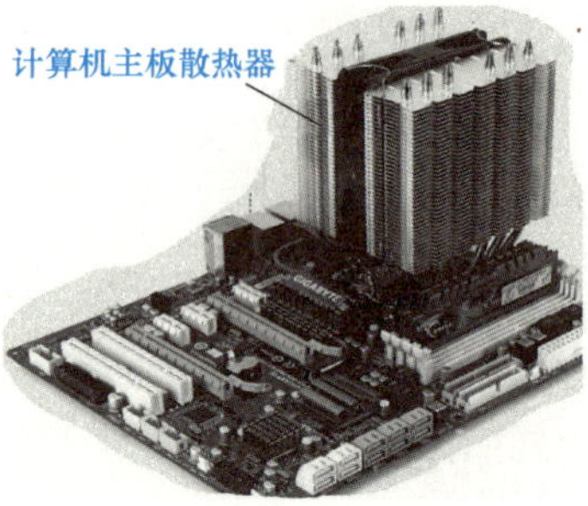

图 1-4　计算机主板散热器

图 1-5　汽车散热器

想一想：

1）在寒冷的冬季，用手摸金属和木材时，哪一个感觉更凉？

2）分别用不锈钢碗和陶瓷碗盛热汤，哪一个感觉更烫手？

4. 导电性

物质传导电流的能力称为导电性，用电阻率来衡量。电阻率越小，金属材料导电性越好。金属材料的导电性以银的表现为最好，铜、铝次之。

合金的导电性比纯金属差。电阻率小的金属（纯铜、纯铝）适合制造导电零件和导线。电阻率大的金属或合金（如钨、钼、铁、铬、铝）适合做电热元件。

想一想：

电线线芯主要用什么金属制作？为什么不用铁？

5. 热膨胀性

金属材料随着温度变化而膨胀或收缩的特性称为热膨胀性。

由膨胀系数大的材料制造的零件，在温度变化时，其尺寸和形状变化较大。例如，轴和轴瓦之间要根据其膨胀系数来控制其间隙尺寸；在热加工和热处理时也要考虑材料热膨胀性的影响，以减少工件的变形和开裂。

想一想：

车削铝件和钢件有什么区别？

6. 磁性

金属材料在磁场中受到磁化的性能称为磁性。铁磁性材料在外磁场中能强烈地被磁化，如铁、钴等。顺磁性材料在外磁场中只能微弱地被磁化，如锰、铬等。抗磁性材料能抗拒或削弱外磁场对材料本身的磁化作用，如铜、锌等。

铁磁性材料可用于制造变压器、电动机、测量仪表等。抗磁性材料则用于制造要求避免电磁场干扰的零件和结构材料，如航海罗盘等。当铁磁性材料的温度升高到一定数值时，其磁畴将被破坏而变为顺磁体，这个转变温度称为居里点，如铁的居里点是770℃。

试一试

将铁棒在磁铁上摩擦后，铁棒会出现什么现象?

常见金属材料的物理性能见表1-1。

表1-1 常见金属材料的物理性能

金属材料名称	符号	密度(20℃)/(kg/m³)	熔点/℃	热导率/(W/m·K)	膨胀系数/(10^{-6}/℃)	电阻率/10^{-6}Ω·cm
银	Ag	10.49×10^3	960.8	418.6	19.7	1.5
铜	Cu	8.96×10^3	1083	393.5	17	1.67
铝	Al	2.70×10^3	660	221.9	23.6	2.655
铁	Fe	7.87×10^3	1538	75.4	11.76	9.7
锡	Sn	7.30×10^3	231.232	62.8	2.3	11.5
钨	W	19.3×10^3	3422	166.2	4.6	5.1
钛	Ti	4.51×10^3	1668	15.1	8.2	42.1~47.8

二、金属的化学性能

金属材料的化学性能包括耐蚀性、耐热性、抗氧化性等，其中耐蚀性和抗氧化性统称为化学稳定性。在高温下的化学稳定性称为热稳定性。

1. 耐蚀性

金属在常温下抵抗氧、水蒸气及其他化学介质腐蚀破坏的能力称为耐蚀性。碳钢、铸铁的耐蚀性较差；钛及其合金、不锈钢的耐蚀性好；铝合金和铜合金也有较好的耐蚀性。

2. 抗氧化性

金属材料在加热时抵抗氧化作用的能力称为抗氧化性。加入铬、硅等元素，可提高钢的抗氧化性。例如，4Cr9Si2可制造内燃机排气阀及加热炉炉底板、料盘等。

3. 化学稳定性

物质在化学因素作用下保持原有物理、化学性质的能力称为化学稳定性。

交流讨论

举例说明生活中哪些物品应用了金属材料的耐蚀性。

课后练习

一、选择题

1. 下列________是轻金属。

A. 钛　　B. 铁　　C. 铅　　D. 钨

2. 下列金属中熔点最高的是________。

A. 铝　　　　B. 银　　　　C. 锡　　　　D. 钨

二、填空题

1. 金属材料的物理性能包括________、________、________、________、________、________。

2. 金属材料的化学性能包括________、________和________三种。

三、简答题

制作导线时为什么用铜，而不用银和铝？

任务二　金属的力学性能

在生活中，经常可以看到铁制物品容易生锈，而不锈钢不易生锈；弹簧压缩后会恢复到原来的形状，而铁丝不会恢复原状；钳子可以截断铁丝，其自身却毫发未损；锤子可以反复敲打其他材料使用等现象。这些现象都是金属的什么性质在起作用？在设计选材时要知道哪些知识？

材料在力的作用下表现出来的性能，称为力学性能。

一、强度

金属在静载荷作用下抵抗塑性变形或断裂的能力称为强度，其大小通常用应力表示，常用的强度指标有屈服强度和抗拉强度。根据载荷作用方式不同，强度可分为抗拉强度、抗压强度、抗剪强度、抗扭强度和抗弯强度。

测定强度大小的方法是拉伸试验。将标准试样放到拉伸试验机（图 1-6）上，对试样缓慢增加静载荷，使其不断产生变形，直至试样被拉断。在此过程中，同时连续测量静载荷 F 及相应试样伸长量 ΔL 的数据，求出试样的有关力学性能。详细操作见实验一。

1. 拉伸试样

在国家标准（GB/T 228.1—2010）中明确规定了拉伸试样的形状、尺寸及加工要求等。拉伸试样的常见截面形状有圆形、矩形、多边形，本试验中采用圆形拉伸试样，如图 1-7 所示。

图 1-6　拉伸试验机

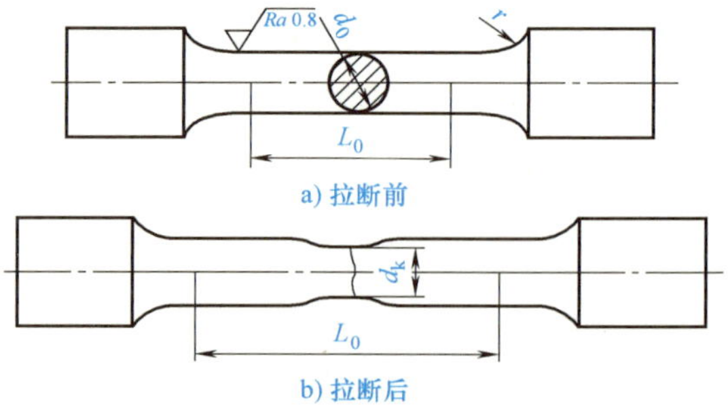

图 1-7　圆形拉伸试样

2. 力-伸长曲线

根据试验测得的数据，以静载荷 F 为纵坐标，试样伸长量 ΔL 为横坐标，在直角坐标系中绘出 F 与 ΔL 之间的关系，由此得到的关系曲线，称为力-伸长曲线，如图 1-8 所示。

在力-伸长曲线上可以清楚地看到拉伸过程包含四个阶段，分别为弹性变形阶段、屈服阶段、变形强化阶段和缩颈与断裂阶段。

（1）弹性变形阶段（曲线 Oe 段） 试样在曲线 oe 段处于弹性变形阶段，一旦载荷撤去，则变形完全消失，试样恢复原状。

（2）屈服阶段（曲线 es 段） 当载荷超过 F_e 后，若撤去载荷，试样的变形只能恢复一部分，也就是说，试样发生了塑性变形。当载荷增加到 F_s 后，曲线变为锯齿形，这种在载荷不增加的情况下，变形量继续增加的现象称为屈服。材料屈服后将出现较大的塑性变形。

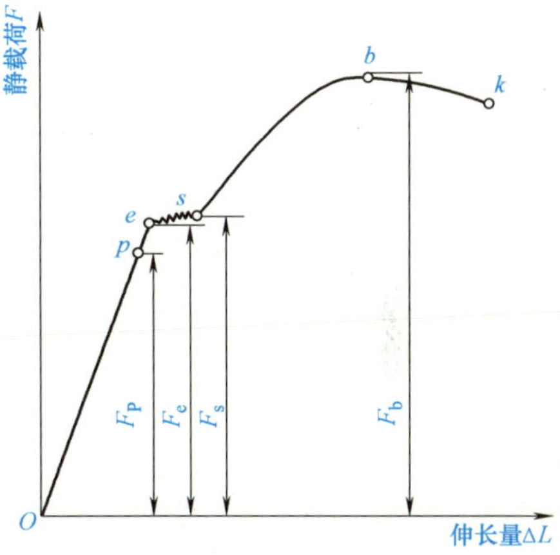

图 1-8 F-ΔL 曲线（力-伸长曲线）

（3）变形强化阶段（曲线 sb 段） 屈服阶段后，要让试样继续伸长，则必须不断增加载荷。随着变形量的增加，试样的变形抗力也越来越大，这种现象称为形变强化（俗称加工硬化）。F_b 是试样屈服后所能抵抗的最大载荷。

（4）缩颈与断裂阶段（曲线 bk 段） 当载荷达到最大值 F_b 后，试样局部将发生收缩，称为缩颈。试样变形所需载荷随之降低，变形集中在缩颈部分，直至试样断裂。

3. 强度指标

（1）屈服强度 出现屈服现象时，金属材料发生塑性变形而力不增加的应力点称为屈服强度。屈服强度分为上屈服强度 R_{eH} 和下屈服强度 R_{eL}。通常用下屈服强度代表屈服强度，其计算公式为

$$R_{eL}=\frac{F_{eL}}{S_o}$$

式中 R_{eL}——试样的下屈服强度，单位是 MPa；

F_{eL}——试样屈服时的下拉伸力，单位是 N；

S_o——拉伸试样原始横截面面积，单位是 mm^2。

小知识

铸铁、高碳钢等材料在拉伸时没有明显的屈服现象。对于这些材料，规定用产生 0.2% 残余伸长时的应力作为其屈服强度，用 $R_{p0.2}$ 表示。

（2）抗拉强度 材料在拉断前所能承受的最大应力称为抗拉强度，其计算公式为

$$R_m=\frac{F_m}{S_o}$$

式中 R_m——抗拉强度，单位是 MPa；

F_m——试样在屈服阶段后所能承受的最大载荷，单位是 N；

S_o——试样原始横截面面积，单位是 mm^2。

小知识

屈服强度 R_{eL} 和抗拉强度 R_m 是机械零件设计和选材时的主要依据，可以在相关金属材料手册中查到。一般来讲，设计时要求零件在弹性状态下工作，不允许出现塑性变形，更不允许工作时的应力大于抗拉强度 R_m。

二、塑性

材料断裂前产生永久变形的能力称为塑性。塑性指标有断后伸长率和断面收缩率。

1. 断后伸长率

断后伸长率是指试样拉断后标距的伸长量与原始标距的百分比，即

$$A=\frac{L_u-L_o}{L_o}\times 100\%$$

式中 A——断后伸长率；

L_o——试样原始标距长度，单位是 mm；

L_u——试样拉断后的标距长度，单位是 mm。

2. 断面收缩率

断面收缩率是指试样拉断后，缩颈处面积的变化量与原始横截面面积的百分比，即

$$Z=\frac{S_o-S_u}{S_o}\times 100\%$$

式中 Z——断面收缩率；

S_o——试样原始的横截面面积，单位是 mm^2；

S_u——试样拉断后缩颈处的横截面面积，单位是 mm^2。

小知识

金属材料的断后伸长率和断面收缩率数值越大，说明材料的塑性越好。塑性好的材料易加工，例如，钢棒可以拉伸成钢丝，钢丝可以任意弯曲制作各种工艺品。而铸铁的断后伸长率和断面收缩率几乎等于零，不能进行塑性加工。

三、硬度

金属材料抵抗局部变形，特别是塑性变形、压痕或划痕的能力称为硬度。硬度是在硬度试验机（图 1-9）上测得的，常用硬度类型有布氏硬度、洛氏硬度、维氏硬度等。

1. 布氏硬度

（1）布氏硬度测试方法　如图 1-10 所示，用直径为 D 的硬质合金球做压头，以规定的试验力 $\boldsymbol{F}$ 压入试样表面，并保持规定时间后卸除试验力，测量试样表面的压痕直径 d，然后根据压痕直径 d 计算其硬度值。布氏硬度值是用球面压痕单位表面积上所承受的平均压力表示的，符号用 HBW 表示。

$$\text{HBW}=常数\times\frac{F}{S}=0.102\times\frac{2F}{\pi D(D-\sqrt{D^2-d^2})}$$

式中 S——球形压痕表面积，单位是 mm^2；

F——试验力，单位是 N；

D——压头直径，单位是 mm；

d——压痕平均直径，单位是 mm。

图 1-9 布氏硬度试验机

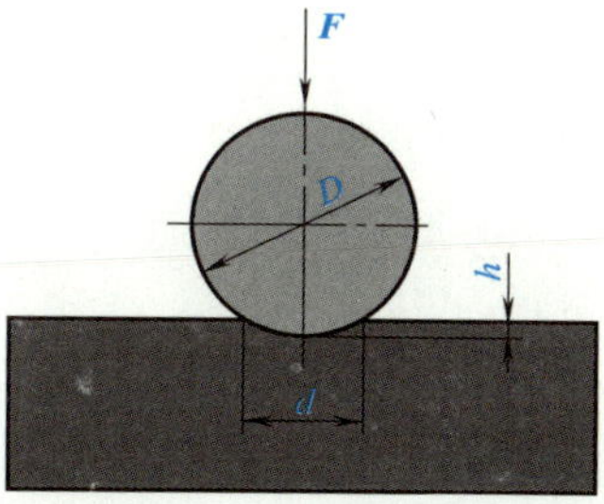

图 1-10 布氏硬度试验原理

在实际应用中，布氏硬度值一般不用计算，只需用专用刻度放大镜测出 d 值，再从压痕对照表中查出硬度值即可。

（2）布氏硬度表示方法 在符号 HBW 之前写硬度值，之后的数字依次表示压头直径/试验力/保持时间（保持时间为 10～15s 时可以不标出）。例如，140HBW10/1000/30 表示用直径为 10mm 的硬质合金球，在 1000kg（9.8kN）的试验力作用下保持 30s 所测得的布氏硬度值为 140。

小知识

布氏硬度主要用来测量铸铁、非铁金属材料及经过退火、正火和调质处理等的较软钢材的硬度。

2. 洛氏硬度

（1）洛氏硬度测量方法 试验所用压头为 120°金刚石圆锥或直径为 1.5875mm 的硬质合金球。试验示意图如图 1-11 所示。

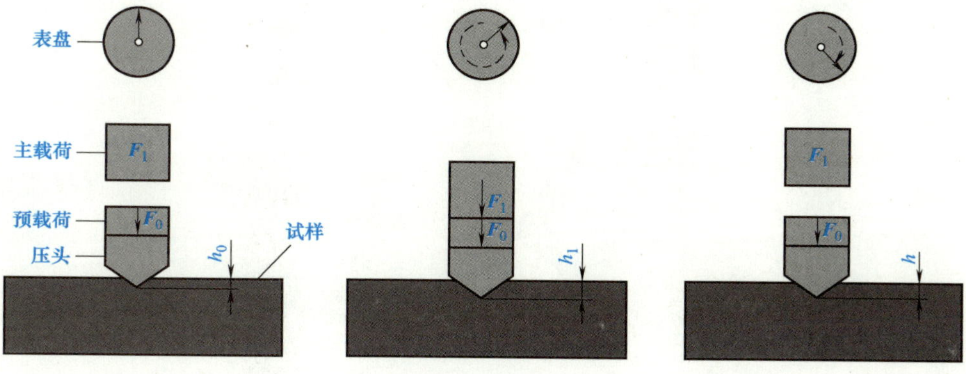

图 1-11 用金刚石圆锥的试验示意图

1）在初始试验力 F_0 的作用下，将压头压入试样，测量压痕深度 h_0。

2）在初始试验力 F_0 的基础上再加载试验力 F_1，记下压痕深度 h_1。

3）保持一定时间后，卸载试验力 F_1，仍保持初始试验力 F_0，试样此时发生弹性变形回复，压痕上升，记下压痕深度为 h_3，此时残余深度为 $h=h_3-h_1$。

4）计算洛氏硬度值，其公式为

$$HR = 100-\frac{h}{0.002}$$

（2）洛氏硬度表示方法　符号 HR 前的数字表示硬度值，后面的字母表示不同的洛氏硬度标尺。例如，80HRA 表示用 A 标尺测定的洛氏硬度值为 80。洛氏硬度标尺的试验条件和应用举例见表 1-2。

表 1-2　三种常用洛氏硬度标尺的试验条件和应用举例

硬度标尺	压头类型	总试验力 F/(N/kgf)	硬度测试范围	应用举例
HRA	120°金刚石圆锥	60	20～85HRA	硬质合金、碳化物、浅层表面硬化钢
HRB	ϕ1.5875mm 硬质合金球	100	25～100HRB	非铁金属、铸铁、经退火或正火的钢
HRC	120°金刚石圆锥	150	20～67HRC	淬火钢、调质钢、深层表面硬化钢

小知识

洛氏硬度试验操作简单便捷，压痕小，主要用于直接检验成品和薄的工件，其测量范围广，在生产中广为应用，尤其是 HRC 标尺应用广泛。

四、冲击韧性

金属材料抵抗冲击载荷作用而不被破坏的能力称为冲击韧性。金属材料的冲击韧性用摆锤冲击试验来测定。根据国家标准（GB/T 229—2007）的规定，常用试样有 10mm×10mm×55mm 的 V 型缺口和 U 型缺口两种。摆锤冲击试验机和试样如图 1-12 所示。

图 1-12　摆锤冲击试验机及试样

试验时，将试样的缺口背向摆锤冲击方向放在摆锤冲击试验机上，将摆锤举至一定高度，然后使摆锤自由落下，将试样冲断。试样冲断时所吸收的能量称为冲击吸收能量。冲击吸收能量越大，即韧性越好。

小知识

在实际生产中，有很多零件要承受冲击载荷的反复作用，如曲轴连杆、活塞销、冲模、锻模等。这就要求这些零件不仅要满足强度、塑性和硬度的要求，还要有足够的韧性。

五、疲劳强度

金属材料抵抗交变载荷的作用而不产生破坏的能力称为疲劳强度。

试验表明，金属材料能承受的交变应力 R 与金属断裂前的应力循环次数 N 的关系可以绘制成 R-N 疲劳曲线，如图 1-13 所示。

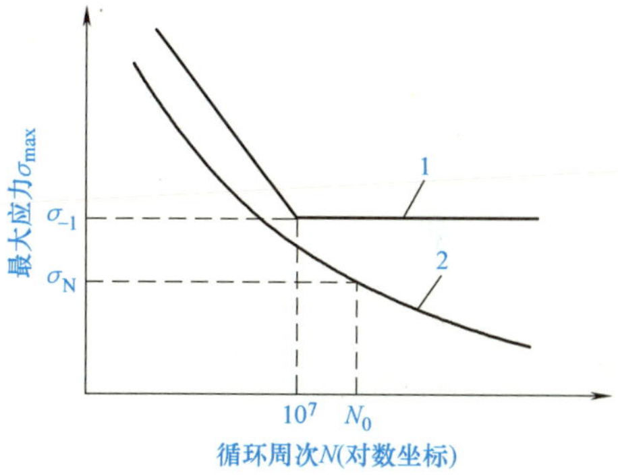

图 1-13　疲劳曲线示意图

1—一般钢铁材料　2—非铁金属材料、高强度钢等

疲劳曲线表明，金属材料承受的交变应力越小，其断裂前的应力循环次数就越多。当应力降到某个数值时，疲劳曲线与横坐标平行，说明应力低于此值时，金属可以承受无数次周期循环而不被破坏，这个应力值就是疲劳强度。

小知识

弹簧、齿轮等零件在使用过程中要承受大小、方向变化的交变应力循环作用，经过长时间的工作会在局部产生永久性累积损伤，而产生裂纹或突然断裂，这种现象称为疲劳破坏。疲劳破坏是机械零件失效的主要原因之一，疲劳破坏前零件没有任何变形和征兆，容易导致生产事故，要特别注意防范。在实际工程中，材料不可能做无数次交变应力试验，一般规定钢铁材料应力循环次数取 10^7，非铁金属材料、不锈钢取 10^8。

影响金属材料疲劳强度的因素很多，如零件表面或内部有缺陷（如尖角、夹杂等）。为提高零件的疲劳强度，除了合理设计零件结构，以避免应力集中，降低表面粗糙度值外，还可以对零件表面进行滚压、喷丸、表面热处理等。

知识拓展

维氏硬度的试验方法与布氏硬度相似，也是根据压痕单位面积的试验力来计算硬度值。不同的是，维氏硬度采用的是相对面夹角为 136°的正四棱锥金刚石压头。用一定的试验力压入试样，保持规定时间后，卸除试验力，测出压痕对角线的平均长度 $d[d=(d_1+d_2)/2]$，根据 d 值查国家标准维氏硬度表可得到硬度值。维氏硬度用符号 HV 表示，在字母前加硬度值。维氏硬度试验因试验力小、压痕浅、轮廓清晰、数据准确，且试验力选择范围大，可测量硬度很软到硬度很硬的材料，常用来测量薄片材料，渗碳、金属镀层及零件表面硬化层。摆锤冲击试验机及试样如图 1-14 所示。

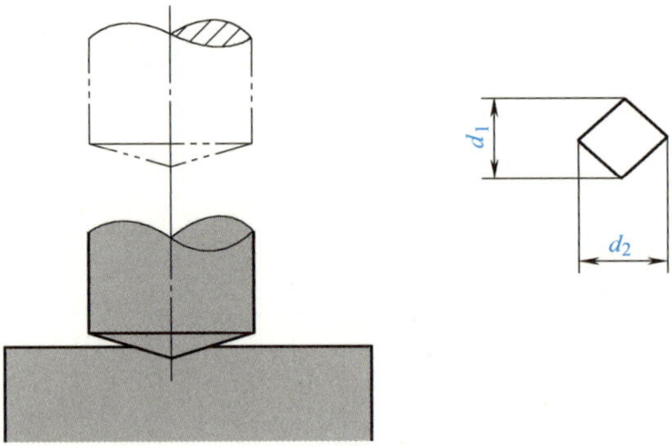

图 1-14　摆锤冲击试验机及试样

阅读材料

一、载荷

金属在加工和使用过程中所受的外力称为载荷。载荷按作用不同分为静载荷、冲击载荷和疲劳载荷；按作用方式不同分为拉伸载荷、压缩载荷、弯曲载荷、剪切载荷和扭转载荷等。

（1）静载荷　大小和方向不随时间变化或加载缓慢的载荷。

（2）冲击载荷　突然增加或出现的载荷。

（3）疲劳载荷　大小和方向随时间做周期性或不规则改变的载荷。

二、应力与变形

1）金属在外力作用下，为保持其不变形，在材料内部作用着与外力相对抗的力称为内力；单位面积上的内力称为应力。

2）金属在外力作用下发生的几何形状和尺寸的变化称为变形。变形分为弹性变形和塑性变形。

课后练习

一、选择题

1. 表示金属材料屈服强度的符号是________。

A. R_{eL}　　B. R_s　　C. R_m　　D. R_{-1}

2. 金属材料在静载荷作用下，抵抗变形和破坏的能力称为________。

A. 塑性　　B. 硬度　　C. 强度　　D. 弹性

3. 在测量铸铁工件的硬度时，常用的硬度测试方法的符号是________。

A. HBW　　B. HRC　　C. HV

4. 做疲劳试验时，试样承受的载荷为________。

A. 静载荷　　B. 交变载荷　　C. 冲击载荷

二、填空题

1. 金属材料的强度是指在载荷作用下，材料抵抗________或________的能力。

2. 金属材料的塑性指标主要有________和________。
3. 测定硬度的常用方法有________、________和维氏硬度试验法。
4. 零件的疲劳失效过程分为________、________和________三个阶段。

三、简答题

1. 塑性指标在工程中有哪些实际意义？
2. 提高金属材料的强度有什么实际工程意义？

任务三 金属的工艺性能

金属材料的工艺性能是指其在加工过程中所表现出来的性能，包括铸造性能、可锻性、焊接性、可加工性及热处理性能。工艺性能直接影响零件加工后的质量，是选择材料和制订加工路线时必须考虑的因素之一。

一、铸造性能

铸造性能主要是指合金铸造成型获得优质铸件的能力，通常用流动性、收缩性和偏析来衡量。

1. 流动性

熔融合金的充型能力称为流动性。流动性好的合金充型能力强，易于浇注出轮廓清晰、薄而复杂的铸件，有利于非金属夹杂物和气体的上浮及排除，同时有利于补缩及热裂纹弥合。常用合金的流动性见表 1-3。适当提高浇注温度，可以提高金属的流动性。

表 1-3 常用合金的流动性（砂型，试样截面尺寸为 8mm×8mm）

合金种类		铸型种类	浇注温度/℃	螺旋线长度/mm
铸铁 w_{C+Si}	6.2%	砂型	1300	1800
	5.9%	砂型	1300	1300
	5.2%	砂型	1300	1000
	4.2%	砂型	1300	600
铸钢：$w_C=0.4\%$		砂型	1600	100
		砂型	1640	200
铝硅合金（铝硅明）		金属型（300℃）	680~720	700~800
镁合金（含 Al 及 Zn）		砂型	700	400~600
锡青铜 $w_{Sn}=10\%$，$w_{Zn}=2\%$		砂型	1040	420
硅黄铜 $w_{Si}=1.5\%\sim4.5\%$		砂型	1100	1000

在常用铸造合金中，灰铸铁的流动性最好，铝合金次之，铸钢最差。

2. 收缩性

铸件在凝固和冷却过程中体积和尺寸减小的现象称为收缩。收缩会使铸件产生缩孔、缩松、变形和开裂等缺陷，如图 1-15 所示。几种铁碳合金的体积收缩率见表 1-4。

表 1-4 几种铁碳合金的体积收缩率

合金种类	碳的质量分数（%）	浇注温度/℃	液态收缩率（%）	凝固收缩率（%）	固态收缩率（%）	总体积收缩率（%）	线收缩率（%）
碳素铸钢	0.35	1610	1.6	3.0	7.86	12.46	1.38~2.0
白口铸铁	3.0	1400	2.4	4.0	5.4~6.3	12~12.9	1.35~2.0
灰铸铁	3.5	1400	3.5	0.1	3.3~4.2	6.9~7.8	0.8~1.0

在铁碳合金中，铸铁的收缩率小，铸钢的收缩率大。

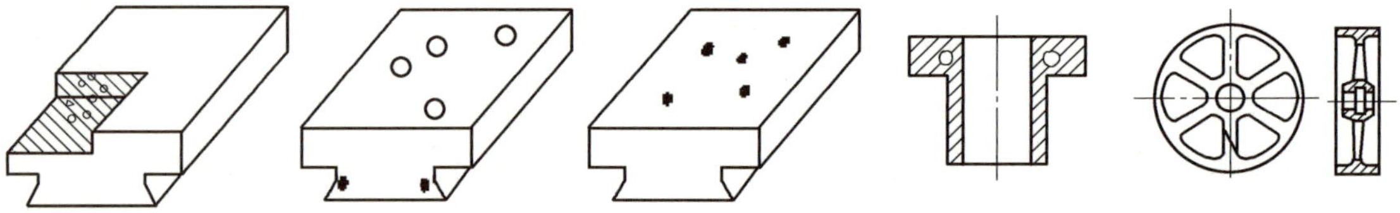

a) 孔眼类缺陷

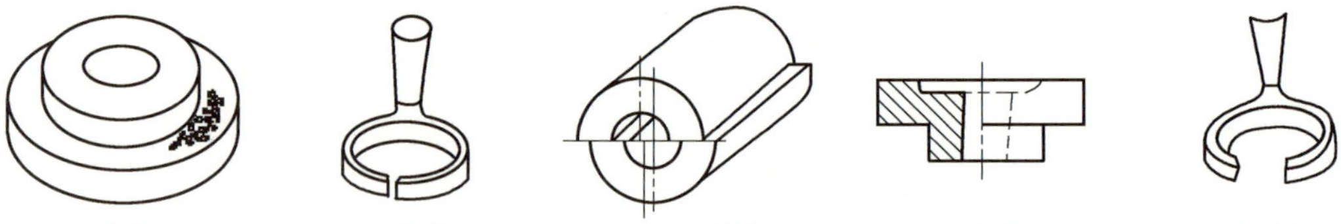

b) 表面缺陷

图 1-15 铸件常见缺陷

3. 偏析

金属凝固后，其内部化学成分和组织的不均匀现象称为偏析。偏析严重时，会导致铸件各部分的力学性能差异很大，铸件质量降低，对大型铸件的破坏尤为严重。

小知识

制好的砂型，通常要在型腔表层涂上一层涂料，其目的之一是防止黏砂。浇注温度过高时，铸件会产生严重黏砂。铸造圆角的作用是增加铸件强度、方便起模和防止冲砂。熔炼时常用的熔剂是石灰石。型砂中加入木屑的目的是为了提高型砂的退让性和透气性。

二、可锻性

金属材料通过锻压成形的方法获得优良锻件的难易程度称为可锻性。锻压是锻造和冲压的总称。金属的塑性越好，其变形抗力越小，可锻性越好。纯金属的可锻性优于一般合金；在铁碳合金中，含碳量越低，可锻性越好；而铸铁不能进行锻压。在锻压过程中，磷是钢中的有害杂质，使钢的强度、硬度显著提高，而塑性、韧性显著降低，尤其在低温时更为严重，这种现象称为冷脆性。典型的锻压产品有螺栓、铆钉、连杆、齿轮、手工工具，以及飞机、火车和其他各种运输设备的结构组件，如图 1-16 所示。

图 1-16　典型锻压产品

想一想：

趁热打铁的意义何在？

小知识

自行车链罩是用冲压方法制造的；制作校徽也常采用冲压方法。

三、焊接性

焊接性是指在采用一定的焊接工艺的条件下，金属材料获得优良焊接接头的难易程度。低碳钢具有良好的焊接性，而高碳钢和铸铁的焊接性较差。

焊接方法分为熔焊、压焊和钎焊三种。生活中常见的气焊、氩弧焊和二氧化碳保护焊属于熔焊，常用熔焊设备如图 1-17 所示。

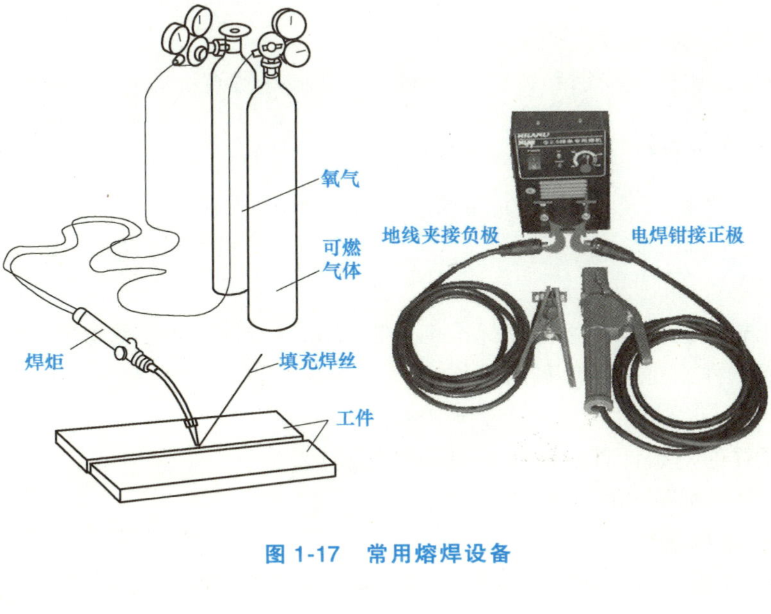

图 1-17　常用熔焊设备

四、可加工性

切削加工金属材料的难易程度称为可加工性，根据具体加工对象和要求，可用刀具寿命的长短、加工表面质量的好坏等作为判据。影响切削加工性能的因素主要是材料的化学成分、组织状态、硬度、韧性、导热性和变形强化等。铸铁的可加工性比钢好，一般碳钢比高合金钢的可加工性好。改变钢的化学成分和进行适当的热处理，是改善其可加工性的重要途径。

五、热处理性能

热处理是改善金属材料力学性能以及其可加工性的重要方法和途径。热处理性能包括淬透性、淬硬性、过热敏感性、变形开裂倾向、回火淬硬倾向、氧化脱碳倾向等。金属材料的含碳量越高，淬硬性越好，变形和开裂倾向越大。

课后练习

什么是金属材料的工艺性能？它包括哪些内容？

实验一　拉伸试验

一、实验目的

1）观察低碳钢在拉伸过程中出现的各种现象（包括屈服、强化、缩颈和断裂），特别是外力和变形量间的关系，并绘制力-伸长曲线图。

2）测定低碳钢的屈服强度、抗拉强度、断后伸长率和断面收缩率。

3）测得铸铁的抗拉强度。

4）观察断口，比较低碳钢和铸铁的拉伸性能和破坏特点。

二、实验设备和器材

拉伸试验机、游标卡尺（0~150mm/0.02mm）、电子引伸计。

三、实验原理

为了便于比较试验结果，按国家标准 GB/T 228.1—2010 的有关规定，试验材料要按上述标准做成比例试样，对于圆形截面试样有

$$L_0 = 10d_0（长试样）$$

式中　L_0——试样的初始计算长度（即试样的标距）；

d_0——试样在标距内的初始直径。

实验室里使用的金属拉伸试样通常制成标准圆形截面试样，如图 1-18 所示。

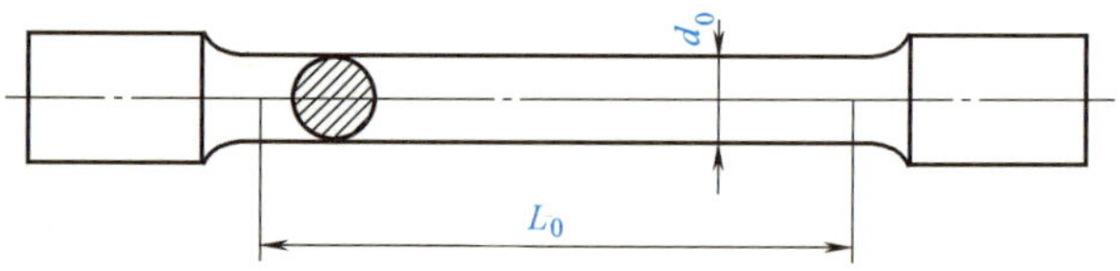

图 1-18　拉伸试样

将试样安装在试验机的夹头中，然后启动试验机，使试样受到缓慢增

加的拉力（应根据材料性能和试验目的确定拉伸速度），直到拉断为止，并利用试验机的自动绘图装置绘出材料的力-伸长曲线（图 1-19）。应当指出，试验机自动绘图装置绘出的拉伸变形量 ΔL 表示整个试样（不只是标距部分）的伸长量，包括机器的弹性变形和试样在夹头中的滑动等因素引起的。由于试样开始受力时，头部在夹头内的滑动较大，因此绘出的力-伸长曲线最初一段是曲线。

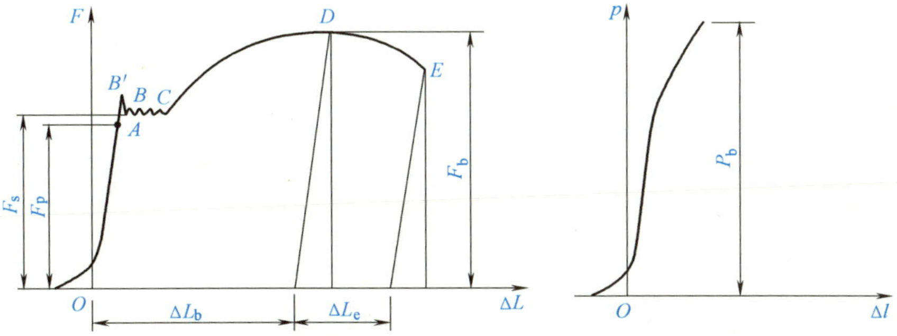

a) 低碳钢力-伸长曲线　　b) 铸铁力-伸长曲线

图 1-19　试验机自动绘图装置绘出材料的力-伸长曲线

1. 低碳钢（典型的塑性材料）

当拉力较小时，试样伸长量与力的大小成正比，保持直线关系；当拉力超过 F_p 后力-伸长曲线将由直线变为曲线。保持直线关系的最大拉力就是材料比例极限的力值 F_p。

在 F_p 的上方附近有一点 F_c，当拉力小于 F_c 而卸载时，卸载后试样立刻恢复原状；若在拉力大于 F_c 后再卸载，则试样形状只能部分恢复，保留的残余变形即为塑性变形。因而，F_c 是代表材料弹性极限的力值。

当拉力增加到一定程度时，试验机的示力指针（主动针）开始摆动或停止不动，力-伸长曲线上出现锯齿状或平台，这说明此时试样所受的拉力几乎不变，但变形却在继续，这种现象称为材料的屈服。低碳钢的屈服阶段常呈锯齿状，其上屈服点 B' 受变形速度及试样形状等因素的影响较大，而下屈服点 B 则比较稳定，因此，工程上常将下屈服点 B 所对应的力值 F_{eL} 作为材料屈服时的力值。确定屈服力值时，必须注意观察读数度盘上测力指针的转动情况，读取测力度盘指针首次回转前指示的最大力 F_{eH}（上屈服载荷）和不计初始瞬时效应时屈服阶段中的最小力值 F_{eL}（下屈服载荷）或首次停止转动时指示的恒定力值 F_{eL}（下屈服载荷），将其分别除以试样的原始横截面积（S_o）便可得到上屈服强度 R_{eH} 和下屈服强度 R_{eL}，即

$$R_{eH}=F_{eH}/S_o \qquad R_{eL}=F_{eL}/S_o$$

屈服阶段过后，虽然变形仍继续增大，但力值也随之增加，力-伸长曲线又继续上升，这说明金属材料又恢复了抵抗变形的能力，这种现象称为材料的强化。在强化阶段，试样的变形主要是塑性变形，比弹性阶段的变形大得多，在达到最大力 F_m 之前，试样标距范围内的变形是均匀的，力-伸长曲线是一段平缓上升的曲线，这时可明显地看到整个试样的横向尺寸在缩小。通过此最大力 F_m 计算得到材料的抗拉强度，其计算公式为

$$R_m=F_m/S_o$$

如果在材料的强化阶段内卸载后再加载，直到试样拉断，则所得到的曲线如图 1-19a 所

示。卸载时曲线并不沿原力-伸长曲线卸回，而是沿近乎平行于弹性阶段的直线卸回，这说明卸载前试样中除了有塑性变形外，还有一部分弹性变形；卸载后再继续加载，曲线几乎沿卸载路径变化，然后继续强化变形，就像没有卸载一样，这种现象称为材料的冷作硬化，如图1-20所示。显然，冷作硬化提高了材料的比例极限和屈服极限，但材料的塑性却相应降低了。

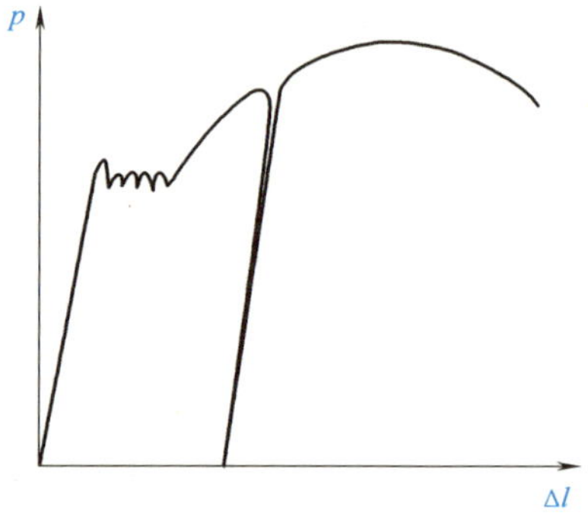

图 1-20　低碳钢的冷作硬化

当载荷达到最大值 F_m 后，示力指针由 F_m 缓慢回转时，试样上某一部位开始产生局部伸长和缩颈，在缩颈发生部位，横截面积急剧减小，继续拉伸所需的力也迅速减小，力-伸长曲线开始下降，直至试样断裂。此时，通过测量试样断裂后的标距长度 L_u 和断口处最小直径 d_u，计算断裂后最小横截面积（S_u），然后由计算公式

$$A=\frac{L_u-L_o}{L_o}\times100\% \qquad Z=\frac{S_o-S_u}{S_o}\times100\%$$

即可得到试样的断后伸长率 A 和断面收缩率 Z。

2. 铸铁（典型的脆性材料）

脆性材料是指断后伸长率 $A<5\%$ 的材料，其试样从开始承受拉力直至被拉断，变形都很小。而且大多数脆性材料在拉伸时的应力-应变曲线上都没有明显的直线段，几乎没有塑性变形，也不会出现屈服和缩颈等现象，如图1-19b所示，只有断裂时的应力值，即强度极限。

铸铁试样在承受的拉力、变形极小时，达到其最大力 F_m 而突然发生断裂，其抗拉强度也远小于低碳钢的抗拉强度。同样，由公式 $R_m=F_m/S_o$ 可得到其抗拉强度 R_m，由公式 $A=\frac{L_u-L_o}{L_o}\times100\%$ 可求得其断后伸长率 A。

四、试验步骤

1. 低碳钢拉伸试验

（1）试样准备　为便于观察标距范围内沿轴向的变形情况，用试样分划器或标距仪在试样标距 L_o 范围内每隔5 mm刻划一标记点（注意标记刻划不应影响试样断裂），将试样的标距分成十等份。

用游标卡尺测量标距两端和中间三个横截面处的直径，在每一横截面处沿相互垂直的两个方向各测一次取其平均值，用三个平均值中最小者计算试样的原始横截面积 S_o（计算时 S_o 应至少保留四位有效数字），并填写表1-5。

（2）试验机准备　根据低碳钢的抗拉强度 R_m 和试样的原始横截面积 S_o 估计试验所需的最大载荷，并据此选择合适的量程，配上相应的砝码，做好试验机的调零、安装绘图纸笔等准备工作（注意：应消除试验机工作平台自重的影响）。

（3）安装试样　先将试样安装在试验机的上夹头内，再移动试验机的下夹头（或工作平台、试验机横梁）使其达到适当位置，并把试样下端夹紧。（注意：应尽量将试样的夹持

段全部夹在夹头内，并且上下要对称；切忌在装夹试样时对试样施加上载荷）

（4）装载电子引伸计　将电子引伸计装载在低碳钢试样上，注意电子引伸计要在比例极限处卸载。

（5）进行试验　开动试验机，使其缓慢匀速加载，依据规范要求，在屈服前以 6～60MPa/s 的速率加载，并注意观察示力指针的转动、自动绘图情况和相应的试验现象。当主动针不动或倒退时，说明材料开始屈服，记录上屈服点 F_{eH}（主动针首次回转前的最大力）和下屈服点 F_{eL}（屈服过程中不计初始瞬时效应时的最小力或主动针首次停止转动时的恒定力），具体情况如图 1-21 所示。说明：之前所给出的加载速率是国标中规定的测定上屈服点时应采用的速率，在测定下屈服点时，平行长度内的应变速率应在 0.00025～0.0025/s 之间，并应尽可能保持恒定。如果不能直接控制这一速率，则应固定屈服开始前的应力速率，直至屈服阶段完成）

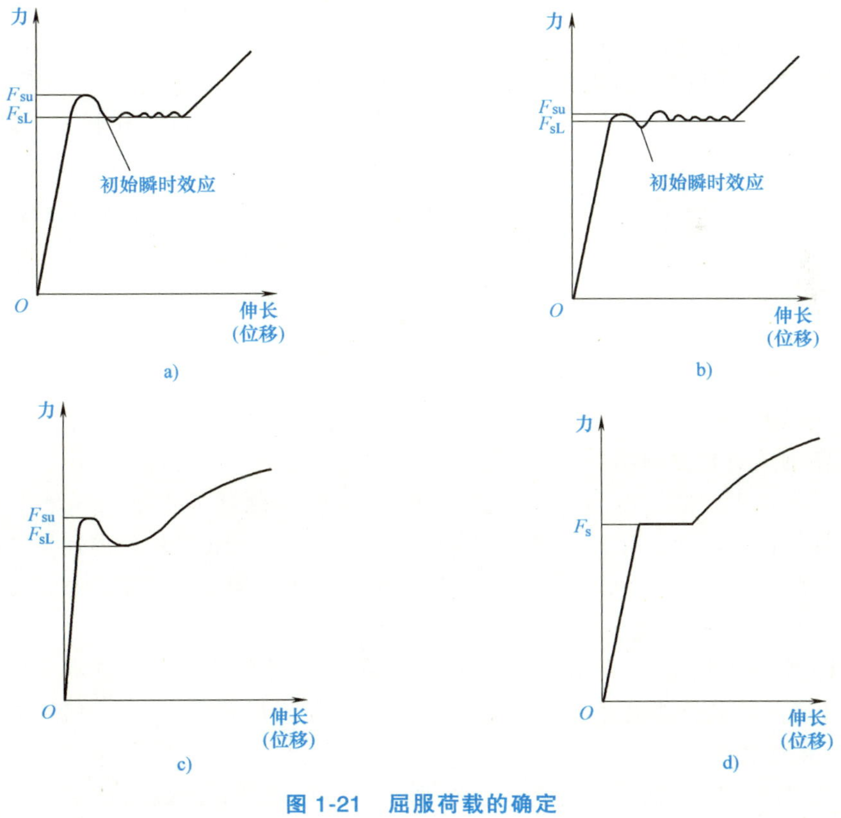

图 1-21　屈服荷载的确定

根据国标规定，材料屈服过后，试验机的速率应使试样平行长度内的应变速率不超过 0.008/s。在此条件下继续加载，并注意观察主动针的转动、自动绘图情况和相应的试验现象：强化、冷作硬化和缩颈等现象——在强化阶段的任一位置卸载后再加载，观察冷作硬化现象，此后待主动针再次停止转动而缓慢回转时，材料进入缩颈阶段，注意观察试样的缩颈现象，直至试样断裂停车。记录所施加的最大载荷 F_m（即从动针最后停留的位置），并填写表 1-6。

（6）试样断后尺寸测定　取出试样断体，观察断口情况和位置。将试样在断裂处紧密对接在一起，并尽量使其轴线处于同一直线上，测量断后标距 L_u 和缩颈处的最小直径 d_u（应沿相互垂直的两个方向各测一次取其平均值），计算断后最小横截面积 S_u，并填写表 1-7。

注意：在测定 L_u 时，若断口到最临近标距端点的距离不小于 $L_o/3$，则直接测量标距两端点间的距离；若断口到最临近标距端点的距离小于 $L_o/3$，则按图 1-22 所示的移位法测量：符合图 1-22a 所示情况的，$L_u=AC+BC$，符合图 1-22b 所示情况的，$L_u=AC_1+BC$；若断口非常靠近试样两端，而其到最临近标距端点的距离还不足两等份，且测得的断后伸长率小于规定值，则试验结果无效，必须重做。此时应检查试样的质量和夹具的工作状况，以判断是否属于偶然情况。

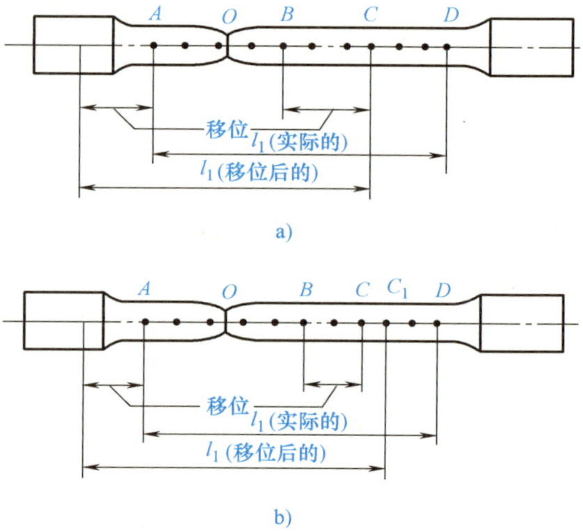

图 1-22　移位法测量 L_u

(7) 整理实验设备　取下绘图纸，由教师检查试验记录，经认可后清理试验现场和所用仪器设备，并将所用仪器设备全部恢复原状。

2. 铸铁拉伸试验

(1) 测量试样原始尺寸　测量方法和要求同前，但只需用快干墨水或带色涂料标出两标距端点，不用等分标距段。

(2) 准备试验机（要求同前）

(3) 安装试样（方法同前）

(4) 检查试验机工作是否正常（检查方法同前，但无须试车）

(5) 进行试验　启动试验机，保持试验机两夹头在力作用下的分离速率，在试样平行长度内的应变速率不超过 0.008/s 的条件下对试样进行缓慢加载，直至试样断裂为止。停机并记录最大力 F_m。

(6) 试样断后尺寸测定　取出试样断体，观察断口情况。然后将试样在断裂处紧密对接在一起，并尽量使其轴线处于同一直线上，测量试样断后标距 L_u（直接用游标卡尺测量标距两端点间的距离）。

(7) 整理实验设备　取下绘图纸，由教师检查试验记录，经认可后清理试验现场和所用仪器设备，并将所使用仪器设备全部恢复原状。

五、注意事项

1）任何时候都不能带电插拔电源线和信号线。

2）试验开始前，一定要调整好限位挡圈。

3）试验过程中不能远离试验机。

4）试验过程中，除停止键和急停开关外，不要按控制盒上的其他按键。

5）试验结束后，一定要关闭所有电源。

6）计算机要严格按照系统要求一步一步退出，正常关机。

7）不要使用来历不明或与本机无关的存储介质在试验机控制用计算机上读写。

六、试验数据记录及处理

1. 数据记录

表 1-5　试样原始尺寸

材料	标距 L_o/mm	直径 d_o/mm									原始横截面积 S_o/mm^2
		截面Ⅰ			截面Ⅱ			截面Ⅲ			
		1	2	平均	1	2	平均	1	2	平均	
低碳钢	100.0	10.00	10.00	10.00	10.00	10.00	10.00	10.00	10.00	10.00	78.54
铸铁	100.0	10.00	10.00	10.00	10.00	10.00	10.00	10.00	10.00	10.00	78.54

表 1-6　试验数据记录

（单位：kN）

材料	上屈服荷载 F_{eH}	下屈服荷载 F_{eL}	屈服荷载 F_e	最大荷载 F_m
低碳钢	28.56	25.99	25.99	35.87
铸铁	—	—	—	13.21

表 1-7　试样断后尺寸

材料	标距 L_u/mm	断后伸长量 L_u-L_o/mm	断后缩颈处最小直径 d_u/mm			断后最小横截面积 S_u/mm^2
			1	2	平均	
低碳钢	100.0	24.16	5.700	5.700	5.700	25.52
铸铁	100.0	10.06	—	—	—	—

2. 数据处理

由试验机提供的试验数据，有低碳钢和铸铁上屈服强度、下屈服强度、抗拉强度，计算公式如下

低碳钢的上屈服强度为$\dfrac{F_{eH}}{S_o}=\dfrac{28.56\times10^3}{78.54\times10^{-6}}Pa=0.3636GPa$

低碳钢的下屈服强度为$\dfrac{F_{eL}}{S_o}=\dfrac{25.99\times10^3}{78.54\times10^{-6}}Pa=0.3309GPa$

低碳钢的抗拉强度为$\dfrac{F_m}{S_o}=\dfrac{35.87\times10^3}{78.54\times10^{-6}}Pa=0.4567GPa$

低碳钢的断后伸长率为$\dfrac{L_u-L_o}{L_o}\times100\%=\dfrac{24.16}{100.00}\times100\%=24.16\%$

低碳钢的断面收缩率为$\dfrac{S_o-S_u}{S_o}\times100\%=\dfrac{78.54-25.52}{78.54}\times100\%=67.51\%$

铸铁的抗拉强度为$\dfrac{F_m}{S_o}=\dfrac{13.21\times10^3}{78.54\times10^{-6}}Pa=0.1682GPa$

铸铁的断后伸长率为$\frac{L_u - L_o}{L_o} \times 100\% = \frac{10.06}{100.00} \times 100\% = 10.06\%$

低碳钢的断口发生在第五格和第六格之间，符合试验要求。

试验数据处理结果见表 1-8。

表 1-8　试验数据处理结果

材料	上屈服强度 R_{eH}/GPa	下屈服强度 R_{eL}/GPa	抗拉强度 R_m/GPa	断后伸长率 A(%)	断面收缩率 Z(%)
低碳钢	0.3636	0.3309	0.4567	24.16	67.51
铸　铁	—	—	0.1682	10.06	—

绘制 F-ΔL 简图。

七、试验讨论

1）参考试验机自动绘图仪绘出的力-伸长曲线，分析低碳钢试样从加力至断裂的过程可分为哪几个阶段，对应于每一阶段的力-伸长曲线各有什么特点。

2）为什么不考虑试样断口的明显缩小，仍以原始横截面积 S_o 计算低碳钢的抗拉强度 R_m？

3）有材料和直径均相同的长试样和短试样各一个，用它们测得的断后伸长率、断面收缩率、下屈服强度和抗拉强度是否基本相同？为什么？

4）低碳钢试样拉伸断裂时的载荷比最大载荷 F_m 要小，按公式 $R=F/S_o$ 计算，断裂时的应力比 R_m 小。为什么应力减小后试样反而断裂了？

5）铸铁试样拉伸试验中，断口为何是横截面？又为何大多在根部？

实验二　布氏硬度试验

一、实验目的

1）了解布氏硬度试验的基本原理及应用范围。

2）学会使用布氏硬度试验机并掌握基本测试方法。

二、实验设备和器材

布氏硬度试验机、硬质合金压头一套和专用高倍读数显微镜；测试样块一块。

布氏硬度试验机和试验原理如图 1-23 所示。

三、实验原理

试验时，用一直径为 D 的硬质合金球施加规定的载荷 P 压入试样表面，并保持一段时间，卸除试验力，试样表面将残留压痕测量出压痕直径 d，求得压痕球形表面积，通过计算

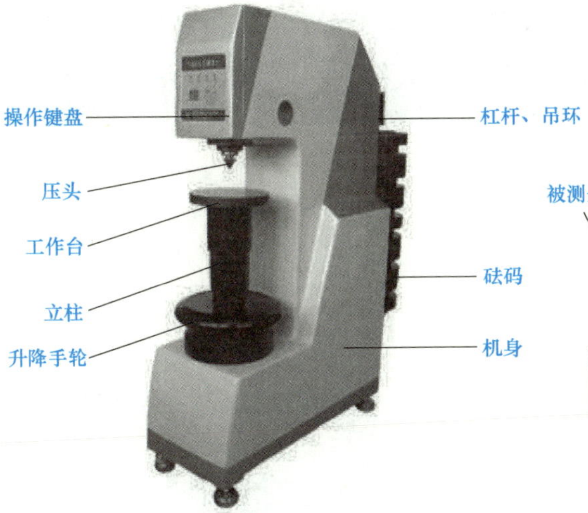

a) TH600布氏硬度试验机

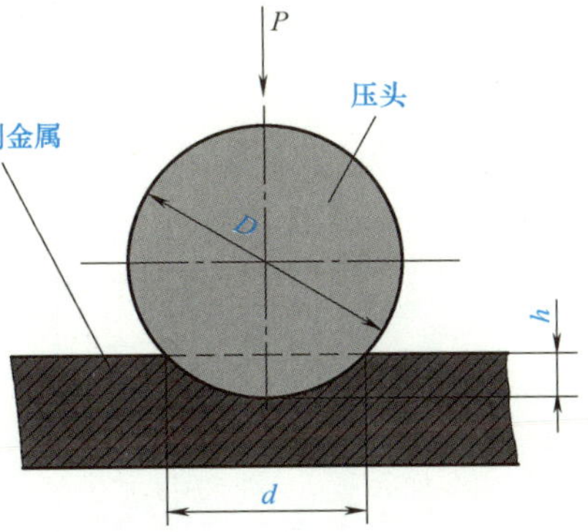

b) 试验原理

图 1-23 布氏硬度试验机和试验原理

或查表，求得布氏硬度值。计算公式为

$$\mathrm{HBW}=\frac{P}{F}=\frac{2P}{\pi D^{2}\left[1-\sqrt{1-\left(\frac{d}{D}\right)^{2}}\right]}$$

式中 P——施加的载荷，单位是 kgf；

d——压痕直径，单位是 mm；

D——压头直径，单位是 mm；

F——压痕面积，单位是 mm^2。

在 P 和 D 一定的情况下，布氏硬度值的高低取决于压痕的直径 d，d 越大，表明金属材料的变形抗力越低，HBW 值越低；反之，则硬度越高。

试验时，首先根据试样材料和厚度来确定球体压头直径。当试验条件和试样厚度允许时，应尽量选用直径为 10mm 球体压头进行试验，以便能够较真实地反映金属材料的平均硬度和准确地测量较大压痕。由于金属材料有软有硬，工件有厚有薄、有大有小，为适应不同的情况，布氏硬度压头有 ϕ2.5mm、ϕ5mm、ϕ10mm 三种，载荷有 15.6kgf、62.5kgf、187.5kgf、250kgf、750kgf、1000kgf、3000kgf 七种。在试验过程中，当使用的压头直径不能满足试样厚度时，应选择下一档直径的球体压头。当改变压头直径时，应保存原 P/D^2 这一常数不变，才可与采用其他压头直径的试验结果进行比较。当采用不同大小的载荷和不同直径的钢球进行布氏硬度试验时，只要满足 P/D^2 为常数这一条件，则对于同一材料来说，布氏硬度值都是相同的；对于不同材料，所得布氏硬度值可进行比较。国家标准规定 P/D^2 的比值有 30、10、2.5 三种，根据金属材料类型、试样硬度范围和厚度不同，按照表 1-9 选择压头直径 D、负载 P 和负载保持时间。

表 1-9　布氏硬度试验范围

金属类型	布氏硬度范围 HBW	试样厚度 /mm	P 与 D 的关系	压头直径 D /mm	负载 P /kgf	载荷保持时间 /s
钢铁材料	140～450	3～6 2～4 <2	$P=30D^2$	10 5 2.5	3000 750 187.5	10
	<140	>6 3～6 <2	$P=10D^2$	10 5 2.5	1000 250 62.5	10
非铁金属材料	>130	3～6 2～4 <2	$P=30D^2$	10 5 2.5	3000 750 187.5	30
	36～130	6～9 3～6 <3	$P=10D^2$	10 5 2.5	1000 250 62.5	30
	8～35	>6 3～6 <2	$P=2.5D^2$	10 5 2.5	250 62.5 15.6	60

四、实验步骤

（1）测试准备　检查接好的电源线，打开电源开关，电源指示灯亮。试验机进行自检、复位，显示当前的试验力保持时间。

（2）安装压头　选取要用的压头，用酒精清洗其黏附的防锈油，然后用棉花或其他软布擦拭干净，装入主轴孔内，旋转紧定螺钉使其轻压于压头尾柄扁平处，同时将试样平稳、密合地安放在样品台上。沿顺时针方向转动手轮，使样品台上升，试样与压头接触，直至手轮与螺母产生相对滑动（打滑），最后将压头紧定螺钉旋紧。

（3）选择试验力　硬度计能提供五种试验力，通过砝码的组合来实现。

（4）试验力保持时间设置　对于常见材料，试验力保持时间一般设置为 10～15s，可以根据需要，按▲或▼键来设置保持时间。

（5）硬度值检定　将标准硬度块放置在样品台中央，沿顺时针方向平稳地转动手轮，使样品台上升，试样与压头接触，直至手轮与螺母产生相对滑动（打滑），即停止转动手轮。此时按开始键，开始进行试验，依次自动完成以下过程：试验力加载（加载指示灯亮）；试验力完全加上后开始按设定的保持时间倒计时，保持该试验力（保持指示灯亮）；时间到后立即开始卸载（卸载指示灯亮），完成卸载后恢复初始状态（电源指示灯亮）。

（6）检验并确定检定结果　沿逆时针方向转动手轮，样品台下降，取下标准硬度块，用读数显微镜测量标准硬度块表面的压痕直径，按公式计算或查表确定硬度值，如此反复三次，将结果填入表 1-10。

表 1-10 试验结果

参数	第一次	第二次	第三次	平均值	备注(压头直径、试验载荷、保持时间，F/D^2)
压痕直径/mm					
HBW					

(7) 关机　卸除全部试验力，关闭电源开关。若长期不用，应拔出电源接线，取下压头、砝码等，妥善存放。

五、注意事项

1) 试样表面应光滑，不应有外来污物；热处理后的试样测试表面必须经打磨去除脱碳层，试样的试验面与支承面应保持平行；试验后试样的背面无可见变形痕迹；试样宽度应符合压痕间距要求。

2) 试样的支承面、压头表面及试验台面应清洁无油和无其他外来夹杂物，应将试样稳固地放在试验台上，试验过程中不产生倾斜、挠曲。

3) 通过读数显微镜读取压痕直径时，应从两个相互垂直的方向测量，并取算术平均值，常用放大倍数为“20×”的读数显微镜测试布氏硬度值。

六、试验数据及处理

1) 根据试验填写测量数据。

2) 判断布氏硬度试验机工作是否正常。

3) 根据测得的压痕直径计算出金属试验块的布氏硬度值。

实验三　摆锤冲击试验

一、实验目的

1) 掌握冲击试验机的结构及工作原理。

2) 了解冲击试验的意义，以及材料在冲击载荷作用下所表现的性能。

3) 掌握测定试样冲击性能的方法。

4) 分别测定低碳钢和铸铁试样的冲击韧度，观察破坏情况，并进行比较。

二、实验设备和器材

冲击试验机（图 1-24）和游标卡尺。

三、试样的制备

冲击吸收能量的大小受试样形状的影响较大。国家标准 GB/T 229—2007 中规定可以采用以下两种缺口试样，即 U 型缺口试样和 V 型缺口试样，如图 1-25 所示。试样切取应参照国家标准 GB/T 2975—2018 中的规定，试样的加工制造应符合表 1-11 中的规定。

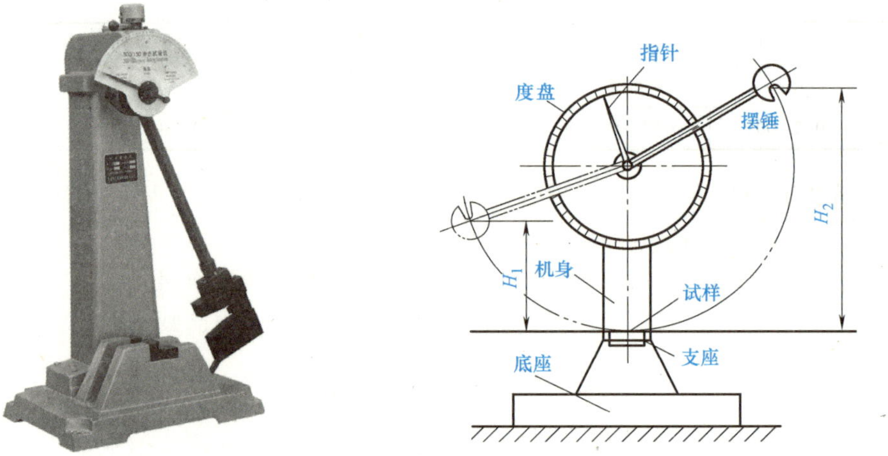

a) 实物图　　b) 结构原理

图 1-24　夏比摆锤冲击试验机及其结构原理

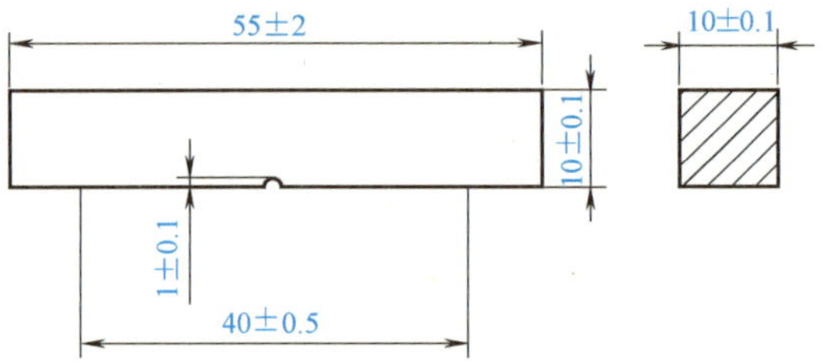

图 1-25　冲击试样

表 1-11　试样加工制造要求

序号	缺口类型	V 型缺口	U 型缺口
1	缺口角度/(°)	45±2	—
2	缺口半径/mm	0.25±0.025	1±0.07
3	缺口底部表面粗糙度值/μm	1.6	1.6
4	缺口深度/mm	8±0.05	8±0.05
5	试样厚度/mm	10±0.05	10±0.05 或 5±0.05
6	试样宽度/mm	10±0.10	10±0.10
7	试样长度/mm	55±0.60	55±0.60
8	试样半长度/mm	27.5±0.30	27.5±0.30

四、实验原理

将标准试样置于冲击试验机的支座上，然后释放具有一定重力势能的重锤，重锤在下降过程中的快速冲击力的作用下，将试样一次性冲断。测试试样在折断过程中的冲击吸收能量。

冲击吸收能量的测定原理是能量守恒原理，即摆锤在最高处静止时有一定的重力势能，将试样冲断后继续向前上升到最大位置处有一定的重力势能，二者的能量差即为试样在折断过程中的冲击吸收能量。冲击吸收能量可在试验机度盘上直接读出。

通常，金属的冲击吸收能量越大，其抵抗冲击破坏的能力就越强。有时候为了便于比较，不仅要测试试样的冲击吸收能量，还要将冲击吸收能量换算成冲击韧度。

五、实验步骤

1）测量试样缺口处的尺寸。

2）将冲击试验机指针调整到“零点”，根据试样材料估算所需破坏能量，先空打一次，测定机件间的摩擦消耗功。

3）将试样装到冲击试验机上，应使没有缺口的面朝向摆锤冲击的一边，缺口的位置应在两支座中间，要使缺口和摆锤冲刃对准，如图 1-26 所示。将摆锤提升至空打时的位置，打开锁杆使摆锤落下，冲断试样，然后制动，读出试样冲断时消耗的能量。

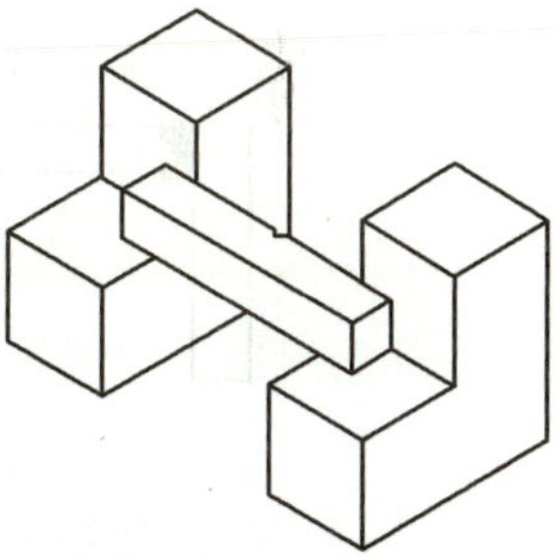
图 1-26　装在冲击试验机上的试样

六、注意事项

1）室温冲击试验应在 23±5℃进行，有温度要求的试验应在规定温度±2℃进行。

2）试验机一般在摆锤最大能量的 10%～90%范围内使用，打击速度为 5.0～5.5m/s。

3）试验前应检查摆锤空打时被动指针的回零差，其值不应超过最小分度值的 1/4。

4）试样应紧贴支座放置，缺口对称面与两支座对称面的偏差不应大于 0.5mm。

5）在试验过程中应注意安全，禁止把摆锤举高后安放试样，当摆锤举高后，人应离开摆锤摆动范围，在放下摆锤之前，应先检查有没有人还未离开，以免发生危险。

交流讨论

1. 低碳钢和铸铁在冲击作用下所呈现的性能是怎样的？
2. 材料冲击试验在工程实际中的作用如何？

项目二

认识铁碳合金

知识目标

1. 熟悉铁碳合金的基本组织的特点
2. 熟悉铁碳合金相图中的相、特性点和特性线
3. 掌握含碳量对铁碳合金组织转变和力学性能的影响
4. 了解钢中的杂质元素及其影响

能力目标

1. 能够绘制铁碳合金相图，并用相图进行材料选择
2. 能够根据零件的性能要求选择不同成分的铁碳合金
3. 掌握铁碳合金基本相的性能和组织结构

素质目标

1. 培养学生通过所学内容进行实际应用的能力
2. 培养学生拥有分析铁碳合金基本性能的能力
3. 具有较好的新知识获取能力以及分析问题、解决问题的能力

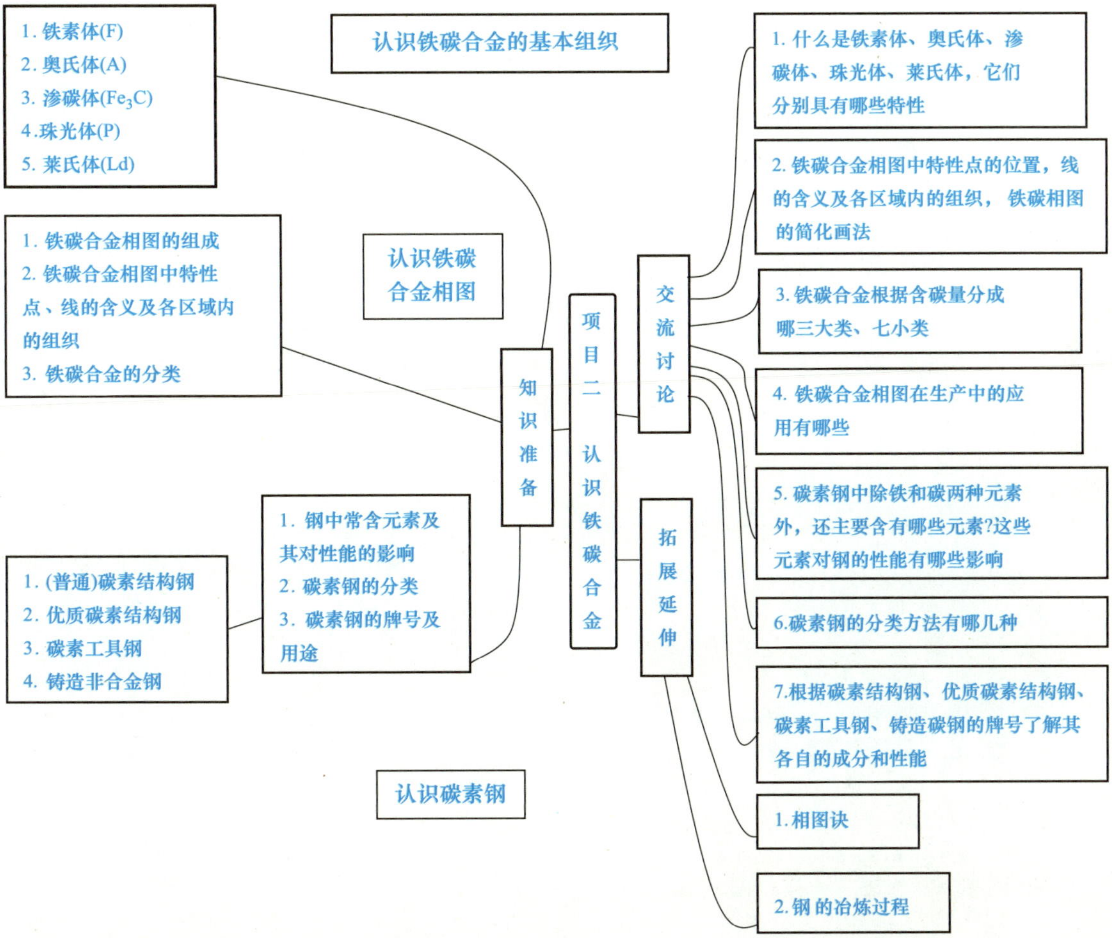

纯金属的强度和硬度一般都较低，冶炼困难，因而价格较高，在使用上受到限制。在工业生产中广泛使用合金是因为生产中可以通过改变合金的化学成分（或组织结构）来进一步提高金属材料的力学性能，并可获得某些特殊的物理性能（耐蚀、耐热、耐磨、电磁性能等）和化学性能，以满足机械零件和工程结构对材料的要求。

通常把以铁及铁碳为主的合金（钢铁）称为钢铁材料（黑色金属），而把其他金属及其合金称为非铁金属（有色金属）。

任务一 认识铁碳合金的基本组织

钢铁是现代工业中应用最广泛的合金，它们均是以铁和碳为基本组成的合金。由于钢铁材料的含碳量（用质量分数表示）不同，因而其组织、性能和应用场合也不同。钢铁优异的性能是不是和它们的组织有关？它们的基本组织又是什么？

合金是由两种或两种以上的金属与金属或非金属经一定方法所合成的具有金属特性的物

质。一般通过熔融成均匀液体和凝固而得。根据组成元素的数目，可分为二元合金、三元合金和多元合金。

钢铁是工业上应用最广泛的合金，是以铁和碳为组元的二元合金，所以又称钢铁为铁碳合金。铁碳合金中碳可溶解在铁中形成固溶体，也可以与铁形成金属化合物，或者两者的机械混合物。铁碳合金的基本组织有五种，分别是铁素体、奥氏体、渗碳体、珠光体和莱氏体。

一、铁素体（用 F 表示）

铁素体是碳溶解在 α-Fe 中的间隙固溶体。其晶胞如图 2-1 所示。铁素体具有体心立方晶格，其溶碳能力很差，常温下溶碳量很小，在 727℃时溶碳量最大（$w_C=0.0218\%$）。

由于铁素体含碳量很低，其性能与纯铁相似，塑性、韧性很好（$A_{11.3}=30\%\sim50\%$），强度、硬度较低，抗拉强度 R_m 为 180～250MPa，图 2-2 所示为铁素体的显微组织。

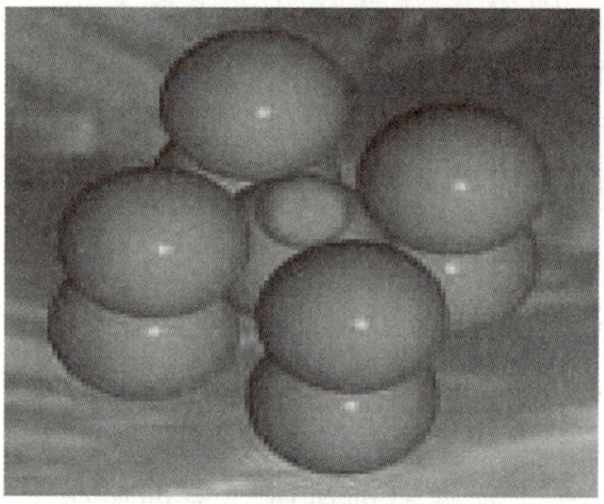

图 2-1　铁素体的晶胞示意图

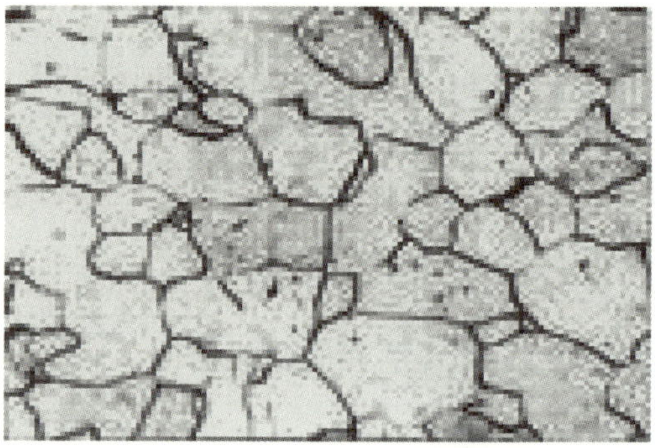

图 2-2　铁素体的显微组织

交流讨论

什么是铁素体？铁素体的特性有哪些？

二、奥氏体（用 A 表示）

奥氏体是钢铁的一种层片状显微组织，通常是 γ-Fe 中固溶少量碳的无磁性固溶体。

奥氏体为面心立方晶格，碳氮等间隙原子均位于奥氏体晶胞八面体间隙中心，以及面心立方晶胞的中心和棱边的中点。其晶胞示意图如图 2-3 所示。奥氏体溶碳能力较大，在 1148℃时溶碳量最大（$w_C=2.11\%$），随着温度下降奥氏体的溶碳量逐渐减少。

奥氏体的塑性好，屈服强度低，易于进行塑性成形加工。因此，钢锭、钢坯、钢材一般被加热到 1100℃以上奥氏体化，然后进行锻轧，塑性加工成材或加工成零部件。奥氏体导热性差，线胀系数大，比铁素体和渗碳体的平均线胀系数高约一倍。因此奥氏体钢可以用来制造热膨胀灵敏的仪表元件。图 2-4 所示为奥氏体的显微组织。

图 2-3　奥氏体的晶胞示意图

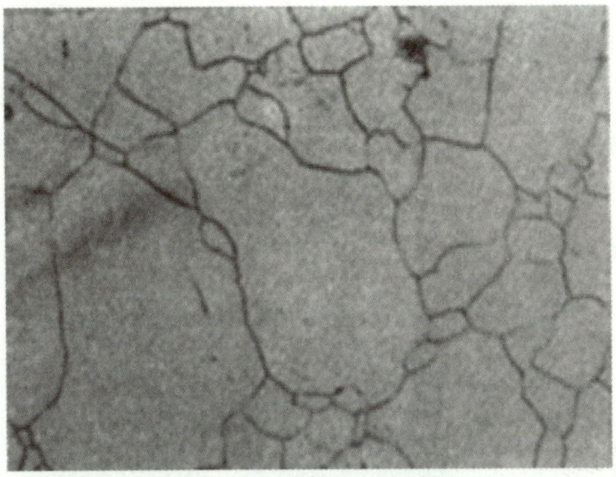

图 2-4　奥氏体的显微组织

交流讨论

什么是奥氏体？奥氏体的特性有哪些？

三、渗碳体（用 Fe_3C 表示）

渗碳体是铁碳合金按亚稳定平衡系统凝固和冷却转变时析出的 Fe_3C 型碳化物。渗碳体的分子式为 Fe_3C，它是一种具有复杂晶格结构的间隙化合物，图 2-5 所示为渗碳体的晶胞示意图。渗碳体分为一次渗碳体（从液体相中析出）、二次渗碳体（从奥氏体中析出）和三次渗碳体（从铁素体中析出）。

渗碳体中碳的质量分数 $w_C = 6.69\%$，熔点为 1227℃左右，不发生同素异构转变，但有磁性转变，它在 230℃以下具有弱铁磁性，而在 230℃以上则失去铁磁性。其硬度很高（相当于 800HBW），而塑性和冲击韧性几乎等于零，脆性极大。图 2-6 所示为渗碳体的显微组织。

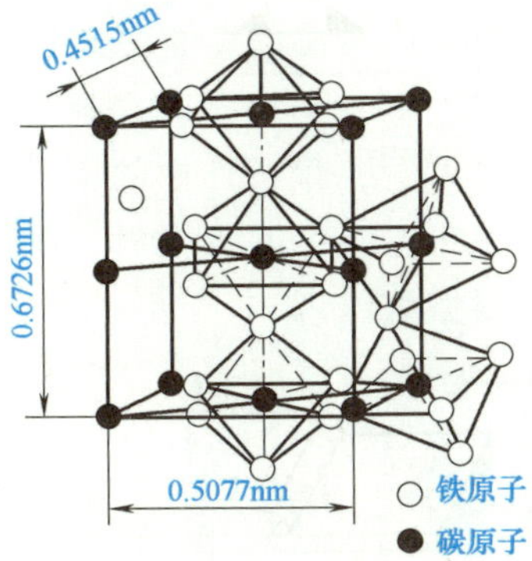

图 2-5　渗碳体的晶胞示意图

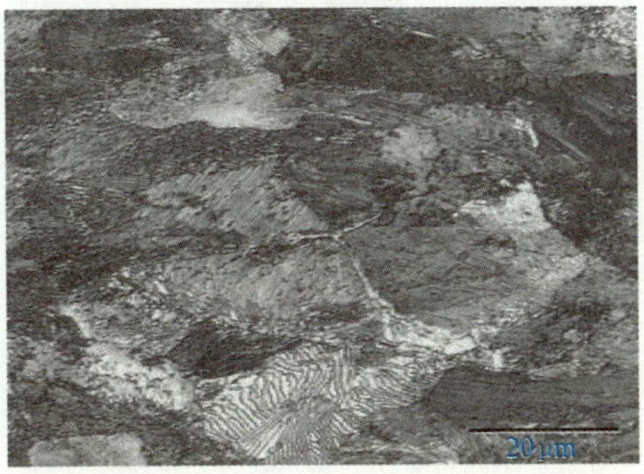

图 2-6　渗碳体的显微组织

交流讨论

什么是渗碳体？渗碳体的特性有哪些？

四、珠光体（用 P 表示）

珠光体是在奥氏体发生共析转变的同时析出的，铁素体与渗碳体片层相间的组织。其形态为铁素体薄层和渗碳体薄层交替叠压的层状复相物，也称片状珠光体，用符号 P 表示，珠光体中碳的质量分数平均是 $w_C=0.77\%$。其显微组织如图 2-7 所示。在珠光体中铁素体占 88%，渗碳体占 12%，由于铁素体的数量大大多于渗碳体，所以铁素体片层要比渗碳体厚得多。

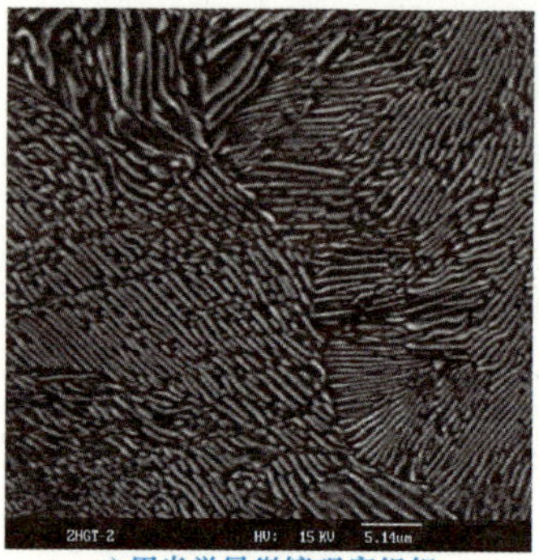

a) 用光学显微镜观察组织

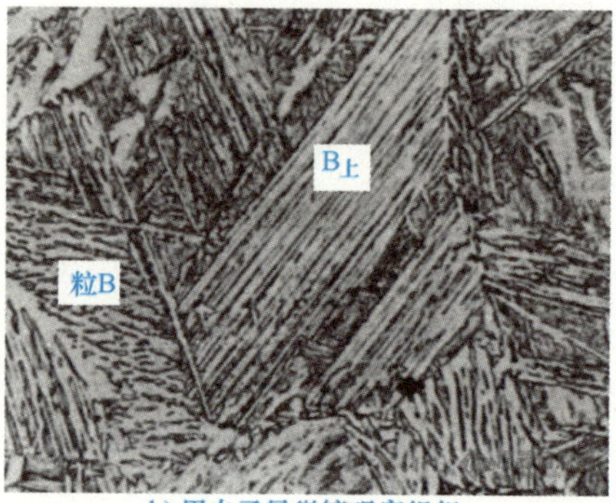

b) 用电子显微镜观察组织

图 2-7　珠光体的显微组织

珠光体的综合力学性能比单独的铁素体或渗碳体都好。珠光体的力学性能介于铁素体和渗碳体之间，强度、硬度适中，并不脆，这是因为珠光体中的渗碳体量比铁素体量少得多。

交流讨论

什么是珠光体？珠光体的特性有哪些？

五、莱氏体（用 Ld 表示）

液态铁碳合金在 1147℃左右会发生共晶转变，碳的质量分数 $w_C=4.3\%$ 的液态铁碳合金会转化为碳的质量分数 $w_C=2.11\%$ 的奥氏体和碳的质量分数 $w_C=6.67\%$ 的渗碳体两种晶体的混合物（比例大约是 1∶1），即莱氏体。随着温度的降低，莱氏体中总碳含量不变，但其中奥氏体和渗碳体的比例在发生改变。当温度降到 727℃以下时，莱氏体中的奥氏体成分会发生共析转变，生成铁素体和渗碳体层状分布的珠光体。所以在 727℃以下时，莱氏体是珠光体和渗碳体的机械混合物。图 2-8 所示为低温莱氏体的显微组织。

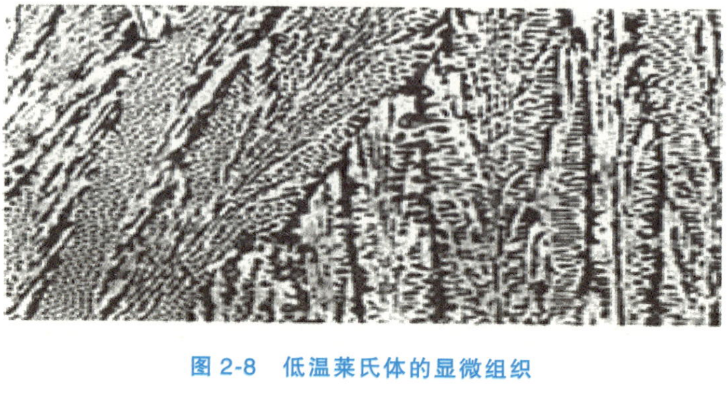

图 2-8　低温莱氏体的显微组织

由于莱氏体中渗碳体的含量很高，因此，莱氏体在常温和高温下都具有硬而脆的性质。

交流讨论

什么是莱氏体？莱氏体的特性有哪些？

以上五种组织中，铁素体、奥氏体和渗碳体都是单相组织，称为铁碳合金的基本相；珠光体和莱氏体则是由基本相组成的多相组织，见表 2-1。

表 2-1 铁碳合金基本组织的性能和特点

组织名称	符号	含碳量（质量分数,%）	存在温度区间/℃	力学性能			性能特点
				R_m/MPa	$A_{11.3}$(%)	HBW	
铁素体	F	≤0.0218	室温~912	180~280	30~50	50~80	具有良好的塑性、韧性，较低的强度、硬度
奥氏体	A	0.0218~2.11	≥727	—	40~60	120~220	强度、硬度不高，有良好的塑性，尤其是具有良好的锻压性能
渗碳体	Fe_3C	6.69	室温~1148	30	0	~800	高熔点，高硬度，塑性和韧性极差，脆性极大
珠光体	P	0.77	室温~727	800	20~35	180	强度较高，硬度适中，有一定的塑性，具有较好的综合力学性能
莱氏体	Ld	4.30	室温~727	—	0	> 700	性能接近于渗碳体，硬度很高，塑性、韧性极差
			727~1148	—	—	—	

任务二 认识铁碳合金相图

铁碳合金相图（简称铁碳相图）是表示在缓慢冷却（或加热）条件下，不同化学成分的铁碳合金的状态或组织随温度变化的图形。它是研究钢铁的重要理论基础，反映了平衡状态下铁碳合金的成分、温度、组织三者之间的关系。

一、铁碳相图的组成

铁碳相图是人类经过长期实践并进行大量科学试验总结出来的。生产中实际使用的铁碳合金中碳的质量分数 w_C 一般不超过 5%。因为碳的质量分数 w_C=6.69%时铁碳合金脆性极大，没有使用价值。因此，只研究相图中 w_C=0~6.69%的部分。这部分铁碳化合物只有 Fe_3C，所以铁碳相图也可以认为是 $Fe\text{-}Fe_3C$ 相图。

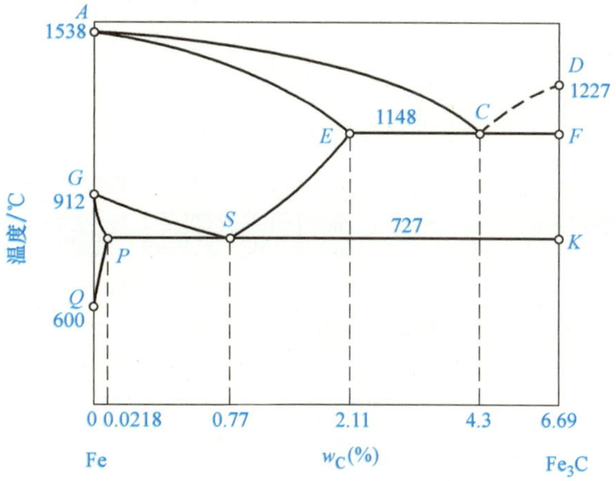

图 2-9 简化后的铁碳相图

简化后的铁碳相图如图 2-9 所示。图中纵坐标为温度，横坐标为碳的质量分数。

二、铁碳相图中特性点、线的含义及各区域内的组织

铁碳相图中有七个主要特性点及六条主要特性线。当了解了这些点、线的含义，就可以把一幅看似复杂的相图分割成不同的区域，当碳的质量分数和温度变化时，可按一定规律分析出各区域产生的组织。

1. 主要特性点

铁碳相图中的七个主要特性点及其温度、碳的质量分数和含义见表 2-2。

表 2-2 铁碳相图中的七个主要特性点及其温度、碳的质量分数和含义

点的符号	温度/℃	含碳量(质量分数,%)	含义
A	1538	0	纯铁的熔点
C	1148	4.3	共晶点,L $\rightleftharpoons$ Ld(A+Fe_3C)
D	1227	6.69	渗碳体的熔点
E	1148	2.11	碳在奥氏体 γ-Fe 中的最大溶碳量
G	912	0	纯铁的同素异构转变点,α-Fe $\rightleftharpoons$ γ-Fe
S	727	0.77	共析点,A $\rightleftharpoons$ Fe-Fe_3C
P	727	0.0218	碳在铁素体(α-Fe)中的最大溶碳量

（1）共晶点 *C*　高温的铁碳合金液体缓慢冷却到一定温度（1148℃）时，在保持温度不变的情况下，从一种液相中同时结晶出两种固相（奥氏体和渗碳体），这种转变称为共晶转变。共晶转变的产物称为共晶体，铁碳合金的共晶体就是莱氏体 Ld(A+Fe_3C)，*C* 点的温度（1148℃）称为共晶温度。

（2）共析点 *S*　固相的铁碳合金缓慢冷却到一定温度（727℃）时，在保持温度不变的情况下，从一种固相中同时析出两种固相（铁素体和渗碳体），这种转变称为共析转变。共析转变的产物称为共析体，铁碳合金的共析体就是珠光体 P(F+Fe_3C)，*S* 点的温度（727℃）称为共析温度。

2. 主要特性线

铁碳相图中有若干条表示合金状态的分界线，它们是不同成分合金具有相同含义的临界点的连线。

铁碳相图中的六条主要特性线及其含义见表 2-3。

表 2-3 铁碳相图中的六条主要特性线及其含义

特性线	含义
ACD	液相线,此线以上为液相区域,线上点为对应不同成分合金的结晶开始温度
AECF	固相线,此线以上为液相区域,线上点为对应不同成分合金的结晶终了温度
GS	也称 A_3 线,冷却时从不同含碳量的奥氏体中析出铁素体的开始线
ES	也称 A_{cm} 线,碳在奥氏体(γ-Fe)中的溶解度曲线
ECF	共晶线,L $\rightleftharpoons$ Ld(A+Fe_3C)
PSK	共析线,也称 A_1 线,A $\rightleftharpoons$ P(Fe-Fe_3C)

（1）*ACD* 线（液相线） 此线以上区域全部为液相，称为液相区，用L表示，对应成分的液态合金冷却到此线上的对应点时开始结晶。在 *AC* 线以下结晶出奥氏体，在 *CD* 线以下结晶出渗碳体（称为一次渗碳体，Fe_3C_{I}）。

（2）*AECF* 线（固相线） 对应成分的液态合金冷却到此线上的对应点时完成结晶过程，变为固态，此线以下为固相区。在液相线与固相线之间是液态合金从开始结晶到结晶终了的过渡区，所以此区域液相与固相并存。

AEC 区内为液相合金与固相奥氏体，*CDF* 区内为液相合金与固相渗碳体。

（3）*GS* 线（A_3 线） 奥氏体冷却时析出铁素体的开始线（或加热时铁素体转变成奥氏体的终止线）。奥氏体向铁素体的转变是铁发生同素异构转变的结果。

（4）*ES* 线（A_{cm} 线） 碳在奥氏体中的溶解度变化曲线。随着温度的变化，奥氏体的溶碳能力沿该线上的对应点变化。在1148℃时，碳在奥氏体中的溶碳量为2.11%（*E* 点碳的质量分数），在727℃时降到0.77%（*S* 点碳的质量分数）。在 *AGSE* 区内为单相奥氏体。碳的质量分数较高（>0.77%）的奥氏体，在从1148℃缓冷到727℃的过程中，由于其溶碳能力较差，多余的碳会以渗碳体的形式从奥氏体中析出，称为二次渗碳体（Fe_3C_{II}）。

（5）*ECF* 线（共晶线） 当不同成分液态合金冷却到此线（1148℃）时，在此之前已结晶出部分固相（A或Fe_3C），剩余液态合金中碳的质量分数变为4.3%，将发生共晶转变，从剩余液态合金中同时结晶出奥氏体和渗碳体的混合物，即莱氏体（Ld）。共晶转变是一种可逆转变。

（6）*PSK* 线（共析线） 又称 A_1 线，合金冷却到此线时（727℃）将发生共析转变。从合金的奥氏体中同时析出铁素体和渗碳体的混合物，即珠光体（P）。共析转变是一种可逆转变。

交流讨论

简述铁碳相图中特性点的位置、线的含义及各区域内的组织，以及铁碳相图的简化画法。

三、铁碳合金的分类

铁碳合金根据碳的质量分数不同可以分为三大类、七小类。

三大类：$w_C=0\sim0.0218\%$，工业纯铁；$w_C=0.0218\%\sim2.11\%$，钢；$w_C=2.11\%\sim6.69\%$，白口铸铁。

七小类：$w_C=0\sim0.0218\%$，工业纯铁；$w_C=0.0218\%\sim0.77\%$，亚共析钢；$w_C=0.77\%$，共析钢；$w_C=0.77\%\sim2.11\%$，过共析钢；$w_C=2.11\%\sim4.30\%$，亚共晶白口铸铁；$w_C=4.30\%$，共晶白口铸铁；$w_C=4.30\%\sim6.69\%$，过共晶白口铸铁。

四、铁碳相图的应用

1. 选择材料方面的应用

1）分析零件的工作条件，根据铁碳合金成分、组织、性能之间的变化规律选择材料，要求塑性、韧性及焊接性能好，但强度、硬度不高时，应选用低碳钢；机器的主轴或车辆的转轴要求有较好的综合性能，应选用中碳钢；车刀、钻头等工具应选用高碳钢。

2）根据铁碳合金成分、组织、性能之间的变化规律，确定选定材料的工作范围。白口铸铁中由于莱氏体的存在而具有很高的硬度和耐磨性，但脆性大，难以加工，通常可作为生产可锻铸铁的原料或直接铸成不受冲击而耐磨的轧辊、犁铧等。

2. 制订热加工工艺方面的应用

（1）铸造方面的应用　根据铁碳相图的液相线，可以找出不同成分的铁碳合金的熔点，从而确定合适的熔化温度和浇注温度。可以看出，钢的熔化温度与浇注温度均比铸铁高。而铸铁中靠近共晶成分的铁碳合金不仅熔点低，而且凝固温度区间小，有较好的铸造流动性，适于铸造。

（2）锻造方面的应用　钢经加热后获得单相奥氏体组织，其强度低、塑性好，易于塑性变形加工，因此，钢材轧制或锻造的温度范围多选在单一奥氏体区。但始锻温度不得过高，以免钢材在锻轧时严重氧化，甚至因晶界熔化而碎裂；终锻温度也不能过低，否则会因钢材塑性太差，易在锻轧过程中产生裂纹。

（3）热处理方面的应用　铁碳相图中的左下角部分是钢进行热处理的重要依据，示出了不同含碳量的钢在加热和冷却时发生相变的规律和具体温度，给出了不同含碳量的钢采用不同热处理工艺时的加热温度的依据。

交流讨论

铁碳相图在生产中的应用有哪些？

知识拓展

相　图　诀

温度成分建坐标，铁碳二元要记牢。
两平三垂标特点，九星闪耀五弧交。
共晶共析液固线，十二面里组织标。
基本组织先标号，相间组织共逍遥。
分析成分断组织，铸锻处理离不了。

注：《相图诀》简明扼要地介绍了铁碳合金相图的结构特点、画法和用途。

铁碳二元——铁（Fe）和渗碳体（Fe_3C）。

两平——*ECF* 线、*PSK* 线。

三垂——碳的质量分数分别为 0.77%、2.11% 和 4.3% 的三条特性线。

九星——*A*、*C*、*D*、*G*、*S*、*E*、*P*、*F*、*K* 九个特性点。

五弧——*AC*、*CD*、*AE*、*GS*、*ES* 五条线。

任务三　认识碳素钢

碳素钢简称碳钢，是最基本的铁碳合金。它是指在冶炼时没有特意加入合金元素，且碳的质量分数 $0.0218<w_C<2.11\%$ 的铁碳合金。由于碳钢容易冶炼，价格便宜，具有较好的力

学性能和优良的工艺性能，可满足一般机械零件、工具和日常轻工产品的使用要求。因此，碳钢在机械制造、建筑、交通运输等许多部门中得到广泛的应用。

一、钢中常含元素及其对性能的影响

碳素钢中除铁和碳两种元素外，还不可避免地在冶炼过程中从生铁、脱氧剂等炉料中加入了一些其他杂质元素，其中主要有硅、锰、硫、磷等元素，这些元素的存在必然会对钢的性能产生一定的影响。

（1）硅　硅是钢中的有益元素，它是作为脱氧剂而进入钢的，硅的脱氧能力比锰强，能提高钢的强度及质量，硅作为杂质，其质量分数一般应不超过 0.4%。

（2）锰　锰是钢中的有益元素，是炼钢时用锰铁脱氧而残留在钢中的，锰有很好的脱氧功能，还可以与硫形成 MnS，从而消除了硫的有害作用。锰作为杂质，其质量分数一般应不超过 0.8%。

（3）硫　硫是钢中的有害元素，常以 FeS 的形式存在，FeS 与 Fe 形成低熔点的共晶体，熔点为 985℃，分布在晶界，当钢材在 1000～1200℃进行压力加工时，共晶体熔化，使钢材变脆，这种现象称为热脆性。为了避免热脆，必须严格控制钢中含硫量，通常应使硫的质量分数 $w(S)<0.05\%$。

（4）磷　磷也是钢中的有害元素，它使钢在低温时变脆，这种现象称为冷脆性。因此，钢中含磷量也要严格控制，通常应使磷的质量分数 $w_P<0.045\%$。

（5）氢　钢中氢会造成氢脆、白点等缺陷，是有害元素。

交流讨论

碳素钢中除铁和碳两种元素外，还主要含有哪些元素？这些元素对钢的性能有哪些影响？

二、碳素钢的分类

1. 按钢中碳的质量分数高低分类

（1）低碳钢　$w_C \leqslant 0.25\%$。

（2）中碳钢　$w_C = 0.25\% \sim 0.6\%$。

（3）高碳钢　$w_C \geqslant 0.6\%$。

2. 按钢的品质分类

根据钢中有害元素硫、磷的质量分数可分为：

（1）普通钢　$w_S \leqslant 0.050\%$，$w_P \leqslant 0.045\%$。

（2）优质钢　$w_S \leqslant 0.035\%$，$w_P \leqslant 0.035\%$。

（3）高级优质钢　$w_S \leqslant 0.025\%$，$w_P \leqslant 0.025\%$。

3. 按钢的用途分类

（1）结构钢　主要用于制造建筑结构件、工程结构件和各种机械零件。其中，制造建筑结构件、工程结构件主要用（普通）碳素结构钢，而制造机械零件多用优质碳素结构钢。结构钢中碳的质量分数一般均小于 0.07%。

（2）工具钢　主要用于制造各种刀具、量具和模具等，其碳的质量分数一般均大于 0.70%。

4. 按冶炼时脱氧程度的不同分类

根据炼钢末期脱氧程度的不同，碳素钢又可分为：

（1）沸腾钢　它指脱氧程度不完全的钢。

（2）镇静钢　它指脱氧程度完全的钢。

（3）半镇静钢　它指脱氧程度介于沸腾钢和镇静钢之间的钢。

交流讨论

碳素钢的分类方法有哪几种？

知识拓展

钢的冶炼过程是一个先氧化后还原的过程。由于炼钢用的生铁中碳的质量分数高达3.5%~4.5%，所以炼钢就是以生铁和废钢为原料，通过冶炼过程先进行氧化反应，将多余的 C 和 Si、Mn、S、P 等杂质元素氧化后随熔渣和气体排除，从而使碳含量和 Si、Mn、S、P 等杂质元素的含量降到一定范围以内。与此同时，钢液中必然会有氧化铁存在，为此在炼钢过程的末期必须再用硅铁、锰铁等脱氧剂进行脱氧，通过还原反应将氧化铁中的铁还原出来，以减少铁的损失和提高钢的产量。

三、碳素钢牌号及用途

我国钢材的牌号用化学元素符号、汉语拼音字母和阿拉伯数字相结合的方法来表示。

1.（普通）碳素结构钢

碳素结构钢是工程中应用最多的钢种，其产量占钢总产量的 70%~80%。碳素结构钢中的杂质和非金属夹杂物较多，但冶炼容易，工艺性好，价格便宜，产量大，在性能上能满足一般工程结构及普通零件的要求，因而应用普遍。碳素结构钢通常轧制成钢板和各种型材，用于制造厂房、桥梁、船舶等建筑结构或一些受力不大的机械零件，如铆钉、螺钉、螺母等。

根据国家标准（GB/T 700—2006）的规定，碳素结构钢牌号由以下四部分组成：

（1）屈服强度字母　Q 表示屈服强度，“屈”字汉语拼音字头。

（2）屈服强度数值　单位为 MPa。

（3）质量等级符号　A、B、C、D 级，从 A 级到 D 级质量依次提高。

（4）脱氧方法符号　F 代表沸腾钢、Z 代表镇静钢、TZ 代表特殊镇静钢。Z 与 TZ 在牌号组成中予以省略。

例如，Q235AF 表示屈服强度为 235MPa 的 A 级沸腾钢，如图 2-10 所示。

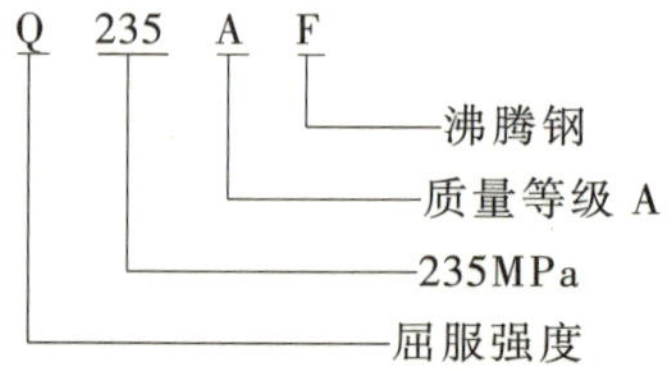

图 2-10　碳素结构钢牌号举例

碳素结构钢的牌号共有四种，其化学成分及力学性能见表 2-4。

表 2-4 碳素结构钢的牌号、化学成分及力学性能

<table>
<tr><th rowspan="3">牌号</th><th rowspan="3">等级</th><th colspan="5">化学成分(质量分数,%)</th><th rowspan="3">脱氧方法</th><th colspan="3">力学性能</th></tr>
<tr><th rowspan="2">C</th><th rowspan="2">Mn</th><th>Si</th><th>S</th><th>P</th><th>R_{eL}/MPa</th><th>R_m/MPa</th><th>A(%)</th></tr>
<tr><th colspan="3">不大于</th><th colspan="3">不小于</th></tr>
<tr><td>Q195</td><td>—</td><td>0.12</td><td>0.50</td><td>0.30</td><td>0.040</td><td>0.035</td><td>F,Z</td><td>195</td><td>315~430</td><td>33</td></tr>
<tr><td rowspan="2">Q215</td><td>A</td><td rowspan="2">0.15</td><td rowspan="2">1.20</td><td rowspan="2">0.35</td><td>0.050</td><td rowspan="2">0.045</td><td rowspan="2">F,Z</td><td rowspan="2">215</td><td rowspan="2">335~450</td><td rowspan="2">31</td></tr>
<tr><td>B</td><td>0.045</td></tr>
<tr><td rowspan="4">Q235</td><td>A</td><td>0.22</td><td rowspan="4">1.40</td><td rowspan="4">0.35</td><td>0.050</td><td rowspan="2">0.045</td><td rowspan="2">F,Z</td><td rowspan="4">235</td><td rowspan="4">370~500</td><td rowspan="4">26</td></tr>
<tr><td>B</td><td>0.20</td><td>0.045</td></tr>
<tr><td>C</td><td rowspan="2">0.17</td><td>0.040</td><td>0.040</td><td>Z</td></tr>
<tr><td>D</td><td>0.035</td><td>0.035</td><td>TZ</td></tr>
<tr><td rowspan="4">Q275</td><td>A</td><td>0.24</td><td rowspan="4">1.50</td><td rowspan="4">0.35</td><td>0.045</td><td>0.050</td><td>F、Z</td><td rowspan="4">275</td><td rowspan="4">410~540</td><td rowspan="4">22</td></tr>
<tr><td>B</td><td>0.21</td><td>0.045</td><td>0.045</td><td>Z</td></tr>
<tr><td>C</td><td>0.22</td><td>0.040</td><td>0.040</td><td>Z</td></tr>
<tr><td>D</td><td>0.20</td><td>0.035</td><td>0.035</td><td>TZ</td></tr>
</table>

注：表中所列力学性能指标为热轧状态试样测得。

交流讨论

怎样根据碳素结构钢的牌号判断其成分和性能?

2. 优质碳素结构钢

优质碳素结构钢的牌号是按化学成分和力学性能确定的，钢中所含硫、磷及非金属夹杂物较少，常用于制造重要的机械零件，使用前一般都要经过热处理来改善力学性能。

优质碳素结构钢的牌号用两位数字表示，这两位数字表示该钢平均碳的质量分数的万分之几。例如，45 表示平均碳的质量分数为 0.45%的优质碳素结构钢；08 表示平均碳的质量分数为 0.08%的优质碳素结构钢。

优质碳素结构钢按含锰量的不同，分为普通含锰量钢（$w_{Mn}=0.35\%\sim0.80\%$）和较高含锰量钢（$w_{Mn}=0.7\%\sim1.2\%$）两种。较高含锰量钢在牌号后面标出元素符号“Mn”，如 50Mn。若为沸腾钢或为了适应各种专门用途的某些专用钢，则在牌号后面标出规定的符号，例如，10F 是平均碳的质量分数为 0.10%的优质碳素结构钢中的沸腾钢；20g 是平均碳的质量分数为 0.20%的优质碳素结构钢中的锅炉用钢。

优质碳素结构钢的牌号、化学成分及力学性能见表 2-5。

08~25 钢中碳的质量分数低，属于低碳钢。这种钢的强度、硬度较低，塑性、韧性及焊接性能良好，主要用于制造冲压件、焊接结构件及强度要求不高的机械零件、渗碳件，如压力容器、小轴、销、法兰盘、螺钉和垫圈等。

30~55 钢属于中碳钢。这类钢具有较好的强度和硬度，其塑性和韧性随碳的质量分数的增加而逐步降低，切削性能良好。这类钢经调质后，能获得较好的综合力学性能，主要用于制造受力较大的机械零件，如连杆、曲轴、齿轮和联轴器等。

表 2-5 优质碳素结构钢的牌号、化学成分及力学性能

牌号	化学成分(质量分数,%)			力学性能					
				R_{eL}	R_m	A	Z	硬度 HBW	
	C	Si	Mn	/MPa		(%)		热轧钢	退火钢
				不小于				不大于	
08F	0.05~0.11	≤0.03	0.25~0.50	175	295	35	60	131	—
08	0.05~0.11	0.17~0.37	0.35~0.65	195	325	33	60	131	—
10F	0.07~0.13	≤0.07	0.25~0.50	185	315	33	55	137	—
10	0.07~0.13	0.17~0.37	0.35~0.65	205	335	31	55	137	—
15F	0.12~0.18	≤0.07	0.25~0.50	205	355	29	55	143	—
15	0.12~0.18	0.17~0.37	0.35~0.65	225	375	27	55	143	—
20	0.17~0.23	0.17~0.37	0.35~0.65	245	410	25	55	156	—
25	0.22~0.29	0.17~0.37	0.50~0.80	275	450	23	50	170	—
30	0.27~0.34	0.17~0.37	0.50~0.80	295	490	21	50	179	—
35	0.32~0.39	0.17~0.37	0.50~0.80	315	530	20	45	187	—
40	0.37~0.44	0.17~0.37	0.50~0.80	335	570	19	45	217	187
45	0.42~0.50	0.17~0.37	0.50~0.80	355	600	16	40	241	197
50	0.47~0.55	0.17~0.37	0.50~0.80	375	630	14	40	241	207
55	0.52~0.60	0.17~0.37	0.50~0.80	380	645	13	35	255	217
60	0.57~0.65	0.17~0.37	0.50~0.80	400	675	12	35	255	229
65	0.62~0.70	0.17~0.37	0.50~0.80	410	695	10	30	255	229
70	0.67~0.75	0.17~0.37	0.50~0.80	420	715	9	30	269	229
75	0.72~0.80	0.17~0.37	0.50~0.80	880	1080	7	30	285	241
80	0.77~0.85	0.17~0.37	0.50~0.80	930	1080	6	30	285	241
85	0.82~0.90	0.17~0.37	0.50~0.80	980	1130	6	30	302	255
15Mn	0.12~0.19	0.17~0.37	0.50~0.80	245	410	26	55	163	—
20Mn	0.17~0.23	0.17~0.37	0.70~1.00	275	450	24	50	197	—
25Mn	0.22~0.29	0.17~0.37	0.70~1.00	295	490	22	50	207	—
30Mn	0.27~0.34	0.17~0.37	0.70~1.00	315	540	20	45	217	187
35Mn	0.32~0.39	0.17~0.37	0.70~1.00	335	560	19	45	229	195
40Mn	0.37~0.44	0.17~0.37	0.70~1.00	355	590	17	45	229	207
45Mn	0.42~0.50	0.17~0.37	0.70~1.00	375	620	15	40	241	217
50Mn	0.48~0.56	0.17~0.37	0.70~1.00	390	645	13	40	255	217
60Mn	0.57~0.65	0.17~0.37	0.70~1.00	410	695	11	35	269	229
65Mn	0.62~0.70	0.17~0.37	0.90~1.20	430	735	9	30	285	229
70Mn	0.67~0.75	0.17~0.37	0.90~1.20	450	785	8	30	285	229

60 钢以上的牌号属于高碳钢。这类钢具有较高的强度、硬度和弹性，但焊接性能不好，切削性能稍差，冷变形塑性差，主要用于制造具有较高强度、耐磨性和弹性的零件，如弹簧

垫圈、板簧和螺旋弹簧等弹性零件及耐磨零件。

交流讨论

怎样根据优质碳素结构钢的牌号判断其成分和性能？

3. 碳素工具钢

碳素工具钢用于制造刀具、模具和量具。由于大多数工具都要求具有高硬度和高耐磨性，故碳素工具钢中碳的质量分数均在 0.70%以上，都是优质钢或高级优质钢。

碳素工具钢的牌号以汉字“碳”的汉语拼音字头“T”及后面的数字表示，其中数字表示钢中平均碳的质量分数的千分之几。例如，T8 表示平均碳的质量分数为 0.80%的优质碳素工具钢。若为高级优质碳素工具钢，则在其牌号后面标以字母 A。

例如，T12A 表示平均碳的质量分数为 1.2%的高级优质碳素工具钢，如图 2-11 所示。

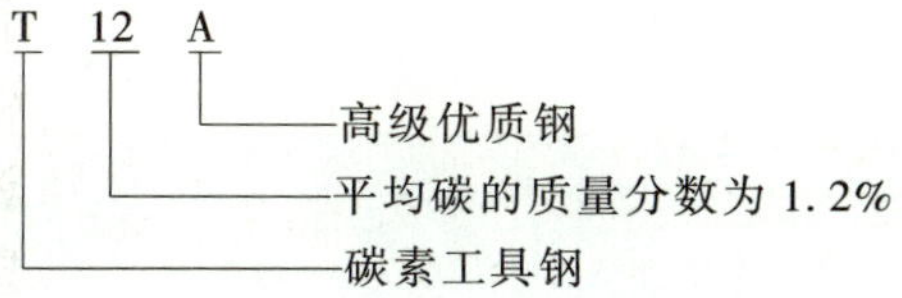

图 2-11 碳素工具钢牌号说明

碳素工具钢的牌号、化学成分及力学性能见表 2-6。

表 2-6 碳素工具钢的牌号、化学成分及力学性能

牌号	化学成分(质量分数,%)					热处理		应用举例
	C	Mn	Si	S	p	淬火温度/℃	硬度 HRC(不小于)	
T7	0.65~0.74	≤0.40	≤0.35	≤0.03	≤0.035	800~820，水淬	62	受冲击，有较高硬度和耐磨性要求的工具，如木工用的錾子、锤子、钻头、模具等
T8	0.75~0.84					780~800，水淬		
T8Mn	0.80~0.90	0.40~0.60						
T9	0.85~0.94	≤0.40				760~780，水淬		受中等冲击载荷的工具和耐磨零件，如刨刀、冲模、丝锥、板牙、锯条、卡尺等
T10	0.95~1.04							
T11	1.05~1.14							
T12	1.15~1.24							不受冲击，而要求有较高硬度的工具和耐磨机件，如钻头、锉刀、刮刀、量具等
T13	1.25~1.35							

各种牌号的碳素工具钢经淬火后的硬度相差不大，但随着碳的质量分数的增加，未溶的二次渗碳体增多，钢的耐磨性增加，韧性降低。因此，不同牌号的工具钢用于制造具有不同使用要求的工具。

交流讨论

怎样根据碳素工具钢的牌号判断其成分和性能？

4. 铸造非合金钢

铸造非合金钢一般用于制造形状复杂、力学性能要求较高的机械零件。这类零件形状复杂，很难用锻造或机械加工的方法制造，且力学性能要求较高，因而不能用铸铁来铸造。铸造非合金钢包括一般工程用铸造碳钢和焊接结构用碳素铸钢，广泛用于制造重型机械的某些零件，如轧钢机机架、水压机横梁、锻锤砧座等。

一般工程用铸造碳钢中碳的质量分数一般为0.2%~0.6%，如果碳的质量分数太高，则塑性变差，而且铸造时易产生裂纹。一般工程用铸造碳钢的牌号是由“铸钢”二字的汉语拼音字头“ZG”加两组数字组成，第一组数字代表屈服强度值，第二组数字代表抗拉强度值。例如，ZG 270-500 表示屈服强度≥270MPa、抗拉强度≥500MPa 的一般工程用铸造碳钢。

一般工程用铸造碳钢的牌号、化学成分及力学性能见表 2-7。

表 2-7 一般工程用铸造碳钢的牌号、化学成分及力学性能

牌号	化学成分（质量分数，%）					室温下的力学性能			
	C	Si	Mn	P	S	R_{eL} 或 $R_{p0.2}$/MPa	R_m/MPa	$A_{11.3}$(%)	Z(%)
	≤					≥			
ZG 200-400	0.20	0.50	0.80	0.04		200	400	25	40
ZG 230-450	0.30	0.50	0.90	0.04		230	450	22	32
ZG 270-500	0.40	0.50	0.90	0.04		270	500	18	25
ZG 310-570	0.50	0.60	0.90	0.04		310	570	15	21
ZG 340-640	0.60	0.60	0.90	0.04		340	640	12	18

不同牌号的铸造碳钢用于制造具有不同使用要求的零件。ZG 200-400 有良好的塑性、韧性和焊接性能，可用于制造受力不大、要求具有一定韧性的零件，如机座、变速器箱体等。ZG 230-450 有一定的强度和较好的塑性、韧性及焊接性能，切削性能尚可，用于制造受力不大、要求具有一定韧性的零件，如砧板、轴承盖、外壳、阀体、底板等。ZG 270-500 有较高的强度和较好的塑性，铸造性能良好，焊接性能差，切削性能良好，是用途较广的铸造碳钢，用于制造轧钢机机架、连杆、箱体、缸体、曲轴、轴承座等。ZG 310-570 的强度和切削性能良好，塑性、韧性较差，用于制造负荷较高的零件，如大齿轮、缸体、制动轮、辊子等。ZG 340-640 有较高的强度、硬度和耐磨性，切削性能中等，焊接性能差，裂纹敏感度大，用于制造齿轮、棘轮等。

焊接结构用碳素铸钢的牌号表示方法与一般工程用铸造碳钢的牌号基本相同，不同之处是在数字后面加注字母“H”，如 ZG 200-400H。

交流讨论

怎样根据一般工程用铸造碳钢的牌号判断其成分和性能？

课后练习

1. 什么是共析转变？什么是共晶转变？
2. 按碳的质量分数的高低不同，铁碳合金可分为哪几种？

3. 什么是钢？根据碳的质量分数的高低和室温组织的不同，钢分为哪几类？

4. 铁碳合金相图有哪些具体用途？

5. 碳的质量分数的高低变化对钢的性能有何影响？

6. 碳钢中存在哪些杂质元素？它们对钢的性能有哪些影响？

7. 低碳钢、中碳钢和高碳钢是如何划分的？

8. 钢的质量是根据什么划分的？

9. 碳素结构钢、优质碳素结构钢和碳素工具钢在牌号表示方法上有何不同？

10. 试对比分析优质碳素结构钢、碳素工具钢的牌号与碳的质量分数及其在相图中对应的室温组织和用途之间的关系。

11. 一般工程用铸造碳钢一般应用于什么场合？其牌号由哪几部分构成？举例说明各部分的含义。

项目三 认识钢的热处理

知识目标

1. 了解钢的热处理的原理及分类
2. 了解钢在加热和冷却时的组织转变
3. 掌握退火的目的、种类、方法及应用
4. 掌握正火的目的、方法及应用
5. 掌握淬火的目的、方法及其应用
6. 熟悉回火的目的，掌握回火方法及其应用
7. 熟悉表面热处理的方法

能力目标

1. 能够运用所学的知识，对实际生产中不同的材料，结合零件的特点及使用要求正确选用热处理方法
2. 能够熟练掌握钢退火、正火、淬火、回火的目的及应用
3. 能运用所学知识，对零件进行热处理分析，合理安排热处理工序

素质目标

1. 通过对钢的热处理知识的学习，提升对机械零件制造中强化金属材料、提高产品质量和使用寿命方法的认识，培养学生的匠人精神
2. 培养学生勤实践、多动手和勤动脑的好习惯
3. 培养学生分析问题和解决问题的能力

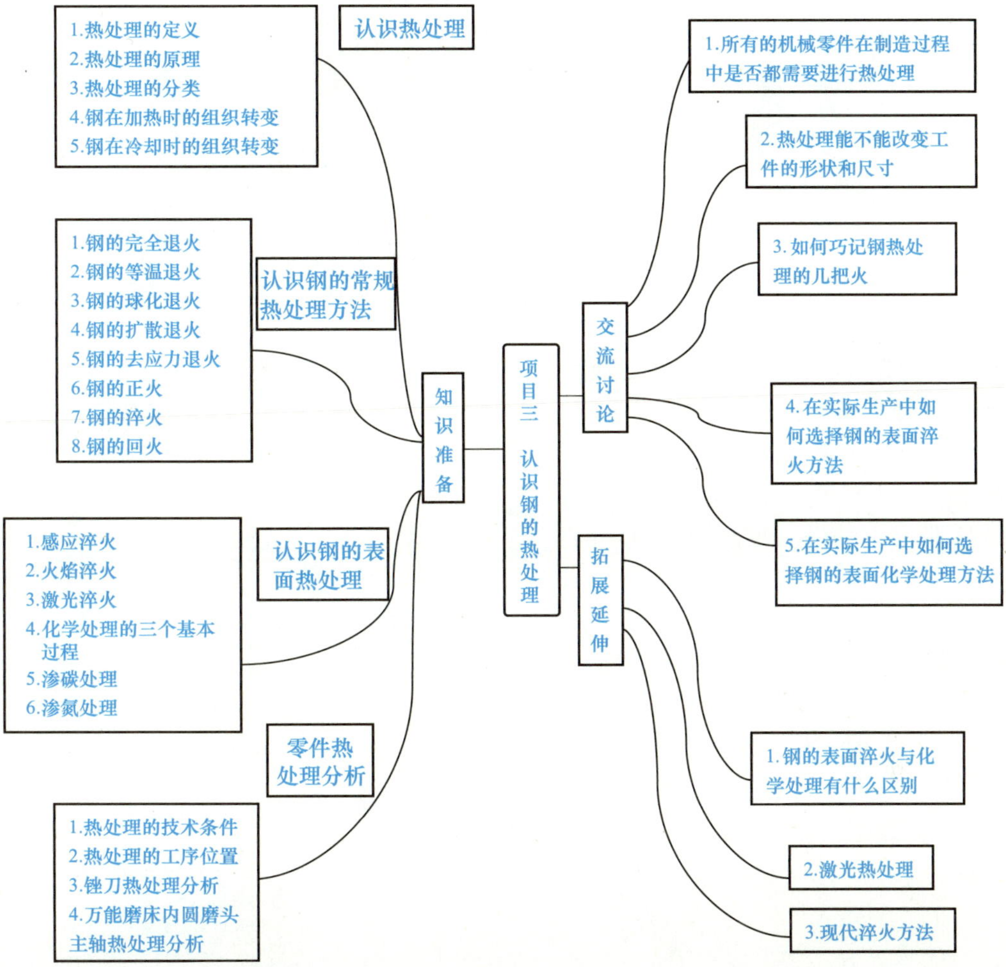

任务一 认识热处理

热处理是采用适当的方式对固态的金属或合金进行加热、保温和冷却以获得需要的组织结构与性能的工艺。它是改善金属材料使用性能和工艺性能的一种非常重要的工艺方法，它是强化金属材料、提高产品质量和使用寿命的主要途径之一。因此，绝大部分重要的机械零件在制造过程中都要进行热处理。机床中有 60%～70%的零件要经过热处理；汽车、拖拉机中需热处理的零件达 70%～80%；至于模具和滚动轴承都要经过热处理后才能投入使用，如图 3-1 所示。

一、热处理的原理及分类

钢在金属材料中应用最广泛，为了满足不同的使用要求，需要对钢进行适当的热处理来改善和提高其力学性能。例如，机械加工常用的铰刀、丝锥以及工装夹具中的基础件、支承

图 3-1　热处理的应用

件等，都需要经过淬火、回火等热处理方法来提高材料的强度、硬度、耐磨性等力学性能。

1. 热处理的基本原理

所谓钢的热处理，是指将钢在固态下加热、保温和冷却，以改变其组织结构，从而获得所需性能的一种工艺。为了简明地表示热处理的基本工艺过程，通常用温度-时间坐标绘出热处理工艺曲线，如图 3-2 所示。

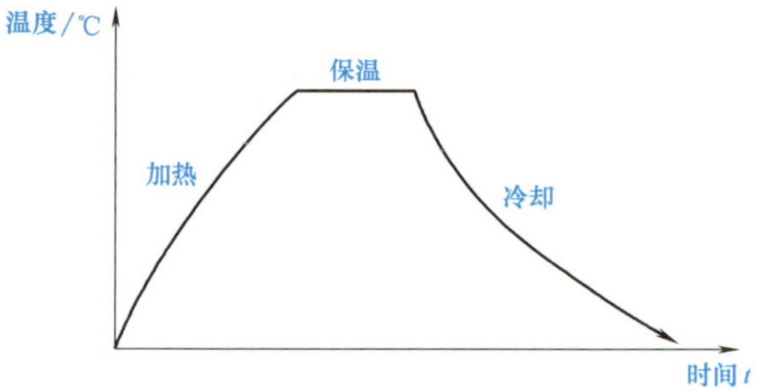

图 3-2　热处理工艺曲线

钢的热处理区别于铸造、压力加工等其他加工工艺，只通过改变工件的组织来改变性能，而不改变其形状。因此，热处理工艺较其他制造工艺更简单，成本更低廉，如图 3-3 所示。

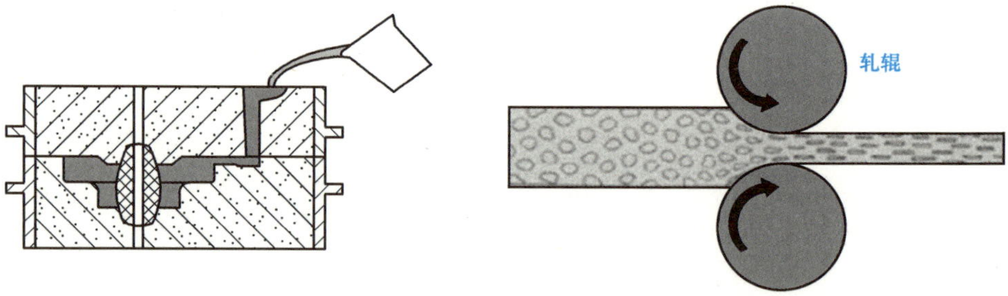

a) 铸造　　b) 压力加工

图 3-3　铸造及轧制

热处理只适用于固态下发生相变的材料，不发生固态相变的材料不能通过热处理强化。钢能通过热处理来强化，是因为铁元素具有同素异构转变的特性，从而使钢在加热和冷却过程中能发生组织和结构上的变化。

想一想

为什么钢可以通过热处理进行强化，而铜则不能？

2. 热处理的分类

根据加热、冷却方式及钢组织性能变化特点不同，对热处理工艺进行分类，如图 3-4

所示。

小知识

与铸造、压力加工、焊接和切削加工等方式不同，热处理不改变工件的形状和尺寸，只改变工件的性能，如提高材料的强度和硬度，增加耐磨性，或者改善材料的塑性、韧性和加工性能等。

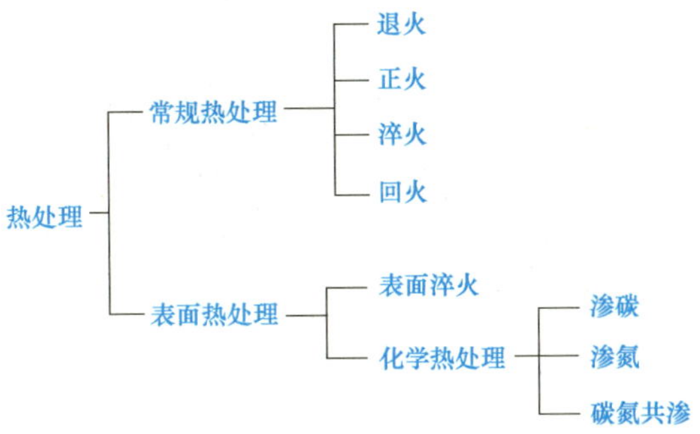

图 3-4　热处理的分类

想一想

钢在热处理时加热的目的是什么？

二、钢在加热时的组织转变

加热是热处理的第一道工序。加热温度要在临界点温度以上，其目的是获得均匀的奥氏体组织，称为奥氏体化。

1. 钢的临界点温度

铁碳相图中 *PSK*、*GS*、*ES* 线分别用 A_1、A_3、A_{cm} 表示。由于实际加热或冷却时存在过冷或过热现象，因此，将钢加热时的实际转变温度分别用 Ac_1、Ac_3、Ac_{cm} 表示，冷却时的实际转变温度分别用 Ar_1、Ar_3、Ar_{cm} 表示，如图 3-5 所示。

2. 奥氏体的形成

奥氏体化是由晶核的形成和长大两个基本过程组成的。现以共析钢为例说明，其奥氏体化的过程分为四步，如图 3-6 所示。

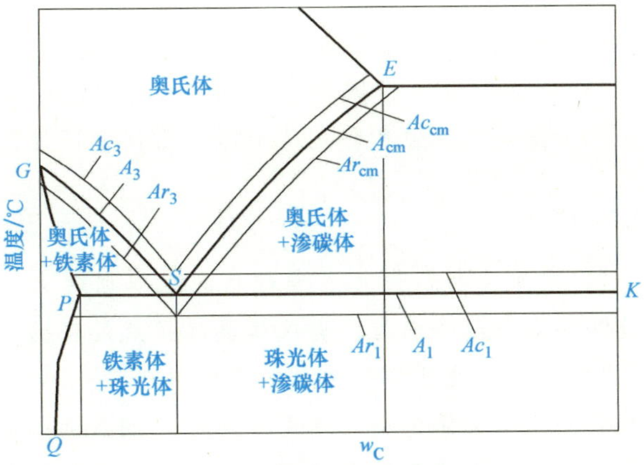

图 3-5　钢在加热和冷却时的临界温度

第一步：奥氏体晶核形成。首先在 α 与 Fe_3C 相界形成晶核。

第二步：奥氏体晶核长大。γ 晶核通过碳原子的扩散向 α 和 Fe_3C 方向长大。

第三步：剩余 Fe_3C 溶解。铁素体在成分、结构上比 Fe_3C 更接近于奥氏体，因而先于 Fe_3C 消失，而剩余 Fe_3C 则随保温时间延长不断溶解直至消失。

第四步：奥氏体均匀化。Fe_3C 溶解后，其所在部位碳的质量分数仍很高，通过长时间保温会使奥氏体成分趋于均匀。

亚共析钢和过共析钢的奥氏体化过程与共析钢基本相同。但由于先共析 α 或二次 Fe_3C 的存在，要获得全部奥氏体组织，必须相应加热到 Ac_3 或 Ac_{cm} 以上。

3. 奥氏体晶粒的长大及影响因素

（1）奥氏体晶粒的长大　奥氏体化刚结束时的晶粒细小均匀。随加热温度升高或保温

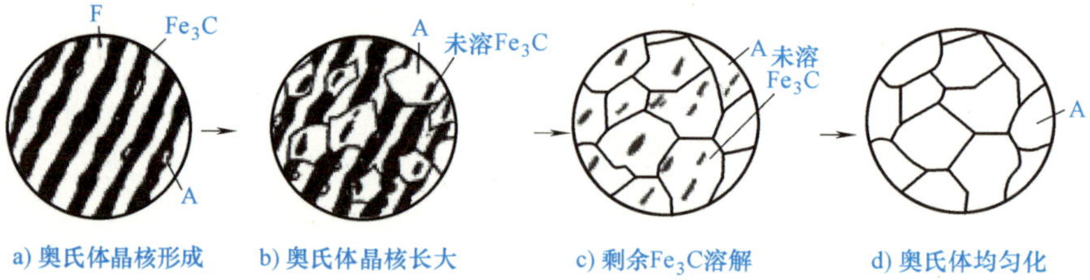

图 3-6 共析钢中奥氏体形成过程示意图

时间的延长，奥氏体晶粒将进一步长大，其长大过程主要表现为晶粒的吞并和晶界的迁移，这也是一个自发的过程，如图 3-7 所示。

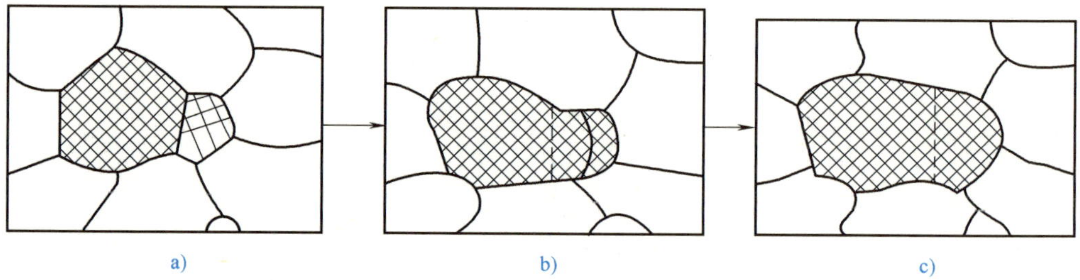

图 3-7 晶粒的长大

（2）影响奥氏体晶粒长大的因素

1）加热温度和保温时间。加热温度越高、保温时间越长，晶粒越粗大。

2）加热速度。加热速度越快，过热度越大，形核率越高，晶粒越细。

3）合金元素。阻碍奥氏体晶粒长大的元素有 Ti、V、Nb、Ta、Zr、W、Mo、Cr、Al 等，多为碳化物和氮化物形成元素。促进奥氏体晶粒长大的元素有 Mn、P、C、N。

小知识

1）奥氏体晶粒粗大，冷却后的组织也粗大，会降低钢的力学性能，尤其是塑性降低。因此加热得到细而均匀的奥氏体晶粒是热处理的关键问题之一。

2）钢在热处理加热后必须有保温阶段，不仅是为了使工件加热均匀，也是为了使组织转变完全，以及保证奥氏体成分均匀。钢在加热时为了得到细小而均匀的奥氏体晶粒，必须严格控制加热温度和保温时间，以免发生晶粒粗大的现象。

想一想

钢在加热时的奥氏体化过程分为哪几步？

三、钢在冷却时的组织转变

奥氏体在 A_1 线以上是稳定相，处于临界点温度 A_1 线以下的奥氏体称为过冷奥氏体。过冷奥氏体是非稳定组织，会发生转变，过冷奥氏体的转变方式有等温转变和连续冷却转变两种，如图 3-8 所示。

1. 过冷奥氏体的等温转变

(1) 等温转变图　过冷奥氏体急速冷却到临界点 A_1 以下，在各不同温度上等温保持一段时间，会转变为稳定的新相，这种转变称为过冷奥氏体的等温转变。在过冷奥氏体的等温转变过程中，表示转变温度、转变时间及转变产物之间关系的曲线称为等温转变曲线，其外形极像英文字母“C”。等温转变曲线明确表示了过冷奥氏体在不同温度下的等温转变产物。图 3-9 所示为共析钢的等温转变图。

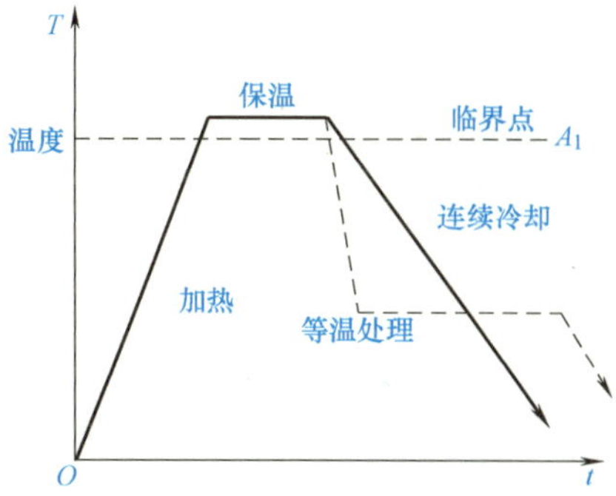

图 3-8　热处理工艺曲线

(2) 等温转变曲线分析

1) 从横向看，在 A_1 线到 Ms 之间分为三个区域，分界线分别为转变开始线 aa'、转变终了线 bb'。转变开始线 aa'与纵坐标轴之间的区域为过冷区。过冷区越小，过冷奥氏体稳定性越小。过冷区最小处称为转变曲线的“鼻尖”，碳钢“鼻尖”处的温度为 550℃，此时奥氏体最不稳定，最易分解。在“鼻尖”以上，温度较高，相变驱动力小。在鼻尖以下，温度较低，扩散困难，从而使奥氏体稳定性增加。转变开始线 aa'与转变终了线 bb'之间的区域为过渡区，表示转变正在进行。转变终了线 bb'右边区域为转变产物区，在转变产物区转变已经完成。

2) 从纵向看有三条线：A_1 线、Ms 线和 Mf 线。A_1 线以上为奥氏体稳定区；A_1 线到 Ms 线之间为珠光体转变区和贝氏体转变区；Ms 线与 Mf 线之间为马氏体转变区，其中 Ms 线为马氏体转变开始线，约 230℃，Mf 线为马氏体转变终了线，约-50℃。

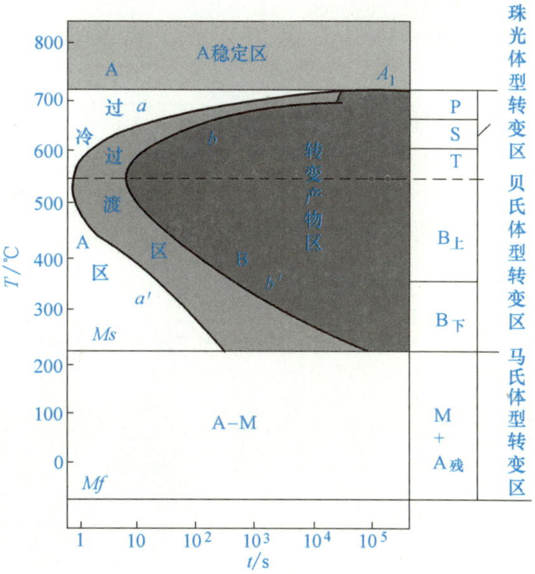

图 3-9　共析钢的等温转变图

小知识

共析钢的过冷奥氏体最稳定，转变曲线最靠右。由共析钢成分开始，碳的质量分数的增加或减少都使转变曲线左移。Ms 与 Mf 点随碳的质量分数的增加而下降。除 Co 外，凡溶入奥氏体的合金元素都使转变曲线右移。除 Co 和 Al 外，所有合金元素都使 Ms 与 Mf 点下降。

2. 奥氏体化的影响条件

奥氏体化温度升高和保温时间延长，使奥氏体成分均匀、晶粒粗大、未溶碳化物减少，增加了过冷奥氏体的稳定性，使转变曲线右移。

3. 过冷奥氏体等温转变产物的组织和性能

随过冷度不同，过冷奥氏体将发生珠光体转变、贝氏体转变和马氏体转变三种类型的转变。以共析钢为例进行说明：

(1) 珠光体的组织形态及性能　过冷奥氏体在 A_1～550℃间将转变为珠光体类型组织，

它是铁素体与渗碳体片层相间的机械混合物，根据片层厚薄不同，又细分为珠光体、索氏体和托氏体。

1）珠光体。形成温度为 A_1~650℃，片层较厚，500 倍光学显微镜下可辨，用符号 P 表示。其显微结构如图 3-10 所示。

2）索氏体。形成温度为 600~650℃，片层较薄，800~1000 倍光学显微镜下可辨，用符号 S 表示。其显微结构如图 3-11 所示。

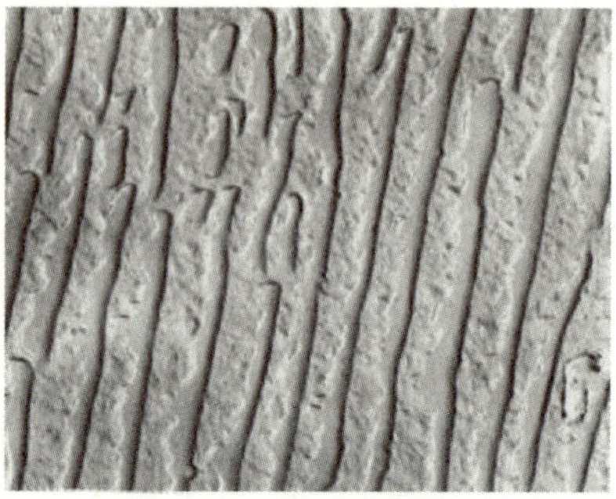

图 3-10 珠光体显微结构

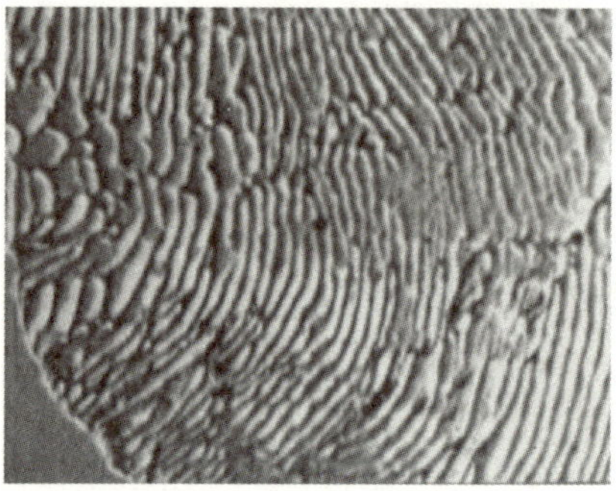

图 3-11 索氏体显微结构

3）屈氏体。形成温度为 550~600℃，呈极细片状珠光体，片层极薄，只有在电子显微镜（5000 倍）下才可分辨，用符号 T 表示。其显微结构如图 3-12 所示。

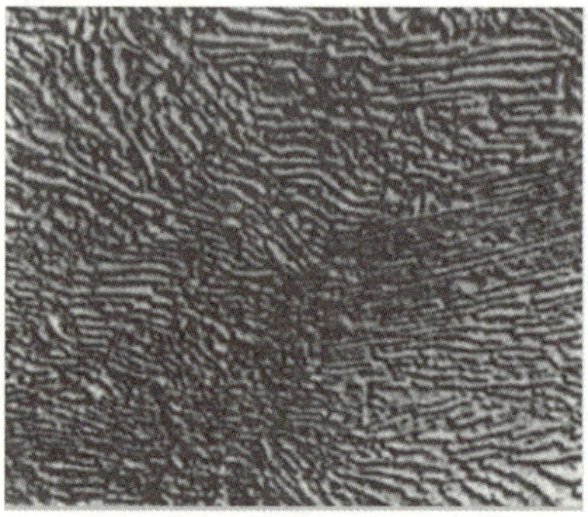

图 3-12 屈氏体显微结构

小知识

1）珠光体、索氏体、屈氏体三种组织无本质区别，只是在形态上有粗细之分，因此其界限也是相对的。

2）片间距越小，钢的强度、硬度越高，而塑性和韧性略有改善。

3）珠光体转变是扩散型转变。

（2）贝氏体的组织形态及性能　过冷奥氏体在 230~550℃（*Ms*）间将转变为贝氏体类型组织，贝氏体用符号 B 表示。根据其组织形态不同，贝氏体又分为上贝氏体（$B_上$）和下贝氏体（$B_下$）。

1）上贝氏体。形成温度为 350~550℃。在光学显微镜下呈羽毛状。在电子显微镜下呈不连续棒状的渗碳体分布于自奥氏体晶界向晶内平行生长的铁素体条之间。其显微结构如图 3-13 所示。

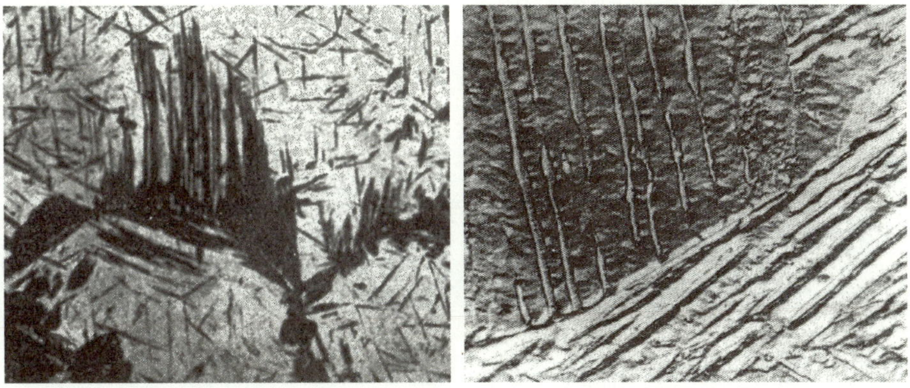

图 3-13　上贝氏体显微结构

2）下贝氏体。形成温度为 230~350℃（Ms）。在光学显微镜下呈竹叶状。在电子显微镜下呈细片状碳化物分布于铁素体针内，并与铁素体针长轴方向呈 55°~60°。其显微结构如图 3-14 所示。

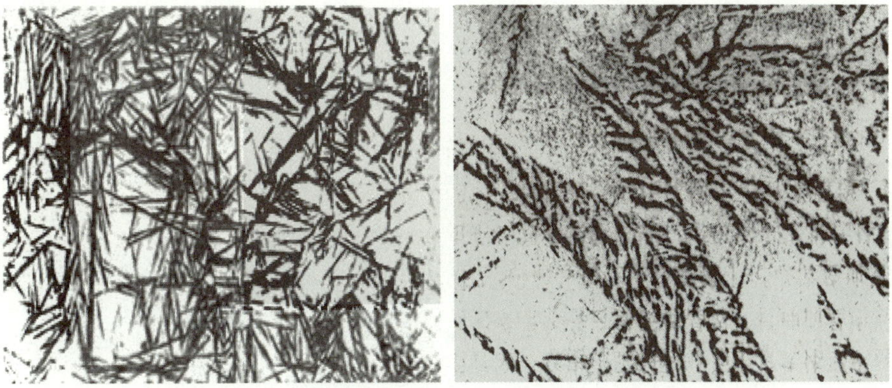

图 3-14　下贝氏体显微结构

小知识

1）上贝氏体强度与塑性都较低，无实用价值。

2）下贝氏体除了强度、硬度较高外，塑性、韧性也较好，即具有良好的综合力学性能，是生产上常用的强化组织之一。

3）贝氏体转变属于半扩散型转变，即只有碳原子扩散而铁原子不扩散，晶格类型改变是通过扩散实现的。

（3）马氏体转变　奥氏体过冷到 Ms 以下将转变为马氏体类型组织。这是一种非扩散过程，在马氏体转变过程中，只有 γ-Fe 向 α-Fe 的晶格改变，没有碳原子的扩散。因此，固溶在奥氏体中的碳（碳在 γ-Fe 中的溶解度大于在 α-Fe 中的溶解度），转变后全部留在铁素体中，形成过饱和状态，使组织得到强化。这种碳在 α-Fe 中的过饱和固溶体称为马氏体，用符号 M 表示。马氏体转变时，奥氏体中的碳全部保留到马氏体中，其显微结构如图 3-15 所示。马氏体转变是强化钢的重要途径之一。

小知识

马氏体的形态分板条和针状两类，板条状马氏体的碳的质量分数低，也称为低碳马氏体，具有良好的强度和较好的韧性；针状马氏体的碳的质量分数高，也称为高碳马氏体，其硬度高，脆性大。马氏体的硬度取决于碳的质量分数，碳的质量分数越高，其硬度也越高。

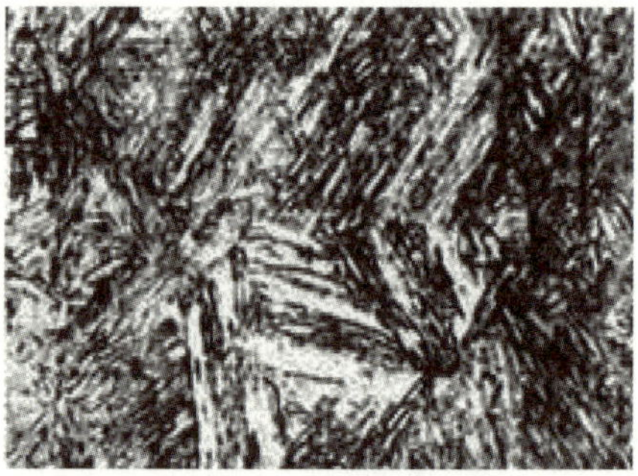

图 3-15　马氏体显微结构

四、过冷奥氏体的连续冷却转变

1. 连续冷却转变的产物和性能

在实际热处理中，过冷奥氏体的转变大多是在连续冷却过程中进行的，为了分析连续冷却过程中生成物的类型和性能，常把连续冷却的冷却曲线叠画在等温转变图上，根据冷却曲线与转变曲线相交的位置，近似地分析连续冷却的产物和性能，如图 3-16 所示。

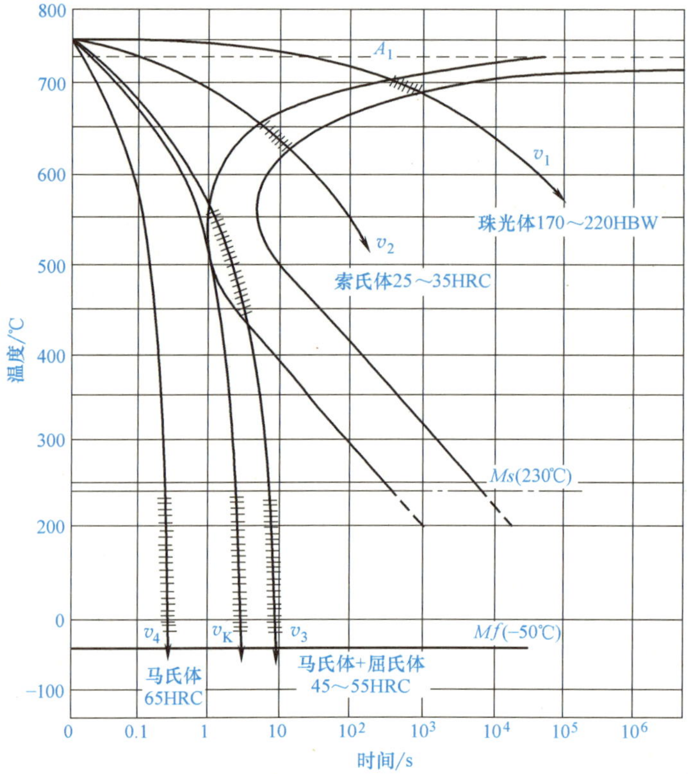

图 3-16　用转变曲线分析奥氏体连续冷却转变的产物及性能

小知识

奥氏体连续冷却曲线中，v_1、v_2、v_3、v_4 和 v_k 分别代表不同的冷却速度，根据它们与等温转变曲线相交的温度范围，可以确定连续冷却转变的产物和性能，如图 3-16 所示。

v_1：相当于随炉冷却（退火），得到粗片的珠光体组织。

v_2：相当于空冷（正火），得到索氏体组织。

v_3：相当于油冷（油冷淬火），得到屈氏体和马氏体组织。

v_4：相当于水冷（水冷淬火），它不与转变曲线相交，奥氏体全部过冷到 *Ms* 线以下，得到马氏体组织。

2. 马氏体临界冷却速度

与转变曲线“鼻尖”相切的冷却速度 v_k，是冷却时获得全部马氏体的最小冷却速度，称为马氏体临界冷却速度（$v_{临}$）。当奥氏体的冷却速度大于该钢的临界冷却速度，快速冷到 *Ms* 线以下时，就不会产生非马氏体组织，这在制定钢的热处理工艺曲线时非常重要。

课后练习

1. 常用的常规热处理方法有______、______、______和______。
2. 表面热处理可以分为______和______。
3. 钢在加热时的组织转变，主要包括奥氏体的______和______两个过程。
4. 为了得到细小而均匀的奥氏体晶粒，必须严格控制______和______，避免发生晶粒粗大的现象。
5. 钢在连续冷却时常用的四种冷却方式是______、______、________、______。
6. 马氏体临界冷却速度与转变曲线“鼻尖”______，当钢的实际冷却速度大于该速度时，就不会产生______________________。

任务二 认识钢的常规热处理方法

一、钢的退火

退火是将工件加热到临界点温度以上或在临界点温度以下某一温度保温一定时间后，以十分缓慢的冷却速度（一般为随炉冷却）进行冷却的一种热处理工艺。

退火的主要目的是：

1）降低钢的硬度，提高塑性，以利于切削加工及压力加工。

2）细化晶粒，均匀组织，改善性能，为以后的热处理做准备。

3）消除残余应力，防止变形和开裂。

根据钢的成分、组织状态和退火目的不同，退火工艺可分为完全退火、等温退火、球化退火、扩散退火和去应力退火等。

1. 完全退火

完全退火又称重结晶退火，是将工件加热到 Ac_3 以上 30~50℃，保温一定时间后，随炉缓慢冷却到 600℃左右，然后在空气中冷却。它用于制造亚共析钢成分的碳钢和合金钢的铸件、锻件及热轧型材，有时也用于制造焊接件。

这种工艺的目的是细化晶粒，降低硬度，改善工件的切削加工性能，但这种工艺过程比较费时间。为克服这一缺点，产生了等温退火工艺。

2. 等温退火

等温退火是将亚共析钢加热到 Ac_3 以上，过共析钢加热到 Ac_1 以上，保温一定的时间，再快速冷却至稍低于 Ar_1 的某一温度等温停留，使过冷奥氏体完成向珠光体的转变，随后出炉或冷却至 600℃左右时出炉。等温退火与普通退火相比大大缩短了时间。

3. 球化退火

球化退火是将钢件加热到 Ac_1 以上 10~30℃，保温一定时间后随炉缓慢冷却至 600℃后出炉空冷。同样为缩短退火时间，生产上常采用等温球化退火，它的加热工艺与普通球化退火相同，只是冷却方法不同。通过球化退火，使层状渗碳体和网状渗碳体变为球状渗碳体，球化退火后的组织是由铁素体和球状渗碳体组成的球状珠光体。这样可降低硬度，改善切削加工性能，并为以后淬火做准备。

球化退火主要用于共析或过共析成分的碳钢及合金钢。对于有网状二次渗碳体存在的过共析钢，在球化退火之前应先进行正火，来打碎渗碳体网状化组织。

4. 扩散退火（均匀化退火）

扩散退火是把钢加热到略低于固相线（固相线以下 100~200℃）的温度，长时间保温（10~15h），然后缓冷至室温的工艺。其目的是消除晶内偏析，使其成分均匀化。实其质是使钢中各元素的原子在奥氏体中进行充分扩散。

工件经扩散退火后，奥氏体的晶粒十分粗大，因此必须进行完全退火或正火处理来细化晶粒，消除过热缺陷。

5. 去应力退火（低温退火）

这种退火是把钢加热到低于 Ac_1 的某一温度，通常为 500~650℃，保温后随炉缓冷的工艺。主要目的是消除铸件、锻件、焊接件、冲压件（或冷拔件）及机加工件的残余内应力。这些应力若不消除，会导致随后的切削加工或使用中机件变形开裂，降低机件的精度，甚至会发生事故。

二、钢的正火

将工件加热到 Ac_3 或 Ac_{cm} 以上 30~50℃，使钢转变为奥氏体，保温后从炉中取出在空气中冷却的热处理工艺称为正火。

正火与退火的目的基本相同，区别是冷却速度不同，正火的冷却速度较快，获得的珠光体类组织较细，因而强度与硬度也较高。正火的热处理加热温度如图 3-17 所示。正火主要应用于下列几个方面：

1）用于普通结构零件，可作为最终热处理，以细化晶粒，提高力学性能。

2）用于低、中碳钢，可作为预备热处理，得到合适的硬度，以便于切削加工。

3）用于过共析钢，消除网状 Fe_3C，有利于进行球化退火。

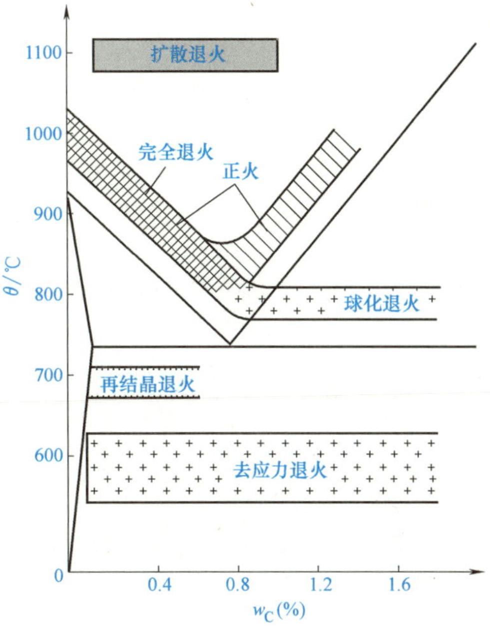

图 3-17 钢的退火、正火热处理加热温度

小知识

正火与退火相比，正火所获得组织的力学性能较好，生产率较高，成本也低，因而一般情况下尽可能用正火来代替退火。

三、钢的淬火

淬火就是将钢件加热到 Ac_3 或 Ac_1 以上 30~50℃，保温一定时间，然后快速冷却（一般为油冷或水冷），从而使奥氏体转变为马氏体（或下贝氏体）的一种热处理工艺。马氏体强化是钢的主要强化手段，因此淬火的目的就是获得马氏体，提高钢的强度、硬度和耐磨性等力学性能。淬火是钢最重要的热处理工艺，也是热处理中应用最广的工艺之一。

1. 淬火工艺

（1）淬火加热温度　钢的淬火加热温度可根据铁碳相图选择，如图 3-18 所示。亚共析钢为 Ac_3+(30~50℃)，如果加热温度过高，会引起淬火后马氏体粗大，使钢脆化；若加热温度过低，淬火后组织中会有铁素体，使硬度降低。

共析钢、过共析钢为 Ac_1+(30~50℃)，若加热温度达到 Ac_{cm} 以上，淬火后会得到粗大马氏体，导致脆性和变形开裂倾向增加且残留奥氏体增多，降低钢的硬度和耐磨性。

（2）淬火冷却介质　淬火的目的是得到马氏体组织，故淬火冷却介质的冷却速度必须大于临界冷却速度。但冷却过快会引起内应力增加，钢件易产生变形和开裂。

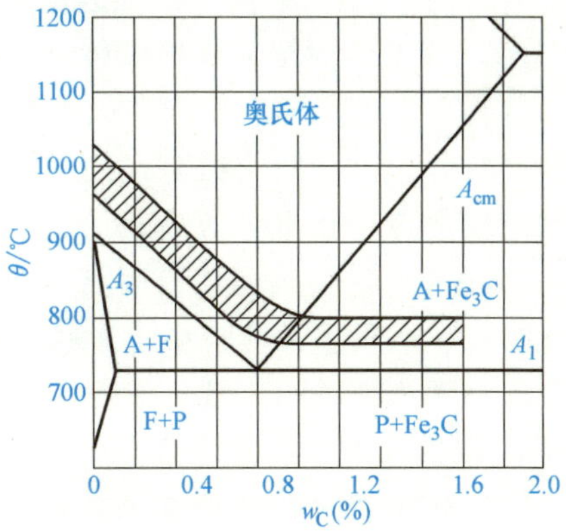

图 3-18 碳钢淬火加热温度范围

常用的淬火冷却介质有油、水、盐水和碱水等，其冷却能力依次增加。其中，水和油是生产中应用最广的淬火冷却介质。盐水在 550~650℃ 范围内冷却速度快，在 200~300℃ 的温度范围内冷却速度仍然很快，容易引起钢件开裂，因此常用于结构简单的碳钢零件的淬火。油在 200~300℃ 的温度范围内冷却速度比较慢，但在 550~650℃ 范围内冷却速度过慢，多用于合金钢零件的淬火。

小知识

淬火的冷却速度必须大于该钢种的临界冷却速度。冷却中要避免引起钢件的变形和开裂。淬火冷却介质对钢的理想淬火冷却速度应是“慢—快—慢”。钢的理想淬火冷却速度示意图如图 3-19 所示。

2. 淬火的方法

淬火时为了最大限度地减小钢件变形和避免其开裂，在正确选择加热温度和冷却介质的同时，还要根据工件的材料、结构及技术要求合理地选择淬火方法。常用的淬火方法如图 3-20 所示。

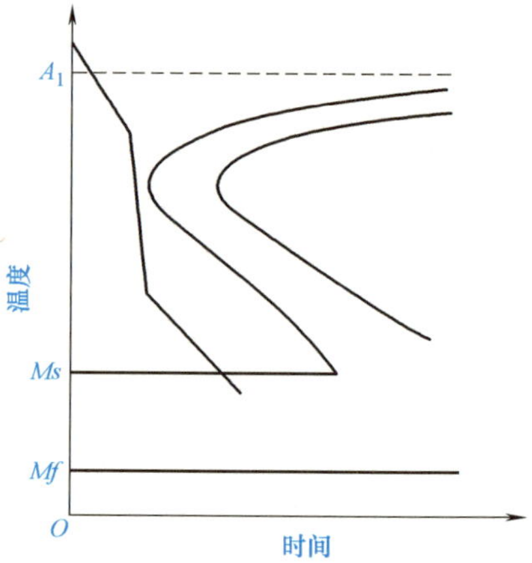

图 3-19 钢的理想淬火冷却速度示意图

(1) 单液淬火法（单介质淬火） 将奥氏体化后的工件放入一种淬火冷却介质中连续冷却获得马氏体组织的淬火方法称为单液淬火。这种方法操作简单，容易实现机械化、自动化。如碳钢在水中淬火，合金钢在油中淬火等。其缺点是不符合理想淬火冷却速度的要求，水淬容易产生变形和裂纹，油淬容易产生硬度不足或硬度不均匀等现象。

(2) 双液淬火法（双介质淬火） 将奥氏体化后的工件先在快速冷却的介质中冷却，跳过等温转变图“鼻尖”部分，到接近马氏体转变温度 *Ms* 时，立即转入另一种缓慢冷却的介质中冷却至室温，以降低马氏体转变时的应力，防止钢件变形开裂，这种方法称为双液淬火法。如形状复杂的碳钢工件常采用水淬油冷的方法，即先在水中冷却到 300℃ 后在油中冷却；而合金钢则采用油淬空冷，即先在油中冷却后在空气中冷却。

(3) 分级淬火法 将奥氏体化后的工件先放入温度稍高于 *Ms* 温度的盐浴或碱浴中，保温 2~5min，使零件内外的温度均匀后，立即取出在空气中冷却，使之发生马氏体转变，这种淬火方法称为分级淬火法。这种方法可以减少工件内外的温差和减慢马氏体转变时的冷却速度，从而有效地减小内应力，防止钢件产生变形和开裂。但由于盐浴或碱浴的冷却能力差，只适用于尺寸较小、要求变形小、尺寸精度高的工件，如模具、刀具等。

(4) 等温淬火法 将奥氏体化后的工件放入温度稍高于 *Ms* 温度的盐浴或碱浴中，等温冷却以获得下贝氏体组织的淬火方法，称为等温淬火法。这种淬火方法能显著降低内应力，且淬火变形小。同时，得到的下贝氏体与回火马氏体相比，在含碳量相近、硬度相当的情况下，前者比后者具有较高的塑性与韧性，而且等温淬火后一般不需进行回火、适用于尺寸较小、形状复杂、要求变形小、具有高硬度和韧性的工具，如模具等。

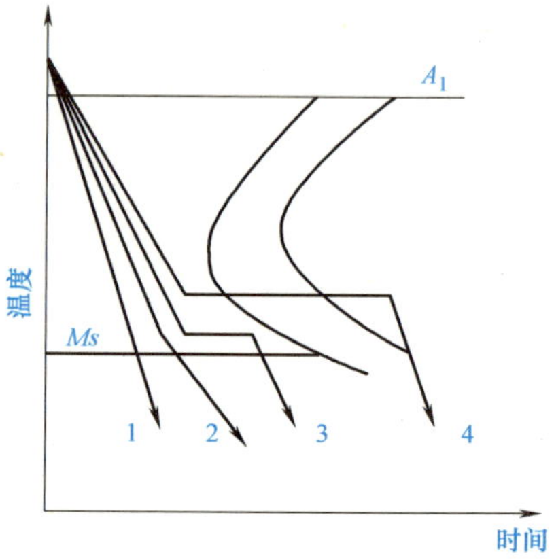

图 3-20 常用淬火方法冷却速度示意图

1—单液淬火法 2—双液淬火法
3—分级淬火法 4—等温淬火法

3. 钢的淬透性和淬硬性

(1) 钢的淬透性 钢在一定的冷却条件下淬火时获得马氏体组织的能力称为钢的淬透性。它是钢材本身固有的一种属性。淬透性的大小反映了钢在接受淬火后转变为马氏体的能力，通常用规定条件下得到淬透层（淬硬层）的深度来表示。淬透性是钢的重要热处理工艺性能，也是合理选材和正确制定热处理工艺的重要依据之一。淬透性好的钢较淬透性差的钢更易于整体淬硬。

小知识

钢的淬透性取决于钢的临界冷却速度，临界冷却速度越低，则钢的淬透性越好。钢的临界冷却速度又主要取决于其化学成分，例如，合金钢的淬透性比碳钢好。

（2）钢的淬硬性　钢的淬硬性是指钢在理想的淬火条件下，获得马氏体后所能达到的最高硬度。钢的淬硬性取决于含碳量的高低。例如，低碳钢淬火的最高硬度低，淬硬性差；高碳钢淬火的最高硬度高，则淬硬性好。

小知识

钢的淬透性和淬硬性是两个不同的概念，两者的影响因素不同，不能混淆。

四、钢的回火

回火是将淬火钢重新加热到 A_1 点以下的某一温度，保温一定时间后，冷却到室温的一种热处理工艺。其目的如下：

1）改善淬火钢的性能，达到所要求的力学性能。

2）稳定工件尺寸。

3）消除或减小淬火内应力，降低马氏体的脆性，防止工件发生变形和开裂。

1. 钢在回火时的组织转变

按加热温度的不同，淬火钢回火时的组织转变如图 3-21 所示，分为四个阶段：马氏体分解（80~200℃）、残留奥氏体转变（200~300℃）、渗碳体形成（250~400℃）、渗碳体聚集长大和 α 相再结晶（>400℃）。

2. 回火的种类和应用

淬火钢回火后的组织与性能由回火温度决定，钢的回火按回火温度不同分为以下三种：

（1）低温回火　回火温度范围为 150~250℃，回火后的组织为回火马氏体，其硬度一般为 58~64HRC。内应力和脆性有所降低，但保持了马氏体的高硬度和高耐磨性；主要应用于高碳钢或高碳合金钢制造的工具及模具、滚动轴承及渗碳和表面淬火的零件。

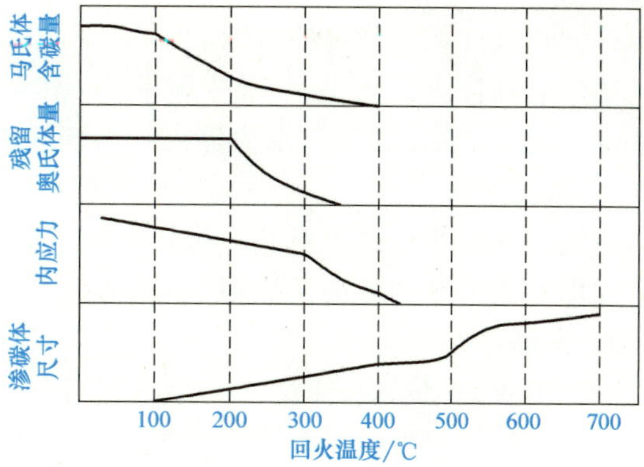

图 3-21　钢在回火时的组织转变

（2）中温回火　回火温度范围为 350~500℃，回火后的组织为回火托氏体，其硬度为 35~45HRC，具有一定的韧性和较高的弹性极限及屈服强度；主要应用于各类弹簧和模具等。

（3）高温回火　回火温度范围为 500~650℃，回火后的组织为回火索氏体，其硬度为 25~35HRC，具有强度、硬度、塑性和韧性都较好的综合力学性能，广泛应用于汽车、拖拉机、机床等机械的重要结构零件，如轴、连杆、螺栓、齿轮等。

小知识

在生产中淬火及高温回火相结合的热处理工艺称为调质。经调质处理的零件具有良好的综合力学性能，不仅具有较高的强度，还具有良好的塑性和韧性，因此一些重要、受力复杂的结构零件均要进行调质处理。

3. 淬火钢回火时力学性能的变化

淬火钢回火时，总的变化趋势是随着回火温度的升高，碳钢的硬度、强度降低，塑性得以提高，但回火温度太高，塑性会有所下降；冲击韧性随着回火温度升高而增大。但在250~400℃和450~650℃温度区间回火，会出现冲击韧性显著降低的现象，这种随回火温度的升高而冲击韧性下降的现象称为回火脆性。遇到这种情况可以通过快冷的方法加以避免。

任务三 认识钢的表面热处理

在机械设备中，有些零件（如齿轮、曲轴、活塞销等）是在冲击载荷和摩擦条件下工作的，需要工件表面有较高的硬度和耐磨性，而心部又要具有足够的塑性和韧性，为满足这样的条件，就要对工件进行表面热处理。常用的表面热处理方法有表面淬火和化学热处理。

一、钢的表面淬火

仅对工件表层进行淬火的热处理工艺称为表面淬火。它是通过快速加热使钢件表面奥氏体化，而中心尚处于较低温度时即迅速予以冷却，表层被淬硬为马氏体，而中心仍保持原来的退火、正火或调质状态的组织。

钢的表面淬火一般适用于中碳钢（$w(C)=0.4\%\sim0.5\%$）和中碳低合金钢（40Cr、40MnB等），常用的方法有感应淬火、火焰淬火和激光淬火等。

1. 感应淬火

感应淬火是在工件中引入一定频率的感应电流（涡流），使工件表面快速加热到淬火温度后立即喷水冷却的方法，如图3-22所示。

2. 火焰淬火

火焰淬火是用乙炔-氧或煤气-氧的混合气体燃烧的火焰，喷射至零件表面，使它快速加热，当达到淬火温度时立即喷水冷却，从而获得预期的硬度和淬硬层深度的一种表面淬火方法，如图3-23所示。

3. 激光淬火

激光淬火是一种新型的表面强化方法。它利用激光来扫描工件表面，使工件表面迅速加热至钢的临界点温度以上，达到淬火温度，然后快冷的表面淬火方法。

二、钢的化学热处理

化学热处理是将工件置于活性介质中加热和保温，使介质中的活性原子渗入工件表层，以改变其表层的化学成分、组织结构和性能的热处理工艺。根据渗入元素的类别，化学热处理可分为渗碳、渗氮、碳氮共渗等。

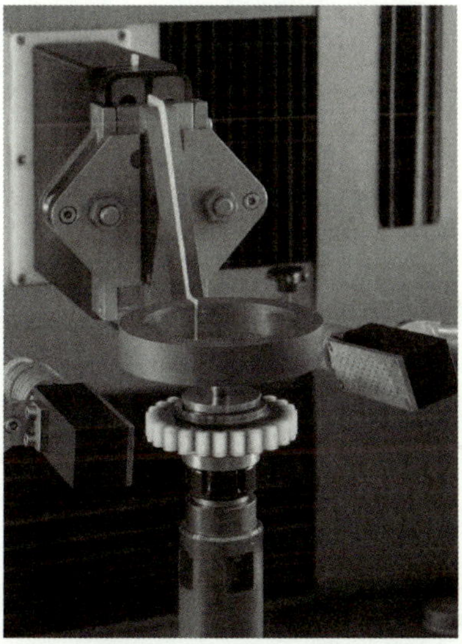

图 3-22 感应淬火

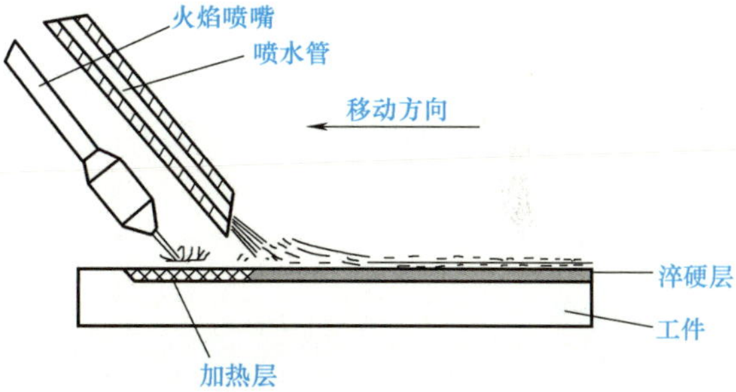

图 3-23 火焰淬火

1. 化学热处理的三个基本过程

任何化学热处理方法的物理化学过程基本相同，都是元素的原子向工件内部扩散的过程，一般都要经过分解、吸收和扩散三个过程。

（1）介质分解　通过加热使介质分解出活性的 N 或 C 原子。

（2）吸收　分解出的活性原子被工件表面吸收。所谓吸收是活性原子溶于钢的固溶体中或与钢中某元素形成化合物。

（3）扩散　吸收的活性原子在工件表面形成浓度梯度，因而必将由表及里地向内部扩散，形成一定深度的渗透层。

2. 钢的渗碳

将低碳工件放在渗碳性介质中加热、保温，使其表层渗入碳原子的一种化学热处理工艺称为渗碳。

（1）渗碳的目的及渗碳用钢　渗碳的目的是提高工件表层含碳量。经过渗碳及随后的淬火和低温回火，提高工件表面的硬度、耐磨性和疲劳强度，而心部仍保持良好的塑性和韧性。工业生产中的渗碳钢一般都是 $w_C = 0.10\% \sim 0.25\%$ 的低碳钢和低碳合金钢，如 15 钢、20 钢、20Cr 钢等。渗碳层深度一般为 0.5～2.5mm。

（2）渗碳方法　根据所采用的渗碳剂不同，渗碳方法可分为气体渗碳（图 3-24）、液体渗碳、固体渗碳。目前常用的首先是气体渗碳，其次是固体渗碳。

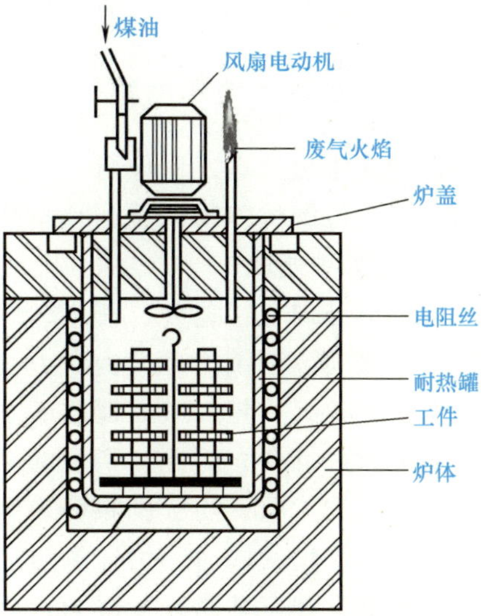

图 3-24 气体渗碳法及示意图

3. 钢的渗氮

向钢件表面渗入氮原子，形成含氮硬化层的化学热处理过程称为渗氮。与渗碳相比，渗氮工件具有以下特点：

1）渗氮前需经调质处理，使工件心部组织具有较高的强度和韧性。

2）工件表面硬度、耐磨性、疲劳强度及热硬性均高于渗碳层。

3）渗氮表面形成由致密氮化物组成的连续薄膜，具有一定的耐蚀性。

4）渗氮处理温度低，渗氮后不需再进行其他热处理，因此工件变形小。

渗氮处理适用于耐磨性和精度都要求较高的零件或要求耐热、耐蚀的耐磨件。例如，发动机的气缸、排气阀、高精度传动齿轮等。

4. 碳氮共渗

碳氮共渗是向钢的表面同时渗入碳和氮，并以渗碳为主的化学热处理工艺。目前以中温气体碳氮共渗和低温气体碳氮共渗应用较广泛。中温气体碳氮共渗的主要目的是提高钢件的硬度、耐磨性和疲劳强度。低温气体碳氮共渗以渗氮为主，其主要目的是提高钢件的耐磨性和抗咬合性。

任务四 零件热处理分析

热处理是机械制造过程中的重要工序，正确理解热处理的技术要求，合理安排热处理工序，对保证产品质量，提高材料力学性能，改善切削加工性能，提高生产率具有重要的意义。

一、热处理的技术条件

工件在热处理后，其成分和组织应当达到的力学性能、精度和工艺性能等要求，称为热处理技术条件。

一般零件均以硬度作为热处理技术条件，对渗碳零件应标注渗碳层的深度，对某些性能要求较高的零件还需标注力学性能指标或金相组织要求。

二、热处理的工序位置

合理安排热处理工序位置，对保证零件质量和改善切削加工性能有重要意义。热处理按目的和工序位置的不同，分为预备热处理和最终热处理。

1. 预备热处理

预备热处理包括退火、正火、调质等。其中退火和正火工序通常安排在毛坯生产之后、切削加工之前，以消除毛坯内应力，均匀组织，改善切削加工性能。其工艺路线为：毛坯制造→退火或正火→粗加工。调质的主要目的是提高零件的综合性能，或为以后的表面淬火和整体淬火做好准备，因此，调质的工序位置是在粗加工之后、半精或精加工之前。

若在粗加工前调质，则零件表面调质层的大部分优良组织有可能在粗加工中被切除掉，失去调质的作用；同时，由于调质后零件的强度和硬度都比较高，导致切削困难，加工成本增加。因此，其工艺路线一般为：毛坯制造→退火或正火→粗加工→调质处理→半精加工。

生产中某些无特殊要求的锻钢件，经退火、正火或调质后，已能满足使用性能要求，不再进行最终热处理，此时上述热处理就是最终热处理。

2. 最终热处理

最终热处理包括淬火、回火及表面热处理等。零件经过这些处理后，硬度和强度都会很高，已不适于切削加工，只能采用磨削等精密加工手段，而这些加工方法效率不高，只能对表面进行微量加工，因此，最终热处理工序要安排在半精加工之后、磨削加工之前，其工艺路线一般为：毛坯制造→退火或正火→粗加工→调质处理→半精加工→表面淬火、回火→精加工（磨削）。对于整体淬火工件的工序安排可省去调质工序，其余基本相同。

三、典型零件热处理分析

1. 锉刀

锉刀是常用的钳工工具，其工作部分要求有足够的强度、硬度和耐磨性，而柄部则要求具有足够的韧性，以防折断，如图 3-25 所示。

图 3-25　锉刀

锉刀（材料：T12）的热处理技术要求：锉身硬度为 58~62HRC，锉柄硬度为 30~35HRC。

其工序位置安排如下：

下料→锻造→正火、球化退火→粗加工→锉身局部淬火、回火→精加工。

2. M1420 型万能磨床内圆磨头主轴

M1420 型万能磨床内圆磨头主轴是机床上的重要精密零件，其轴颈部表面要求具有较好的硬度和耐磨性，如图 3-26 所示。

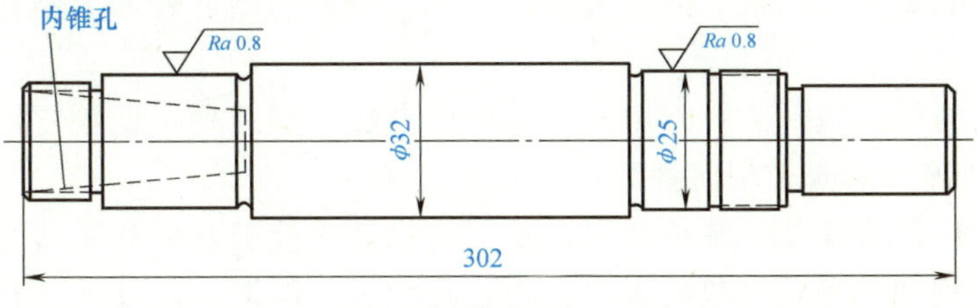

图 3-26　M1420 型万能磨床内圆磨头主轴

其热处理技术要求如下：

1）中等综合力学性能。

2）内锥孔及 ϕ25mm（滑动轴承配合处）处要求耐磨性高，硬度为 220~250HBW，轴颈硬度为 52HRC 。

根据以上要求，主轴选材 15 钢；热处理方法为 930℃渗碳+780℃水淬+200℃回火；工艺路线为：下料→锻造→正火→车削→渗碳→车螺纹→淬火+低温回火→磨削。

课后练习

1. 何谓热处理？钢的热处理有哪些基本类型？说明热处理在机械制造中的作用。

2. 球化退火一般用于什么钢？其目的是什么？低碳钢在什么情况下采用完全退火？

3. 正火和退火的区别是什么？下列情况下采用正火还是退火（何种退火）？

1）铸造齿轮（ZG35）。

2）齿轮锻件（20 钢）。

3）经冷轧后的钢板（15 钢），要求降低硬度。

4）齿轮锻件（T12 钢）。

5）齿轮锻件（45 钢）。

4. 何谓淬硬性？淬硬性主要由什么决定？

5. 珠光体类型组织有哪几种？它们在形成条件、组织形态和性能方面有何特点？

6. 贝氏体类型组织有哪几种？它们在形成条件、组织形态和性能方面有何特点？

7. 淬火临界冷却速度 v_k 的大小受哪些因素影响？它与钢的淬透性有何关系？

8. 退火的主要目的是什么？生产上常用的退火操作有哪几种？指出退火操作的应用范围。

9. 一批 45 钢试样（尺寸 ϕ15mm×10mm），因其组织、晶粒大小不均匀，需采用退火处理。拟采用以下几种退火工艺：

1）缓慢加热至 700℃，保温足够时间，随炉冷却至室温。

2）缓慢加热至 840℃，保温足够时间，随炉冷却至室温。

3）缓慢加热至 1100℃，保温足够时间，随炉冷却至室温。

上述三种工艺各得到何种组织？若要得到大小均匀的细小晶粒，选何种工艺最合适？

10. 淬火的目的是什么？亚共析碳钢及过共析碳钢淬火加热温度应如何选择？试从获得的组织及性能等方面加以说明。

11. 淬透性与淬硬层深度有何联系和区别？影响钢的淬透性的因素有哪些？影响钢件淬硬层深度的因素有哪些？

12. 回火的目的是什么？常用的回火操作有哪几种？指出各种回火操作得到的组织、性能及其应用范围。

13. 表面淬火的目的是什么？常用的表面淬火方法有哪几种？比较它们的优缺点及应用范围，并说明表面淬火前应采用何种预备热处理。

14. 化学热处理包括哪几个基本过程？常用的化学热处理方法有哪几种？

15. 拟用 T10 钢制造形状简单的车刀，工艺路线为：锻造→热处理→机加工→热处理→磨削。

1）试写出各热处理工序的名称并指出各热处理工序的作用。

2）指出最终热处理后的显微组织及大致硬度。

3）制订最终热处理工艺（温度、冷却介质）。

16. 某型号柴油机的凸轮轴，要求凸轮表面有高的硬度（>50HRC），而心部具有良好的韧性，原采用 45 钢调质处理再在凸轮表面进行高频淬火，最后低温回火，现因工厂库存的 45 钢已用完，只剩 15 钢，拟用 15 钢代替。试说明：

1）原 45 钢各热处理工序的作用。

2）改用 15 钢后，按原热处理工序进行能否满足性能要求？为什么？

3）改用 15 钢后，为达到所要求的性能，在心部强度足够的前提下应采用何种热处理工艺？

17. 有一用 45 钢制造的机床变速箱齿轮，其加工工序为：下料→锻造→热处理①→粗加工→热处理②→精加工→热处理③→热处理④→磨削。说明各热处理工序的名称、目的及获得的组织。

实验四 钢的热处理

一、实验目的

1）了解碳钢热处理（退火、正火、淬火及回火）的基本操作。

2）了解含碳量、加热温度、冷却速度、回火温度对碳钢力学性能的影响。

3）完成 20 钢、45 钢、T12 钢试样的淬火、正火、退火及回火操作；用硬度计测定试样的硬度。

二、实验设备和器材

1）实验器材。箱式电阻炉、砂轮机、砂布、洛氏硬度计、淬火水槽、夹钳等。

2）试样。20 钢、45 钢、T12 钢试样。

3）淬火冷却介质。10%NaCl 水溶液、20 号淬火油。

三、实验内容与方法

1. 实验内容

每位同学完成热处理工艺表中的一个工艺，见表 3-1。

表 3-1 热处理工艺表

编号	材料	热处理工艺			硬度 HRC	金相组织
		淬火加热温度/℃	冷却介质	回火温度/℃		
1	45 钢	840	空冷	—		
2		1000	水冷	—		
3		840	水冷	—		
4			水冷	200	—	
5			水冷	400	—	
6			水冷	600	—	
7			油冷	—		
8		750	水冷	—		
9	T12 钢	840	空冷	—		
10		760	水冷	—		

（续）

编号	材料	热处理工艺			硬度 HRC	金相组织
		淬火加热温度/℃	冷却介质	回火温度/℃		
11	T12 钢	760	水冷	200	—	
12			水冷	400	—	
13			水冷	600	—	
14			油冷	—		
15		1000	水冷	—		
16	20 钢	920	水冷	—		
17		1000	水冷	—		

2. 实验方法

1）每位同学在加热试样前先将所拿试样在砂轮机上磨平，以便于准确地进行洛氏硬度的测定。

2）根据试样钢号、大小确定淬火和回火保温时间。

3）每位同学将淬火及正火后的试样两端面用砂布磨去氧化皮，并测出硬度值（HRC）。

4）同学完成淬火+回火工艺后，将试样进行淬火测其硬度，之后进行回火，保温 30min 后，取出空冷。

5）用砂布磨光回火试样的两端面，之后在洛氏硬度机上测定硬度值。

3. 注意事项

1）本实验加热所用都为电炉，由于炉内电阻丝距离炉膛较近，容易漏电，所以电炉一定要接地，在放置、拿取试样时必须先切断电源。

2）往炉中放置、拿取试样时必须使用夹钳，夹钳必须擦干，不得沾有油和水。开关炉门要迅速，炉门打开时间不宜过长。

3）试样由炉内取出淬火时，动作要迅速，以免温度下降，影响淬火质量。

4）试样在淬火液中应不断搅动，否则试样表面会由于冷却不均而出现软点。

5）淬火时水温应保持 20~30℃，水温过高要及时换水。

6）淬火或回火后的试样均要用砂纸打磨表面，去掉氧化皮后再测定硬度值。

4. 实验要求

1）学生进入实验室前必须做好实验预习。

2）认真阅读实验指导书。

3）明确实验目的、任务、有关原理、主要操作步骤及注意事项。

4）实验过程中必须严格遵守操作规程及注意事项。

5）自觉遵守实验室各项规章制度。

6）独立完成实验。

7）实验报告中要求有实验名称、实验目的、实验设备及实验内容。

8）分析加热温度与冷却速度对钢性能的影响。

9）绘制出 45 钢回火温度与硬度的关系曲线图。

10）分析实验中存在的问题。

项目四

认识合金钢

知识目标

1. 掌握合金元素对钢性能的影响
2. 掌握合金钢的分类、牌号
3. 掌握低合金高强度结构钢的牌号、力学性能和用途
4. 掌握合金渗碳钢、合金调质钢、合金弹簧钢的牌号、力学性能和用途
5. 掌握合金工具钢的分类、牌号、力学性能和用途
6. 了解不锈钢、耐热钢、耐磨钢的分类、牌号、性能及用途

能力目标

1. 能够分析常见合金元素对钢性能的影响
2. 了解钢的选用知识
3. 能够通过图样标注的牌号分析所使用的合金钢的种类及特点
4. 能根据合金钢的牌号分析钢的种类、性能特点及应用场合

素质目标

1. 提高学生的思维能力
2. 培养学生自我学习的意识和能力
3. 培养学生的科学精神和态度

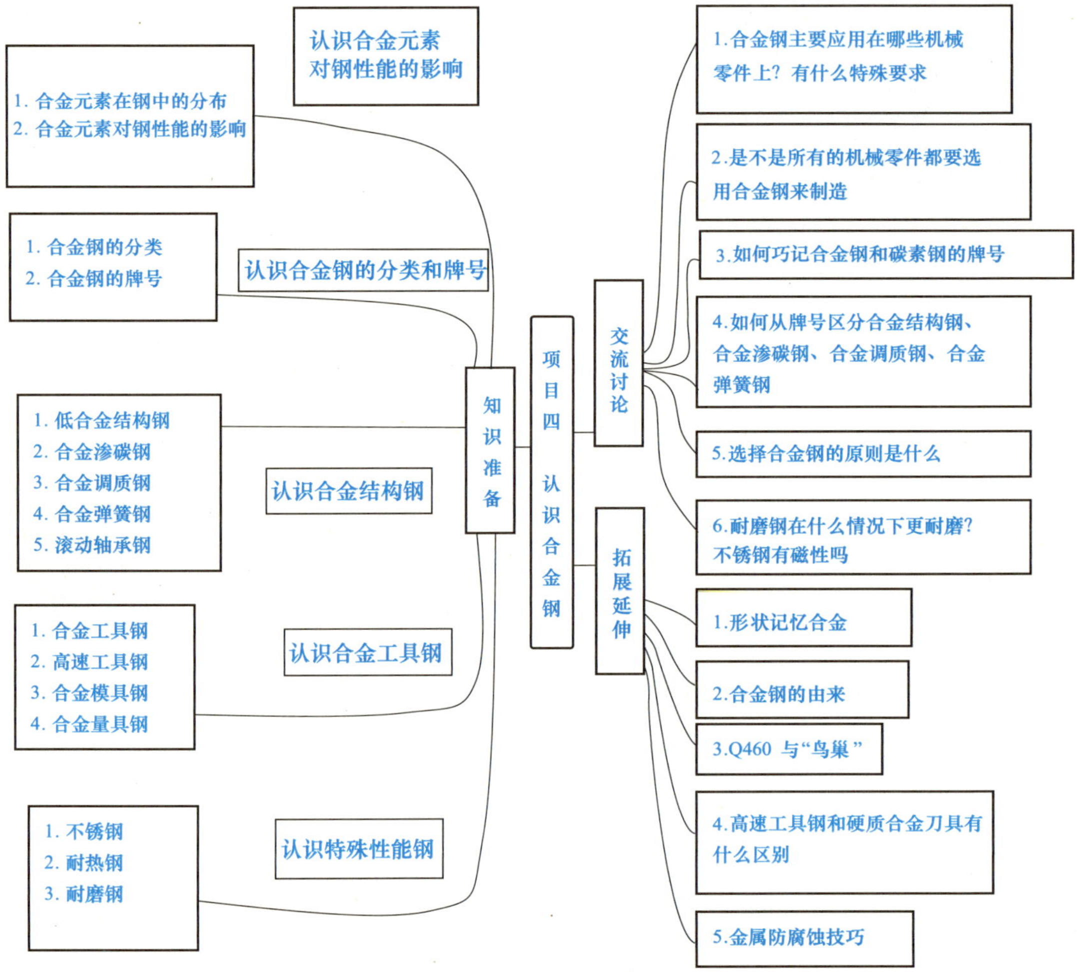

碳素钢容易冶炼，具有较好的力学性能和工艺性能，价格便宜，特别是能通过热处理提高强度、硬度，可满足一般使用需求，因此应用广泛。但在某些特别需求的场合，例如，有强腐蚀性的场合，高温下需要具有高强度、硬度的切削刀具，或是需要具有高疲劳强度的工件等，碳素钢就不能满足要求了。碳素钢的不足之处主要表现在淬透性差、回火稳定性差、综合力学性能低，不能满足某些特殊场合的要求。

合金钢是在碳素钢的基础上，为了改善其性能，在冶炼时有目的地加入一种或几种合金元素，使其使用性能和工艺性能得以提高，从而满足实际需求的铁基合金，如不锈钢、耐热钢、工具钢、弹簧钢等。由于合金元素的加入，合金钢具有较高的力学性能、淬透性和回火稳定性等，还具有某些特殊性能，在机械制造中得到了广泛的应用。

任务一 认识合金元素对钢性能的影响

合金元素在钢中的作用是非常复杂的，它对钢的组织和性能有很大的影响，以下了解一下合金元素的几种主要作用。

一、合金元素在钢中的分布

按合金元素与碳的亲和力大小，可将其分为非碳化物形成元素和碳化物形成元素两大类，在钢中主要以固溶体和化合物的形式存在。

非碳化物形成元素包括 Ni、Co、Cu、Si、Al、N、B 等，它们在钢中不与碳化合，大多溶入铁素体、奥氏体或马氏体中，产生固溶强化；有的形成其他化合物，如 Al_2O_3、AlN、SiO_2、Ni_3Al 等。

小知识

钢中加入的合金元素主要有硅（Si）、锰（Mn）、铬（Cr）、镍（Ni）、钨（W）、钼（Mo）、钒（V）、钛（Ti）、铌（Nb）、钴（Co）、铝（Al）、硼（B）及稀土元素（RE）等。科学合理地使用合金元素，可以配制出各种具有优异性能的低合金钢和合金钢，如图 4-1 所示。

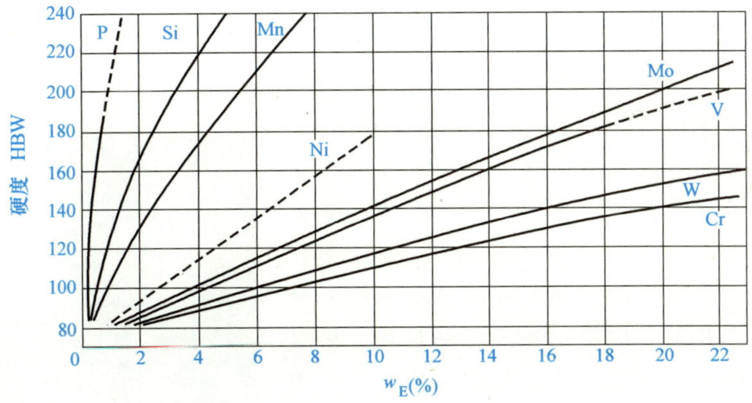

图 4-1 溶入铁素体中的合金元素

二、合金元素对钢性能的影响

1. 对力学性能的影响

（1）强化铁素体　大多数合金元素能溶于铁素体之中，使铁素体的强度和硬度增加，韧性和塑性降低。

（2）形成合金碳化物　大多数合金元素能与碳形成合金碳化物，其特点是熔点高、硬度高、不易分解。通常碳化物越稳定，颗粒越细小，提高钢的强度和耐磨性的效果就越好。

（3）细化晶粒　合金元素的加入，可细化晶粒，提高钢的强度和韧性。对钢而言，合金元素最重要的作用是提高钢的淬透性，保证钢淬火后能获得马氏体组织，起到马氏体强化（含回火）作用。

2. 对工艺性能的影响

（1）铸造性能　合金元素一般会降低铸造时金属的流动性，增加偏析倾向，使铸造性能下降。

（2）锻造性能　许多合金钢在锻造时塑性降低，变形抗力增加，锻造性能明显下降。

（3）焊接性能　碳、硫、磷等元素使钢焊接时热影响区的淬硬和冷裂倾向增加，焊接接头质量变差。若其中加入钛、锆、铌、钒可改善焊接性能。但总的来说，合金钢的焊接性能不如钢。

（4）热处理　除钴外，所有的合金元素都可以提高钢的淬透性，使过热敏感性降低，但淬火变形开裂倾向增加。

（5）切削加工性能　合金钢强韧性较高，切削性能一般比碳钢差，但适量加入硫、磷、铅等元素，能改善其切削加工性能。

3. 对特殊性能的影响

（1）耐蚀性　铬、镍等元素使钢在室温下获得单向组织；铬、硅、铝等元素使钢形成致密、稳定的氧化膜，提高耐蚀性。

（2）耐热性　铬、硅、铝等元素使钢形成致密的高熔点氧化膜，增加钢的耐高温氧化能力，提高耐热性。

（3）热强性　钨、钼等元素使钢在高温下不易产生塑性变形，提高钢的高温强度、热强性。

小知识

稀土元素的符号为 RE，它有工业维生素的美称，现已成为极其重要的战略资源。稀土元素氧化物是指元素周期表中原子序数为 57～71 的 15 种镧系元素氧化物，以及与镧系元素化学性质相似的钪（Sc）和钇（Y）等 17 种元素的氧化物。稀土可以显著地提高耐热钢、不锈钢、工具钢、磁性材料、超导材料、铸铁等的使用性能。稀土元素在石油、化工、冶金、纺织等领域及陶瓷、玻璃、永磁材料中都得到了广泛的应用，随着科技的进步和应用技术的不断突破，稀土氧化物的价值将越来越大，如图 4-2 所示。

图 4-2　稀土矿

想一想

1. 合金钢里的合金元素是不是越多越好？
2. 不锈钢是合金钢吗？

交流讨论

1. 合金钢主要应用在哪些机械零件？对合金钢有什么特殊要求？
2. 是不是所有的机械零件都要选用合金钢来制造？

知识拓展

形状记忆合金

形状记忆合金（Shape Memory Alloys，SMA）是一种在加热升温后能完全消除其在较低温度下发生的变形，恢复其变形前原始形状的合金材料，即拥有记忆效应的合金。其在航空航天领域内的应用有很多成功的范例。人造卫星上庞大的天线可以用形状记忆合金制作。发射人造卫星之前，将抛物面天线折叠起来装进卫星体内，火箭升空把人造卫星送到预定轨道后，只需加温，折叠的卫星天线因具有记忆功能而自然展开，恢复抛物面形状。

1932 年，瑞典人奥兰德在金镉合金中首次观察到记忆效应，即合金的形状被改变之后，一旦加热到一定的跃变温度时，它又可以魔术般地变回原来的形状，人们把具有这种特殊功能的合金称为形状记忆合金。形状记忆合金的开发迄今为止不过几十年，但由于其在各领域的特效应用，正广为世人所瞩目，被誉为“神奇的功能材料”。

1963 年，美国海军军械研究所的比勒在研究工作中发现，在高于室温较多的某温度范围内，把一种镍-钛合金丝烧成弹簧，然后在冷水中把它拉直或铸成正方形、三角形等形状，再放在 40 ℃以上的热水中，该合金丝就会恢复成原来的弹簧形状。后来陆续发现，某些其他合金也有类似的功能。这一类合金被称为形状记忆合金。每种以一定元素按一定质量分数组成的形状记忆合金都有一个转变温度。在这一温度以上将该合金加工成一定的形状，然后将其冷却到转变温度以下，人为地改变其形状后再加热到转变温度以上时，该合金便会自动地恢复到原先在转变温度以上加工成的形状。

1969 年，镍-钛合金的形状记忆效应首次在工业上得到应用。人们采用了一种与众不同的管道接头装置。为了将两根需要对接的金属管连接，选用转变温度低于使用温度的某种形状记忆合金。在高于其转变温度的条件下，做成内径比待对接管子外径略小的短管（作接头用），然后在低于其转变温度的条件下将其内径稍加扩大，再把连接好的管道放置在该接头的转变温度条件下，接头就自动收缩而扣紧被接管道，形成牢固紧密的连接。美国在某种喷气式战斗机的液压系统中便使用了一种镍-钛合金接头，未发生过漏油、脱落或破损事故。

1969 年 7 月 20 日，美国宇航员乘坐“阿波罗” 11 号登月舱在月球上首次留下了人类的脚印，并通过一个直径数米的半球形天线在月球和地球之间传输信息。这个庞然大物般的天线是怎么被带到月球上的呢？这就是用一种形状记忆合金材料，先在其转变温度以上按预定要求做好，然后降低温度把它压成一团，装进登月舱带上天去。放置在月球上后，在阳光照射下，达到该合金的转变温度，天线“记”起了自己的本来面貌，变成一个巨大的半球，如图 4-3 所示。

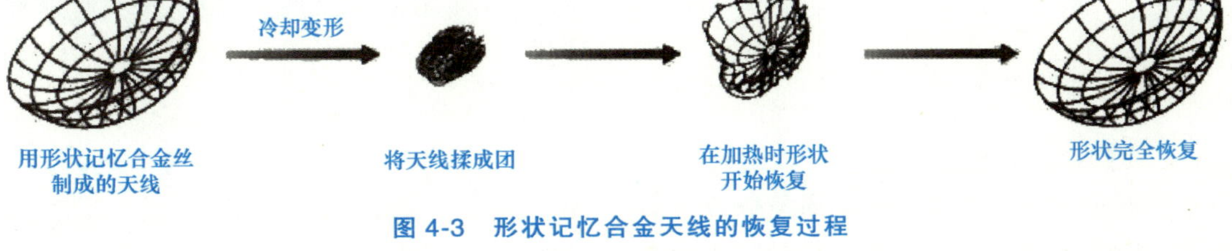

图 4-3　形状记忆合金天线的恢复过程

科学家在镍-钛合金中添加其他元素，进一步研究开发了钛镍铜、钛镍铁、钛镍铬等新的镍钛系形状记忆合金；除此以外还有其他种类的形状记忆合金，如，铜镍系合金、铜铝系合金、铜锌系合金、铁系合金等。

形状记忆合金在生物工程、医药、能源和自动化等领域也都有广阔的应用前景，如图 4-4 所示。

聚髌器

锯齿臂环抱内固定装置（环抱器）

锯齿臂环抱内固定装置（肩关节）

锯齿臂环抱内固定装置（肩锁关节）

骑缝灯

骨卡环

图 4-4　形状记忆合金的应用

课后练习

一、选择题

1. 合金钢要充分显示出良好的特性，必须进行________。

A. 渗氮　　B. 渗碳　　C. 加工硬化　　D. 热处理

2. 合金钢的铸造、锻造和焊接性能比碳素钢________。

A. 差　　B. 好　　C. 无法比较

二、填空题

1. 合金钢中常见的合金元素有______、______、______、______、______、______等。

2. 合金钢的淬透性比碳素钢__________。

三、简答题

生产中如何选用合金钢？

任务二　认识合金钢的分类和牌号

一、合金钢的分类

1. 按合金元素含量分类

1）低合金钢：合金元素总质量分数不高于 5%。

2）中合金钢：合金元素总质量分数为 5%～10%。

3）高合金钢：合金元素总质量分数大于 10%。

2. 按用途分类

（1）合金结构钢　用于制造机械零件和工程结构的钢。它们又可分为低合金高强度钢、渗碳钢、调质钢、弹簧钢、轴承钢等。

（2）合金工具钢　用于制造各种工具的钢，可分为刃具钢、模具钢和量具钢等。

(3) 特殊性能钢　具有某种特殊的物理、化学性能的钢，如不锈钢、耐热钢、耐磨钢等。

二、合金钢的牌号

国家标准《钢铁产品牌号表示方法》(GB/T 221—2008) 中规定，合金钢牌号采用含碳量、合金元素的种类及含量、质量级别来编号。

(1) 合金结构钢　合金结构钢的牌号用“两位数字（碳的质量分数的万分数）+化学符号（主要合金元素）+数字（合金元素的质量分数的百分数，<1.5%时不标注）”表示。例如：

40 Cr(合金结构钢)

- Cr——主要合金元素为铬，其质量分数小于 1.5%
- 40——平均碳的质量分数为 0.4%

60 Si2 Mn

- Mn——主要合金元素为锰，其质量分数小于 1.5%
- Si2——平均硅的质量分数为 2%
- 60——平均碳的质量分数为 0.6%

(2) 合金钢　合金钢多为优质钢，无须特殊表示。当合金钢为高级优质钢、特级优质钢时，分别在牌号尾加 A、E 表示。有时可将表示用途、特性或工艺方法的字符加在牌号尾，见表 4-1。例如：

30 GrMoAl

- GrMoAl——主要合金元素为铬、钼、铝，其质量分数均小于 1.5%
- 30——平均碳的质量分数为 0.3%

表 4-1　合金钢牌号常用字符

产品名称	采用的汉字及汉语拼音或英文单词			采用的字母	位置
	汉字	汉语拼音	英文单词		牌号尾
锅炉和压力容器用钢	容	RONG	—	R	牌号尾
锅炉用钢(管)	锅	GUO	—	G	牌号尾
低压力容器用钢	低容	DIRONG	—	DR	牌号尾
桥梁用钢	桥	QIAO	—	Q	牌号尾
耐候钢	耐候	NAI HOU	—	NH	牌号尾
高耐候钢	高耐候	GAO NAI HOU	—	GNH	牌号尾
汽车大梁用钢	梁	LIANG	—	L	牌号尾
高性能建筑结构用钢	高建	—	—	GJ	牌号尾
低焊接裂纹敏感性钢	低焊接裂纹敏感性	—	—	CF	牌号尾
保证淬透性钢	淬透性	—	—	H	牌号尾
矿用钢	矿	KUANG	—	K	牌号尾
船用钢	采用国际符号				

（3）合金工具钢　合金工具钢的牌号用“一位数字（平均碳的质量分数的千分数，当碳的质量分数≥1.0%时不标注）+化学符号（主要合金元素）+数字（合金元素质量分数的百分数，<1.5%时不标注）”表示。例如：

9　SiCr

SiCr——主要合金元素为硅、铬，质量分数均小于1.5%

9——平均碳的质量分数为0.9%

Cr12　MoV

MoV——钼、钒平均质量分数均小于1.5%

Cr12——主要合金元素为铬，平均质量分数为12%

（无数字）——平均碳的质量分数≥1.0%

（4）高速工具钢　高速工具钢的含碳量均不标出，如W18Cr4V钢中平均碳的质量分数为0.7%~0.8%，在高碳高速工具钢牌号前面可以加“C”。

（5）不锈钢或耐热钢　不锈钢或耐热钢的牌号用“两或三位数字（碳的质量分数的最佳控制值的万分之几或十万分之几）+化学元素符号+数字”表示。例如：

06　Cr19　Ni10

Ni10——平均镍的质量分数为10%

Cr19——平均铬的质量分数为19%

06——碳的质量分数的最佳控制值小于0.1%

022　Cr17　Ni12　Mo2

Mo2——平均钼的质量分数为2%

Ni12——平均镍的质量分数为12%

Cr17——平均铬的质量分数为17%

022——平均碳的质量分数不大于0.03%

（6）其他钢　除此之外，还有一些特殊专用钢，为表示钢的用途，在钢的牌号前加上汉语拼音首字母，不标含碳量，合金元素含量的标注也和上述有所不同。例如：

G　Cr15　SiMn

SiMn——平均硅、锰的质量分数均小于1.5%

Cr15——平均铬的质量分数为1.5%

G——滚动轴承钢

Y　15

15——平均碳的质量分数为0.15%

Y——易切削钢

想一想

1. 合金钢牌号里表示含碳量的一位数字和两位数字的区别是什么？

2. 不锈钢的含碳量是高还是低？

交流讨论

如何巧记合金钢和碳素钢的牌号？

知识拓展

合金钢的由来

合金钢已有一百多年的历史，工业上开始较多地使用合金钢大约是在19世纪后半期。当时，由于钢的生产量和使用量不断增加，机械制造业急需解决钢的切削加工问题。1868年，英国人马希特（R. F. Mushet）发明了成分（质量分数）为2.5%Mn、7%W的自硬钢，将切削速度提高到5m/min。随着商业和运输业的发展，美国于1870年用铬钢（$w_{Cr}=1.5\%\sim2.0\%$）在密西西比河上建造了跨度为158.5m的大桥；由于加工构件时出现困难，以后一些工业国家改用镍钢（$w_{Ni}=3.5\%$）建造大跨度的桥梁。与此同时，一些国家还将镍钢用于修造军舰。随着工程技术的发展，要求加快机械的运转速度以提高生产率，1901年在西欧出现了高碳铬滚动轴承钢。1910年又发展出了18W-4Cr-1V型高速工具钢，进一步把切削速度提高到30m/min。可见，合金钢的问世和发展适应了社会生产力发展的要求，特别是和机械制造业、交通运输业和军事工业的需要分不开的。

20世纪20年代以后，由于电弧炉炼钢法被推广使用，为合金钢的大量生产创造了有利条件。化学工业和动力工业的发展，又促进了合金钢品种的扩大，于是不锈钢和耐热钢在这段时间问世了。1920年，德国人毛雷尔（E. Maurer）发明了18-8型不锈耐酸钢；1929年在美国出现了Fe-Cr-Al电阻丝；1939年，德国在动力工业中开始使用奥氏体耐热钢。第二次世界大战以后至20世纪60年代，主要是高强度钢和超高强度钢应用发展的时代，由于航空工业和火箭技术发展的需要，出现了许多高强度钢和超高强度钢新钢种，沉淀硬化型高强度不锈钢和各种低合金高强度钢等是其代表性的钢种。20世纪60年代以后，许多冶金新技术，特别是炉外精炼技术被普遍采用，合金钢开始向高纯度、高精度和超低碳的方向发展，又出现了马氏体时效钢、超纯铁素体不锈钢等新钢种。现国际上使用的有上千种合金钢牌号，数万个规格，合金钢的产量约占钢材总产量的10%，是国民经济建设和国防工业建设大量使用的重要金属材料。

课后练习

一、选择题

1. 9Mn2V中碳的质量分数是（　　）。

A. 9%　　B. 0.9%　　C. 90%　　D. 1%

2. 有关40Cr钢和40钢说法不正确的是（　　）。

A. 40Cr钢的淬透性好　　B. 两者碳的质量分数一样

C. 40Cr钢的性能好　　D. 40钢用于制造大尺寸零件

3. GCr15SiMn表示铬的质量分数为（　　）。

A. 1.5%　　B. 15%　　C. 0.15%　　D. 0.015%

二、解释下列合金钢牌号的含义

1. 18Cr2Ni4WA
2. 30W4Cr2VA
3. 07Cr17Ni7Al

任务三 认识合金结构钢

合金结构钢是主要用于制造工程结构件和机械零件的钢。它按用途不同可分为低合金结构钢和机械制造用钢两类，是目前市场上品种最多、用途最广、用量最大的一类钢材。通常按其用途及热处理特点不同，又可分为低合金结构钢、合金渗碳钢、合金调质钢、合金弹簧钢及滚动轴承钢等。

一、低合金结构钢

(1) 性能特点　较高的强度，足够的塑性和韧性、耐蚀性和良好的焊接性能，广泛应用于建筑、桥梁、船舶、车辆、锅炉、压力容器、输油管、起重机械等钢结构件等，如图 4-5 所示。

(2) 化学成分特点　属于低碳钢（w_C<0.2%），主要合金元素为 Mn（w_{Mn}=1.25%~1.5%）。

(3) 热处理特点　在热轧或正火状态下使用，一般不进行热处理。

(4) 牌号　其表示方法与碳素结构钢相同。

常用低合金高强度结构钢的牌号、力学性能及应用见表 4-2。

图 4-5　低合金结构钢的应用

表 4-2　常用低合金高强度结构钢的牌号、力学性能及应用

牌号	R_{eL}/MPa	R_m/MPa	A(%)	特性及应用举例
Q345	275~345	470~630	21	具有良好的综合力学性能，塑性和焊接性能良好，冲击韧性较好，一般在热轧或正火状态下使用，适合制造桥梁、船舶、车辆、管道、锅炉、各种容器、油罐、低温压力容器等结构件
Q390	330~390	490~650	19	具有良好的综合力学性能，塑性和冲击韧性良好，一般在热轧或正火状态下使用，适合制造锅炉汽包、中高压石油化工容器、桥梁、船舶、起重机、较高负荷的焊接件、连接构件等结构件

（续）

牌号	R_{eL}/MPa	R_m/MPa	A(%)	特性及应用举例
Q420	490～650	520～680	18	具有良好的综合力学性能，优良的低温韧性，焊接性能好，一般在热轧或正火状态下使用，适合制造高压容器、重型机械、桥梁、船舶、机车车辆、锅炉等结构件及其他大型焊接结构件
Q460	550～720	550～720	17	具有极好的综合力学性能，淬火、回火后用于制造大型挖掘机、起重运输机械、钻井平台等结构件

二、合金渗碳钢

（1）性能特点　用于制造表面硬而耐磨，心部韧性好而耐冲击的零件，如齿轮、凸轮等，使其具有良好的渗碳能力和淬透性，如图 4-6 所示。

（2）化学成分特点　属于低碳钢（w_C=0.1%～0.25%）；主要合金元素有 Cr、Mn、Ti、V 等，其主要作用是提高钢的淬透性和防止过热。

（3）热处理特点　最终热处理一般是淬火+低温回火。以用 20CrMnTi 生产汽车变速器齿轮为例，其工艺路线如下：

锻造→正火→加工齿形→局部镀铜→渗碳→预冷淬火+低温回火→喷丸→磨齿。

（4）常用钢种　常用钢为 20Cr、20CrMnTi。

常用合金渗碳钢的牌号、热处理、力学性能及用途见表 4-3。

图 4-6　合金渗碳钢的应用

表 4-3　常用合金渗碳钢的牌号、热处理、力学性能及用途

类别	牌号	热处理/℃			力学性能（不小于）			用途
		渗碳	第一次淬火	回火	R_m/MPa	R_{eL}/MPa	A(%)	
低淬透性	20Cr	930	880 水、油	200 水、空气	835	540	10	截面不大的机床变速箱齿轮、滑阀、活塞、活塞环、联轴器

（续）

类别	牌号	热处理/℃			力学性能（不小于）			用途
		渗碳	第一次淬火	回火	R_m/MPa	R_{eL}/MPa	A(%)	
低淬透性	20Mn2	930	850 水、油	200 水、空气	785	590	10	代替 20Cr 钢制造渗碳小齿轮、小轴、汽车变速器操纵杆
	20MnV	930	880 水、油	200 水、空气	785	590	10	活塞销、齿轮、锅炉、高压容器等焊接结构件
中淬透性	20CrMn	930	850 油	200 水、空气	930	735	10	截面不大、中高负荷的齿轮、轴、蜗杆、调速器的套筒等
	20CrMnTi	930	880 油	200 水、空气	1080	835	10	截面直径在 30mm 以下，承受调速、中或重负荷以及冲击、摩擦的渗碳零件，如齿轮轴、爪行离合器
	20MnTiB	930	860 油	200 水、油	1100	930	10	代替 20CrMnTi 制造汽车、拖拉机上的小截面、中等载荷的齿轮
	20SiMnVB	930	900 油	200 水、油	1175	980	10	可代替 20CrMnTi
高淬透性	12Cr2Ni4A	930	880 油	200 水、油	1175	1080	10	在高负荷下工作的齿轮、蜗轮、蜗杆、转向轴
	18Cr2Ni4WA	930	9500 空气	200 水、油	1175	835	10	大齿轮、曲轴、花键轴、蜗轮等

三、合金调质钢

（1）性能特点　调质处理后具有高强度与很好的塑性及韧性的配合，用于制造一些受力复杂、要求具有良好的综合力学性能的重要零件，如图 4-7 所示。

图 4-7　受力较复杂的结构件

（2）化学成分特点　属于中碳钢（$w_C = 0.3\% \sim 0.5\%$），合金元素主要有 Cr、Mn、Ti、Mo 等，其主要作用是提高钢的淬透性、细化晶粒和防止过热。

（3）热处理特点　预备热处理为退火或正火，最终热处理为淬火+高温回火。

（4）常用钢种　常用钢种为 40Cr、40CrMn 等。以 40Cr 制作拖拉机连杆螺栓为例，其生产工艺路线如下：

锻造→正火→粗加工→调质→精加工→装配

常用合金调质钢的牌号、热处理、力学性能及用途见表 4-4。

表 4-4　常用合金调质钢的牌号、热处理、力学性能及用途

类别	牌号	热处理/℃		力学性能（不小于）			用途
		淬火	回火	R_m /MPa	R_{eL} /MPa	A (%)	
低淬透性	40Cr	850 油	520 水、油	980	785	9	中等载荷、中等转速机械零件，如汽车上的转向节、后半轴，机床上的齿轮、轴、蜗杆等
	35SiMn	900 油	570 水、油	885	735	15	中等载荷、中等转速零件，如传动齿轮、主轴、转轴、飞轮等。可代替 40Cr
中淬透性	40CrNi	820 油	500 水、油	980	785	10	截面较大的轴、齿轮、连杆、曲轴、圆盘等
	40CrMn	840 油	550 水、油	980	835	9	在高速及弯曲负荷下工作的轴、连杆等，在高速、高负荷且无强冲击负荷条件下工作的齿轮轴、离合器等
	38CrMoAlA	940 油	7400 水、油	980	835	14	镗杆、磨床主轴、自动车床主轴、精密丝杠、精密齿轮、高压阀杆
高淬透性	40CrNiMo	850 油	600 水、油	980	835	12	重型机械中高负荷的轴类，大直径的汽轮机轴、喷气发动机的涡轮轴
	40CrMnMo	850 油	600 水、油	980	785	10	40CrNiMo 的代用钢

四、合金弹簧钢

（1）性能特点　制造各种弹性元件，如卷簧、板簧等。要求具有高的弹性极限、高的屈强比、高的疲劳强度以及足够的韧性，如图 4-8 所示。

（2）化学成分特点　$w_C=0.5\%\sim0.7\%$；合金元素主要有 Mn、Si、Cr、V、Mo 等，其主要作用是提高钢的淬透性和回火稳定性，防止回火脆性。

（3）热处理工艺

1）热成形弹簧：

下料→加热（$A_{c3}+\sim100$℃）→成形→余热淬火→中温回火（430℃）→产品

2）冷成形弹簧：

下料→冷拔钢丝→冷卷成形→低温退火→产品

（4）常用钢种　常用钢种为 60Si2Mn 等。

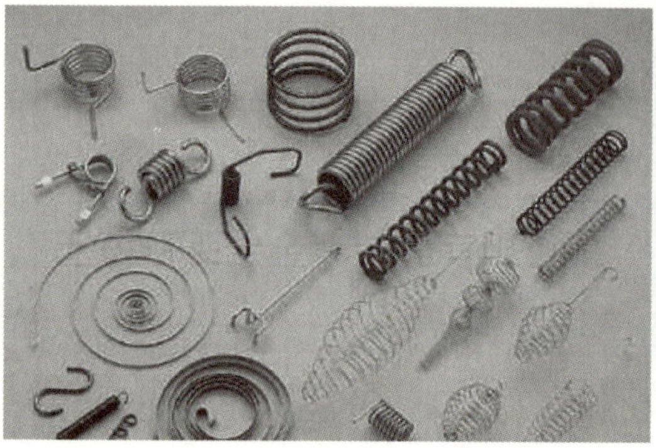

a) 卷簧

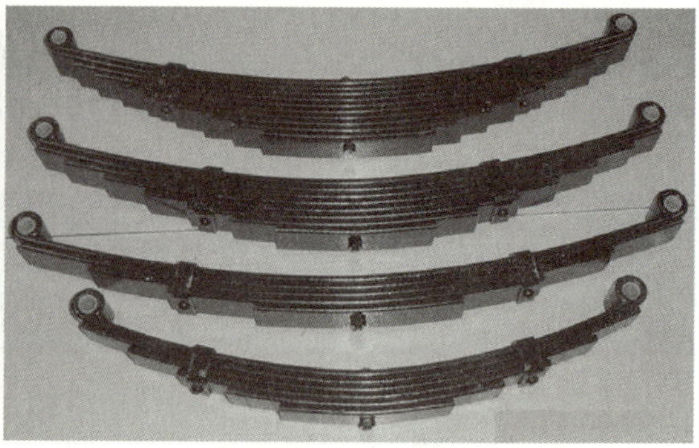

b) 板簧

图 4-8　常见的各种弹簧

常用合金弹簧钢的牌号、热处理、力学性能及用途见表 4-5。

表 4-5　常用合金弹簧钢的牌号、热处理、力学性能及用途

牌号	热处理/℃		力学性能（不小于）				用途
	淬火	回火	R_m /MPa	R_{eL} /MPa	A (%)	Z (%)	
65Mn	840 油	540	1050	850	8	30	各种小尺寸扁、圆弹簧、阀弹簧、制动器弹簧
60Si2Mn	870 油	460	1300	1250	5	25	汽车、拖拉机、机车上的板弹簧、螺旋弹簧、安全阀弹簧，以及 230℃以下使用的弹簧
60Si2CrVA	850 油	400	1900	1700	5	20	250℃以下工作的弹簧、油封弹簧、碟形弹簧等
50CrVA	850 油	520	1300	1100	10	45	210℃以下工作的弹簧、气门弹簧、喷油嘴管、安全阀弹簧
60CrMnBA	850 油	500	1250	1100	9	20	

五、滚动轴承钢

（1）性能特点　要求具有很高的强度和硬度，很高的弹性极限和接触疲劳强度，足够的韧性和淬透性，很高的耐磨性，而且还应有一定的耐蚀性。滚动轴承钢的应用如图 4-9 所示。

（2）化学成分特点　属于高碳钢（w_C=0.95%<1.1%）；加入的合金元素主要是 Cr，以提高其淬透性和耐磨性。

（3）热处理特点　预备热处理为球化退火，最终热处理为淬火+低温回火。生产工艺如下：轧制→锻造→球化退火→机械加工→淬火加低温回火→磨削加工→成品。

金相组织为回火马氏体+粒状碳化物+少量残留奥氏体。

（4）常用钢种　常用钢种有 GCr15、GCr15SiMn 等（注意 Cr 和 C 的含量）。

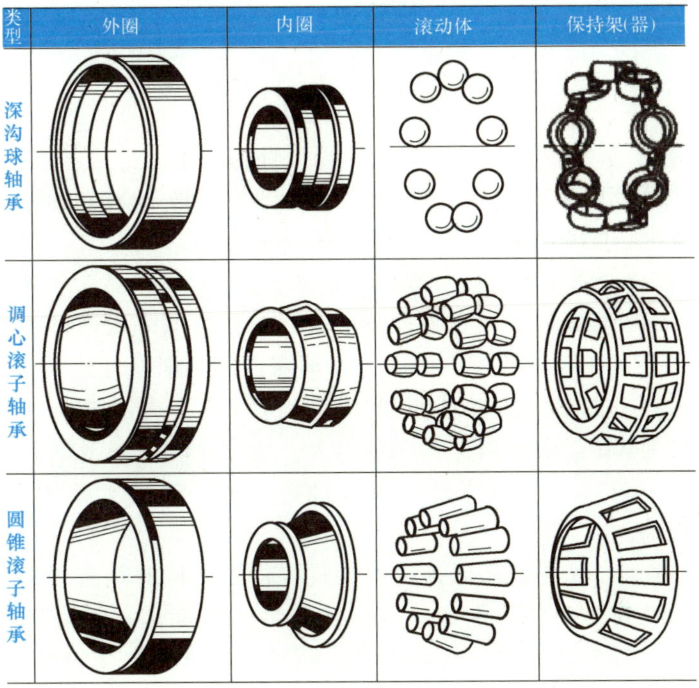

图 4-9　滚动轴承钢的应用

常用滚动轴承钢的牌号、热处理及用途见表 4-6。

表 4-6　常用滚动轴承钢的牌号、热处理及用途

牌号	热处理/℃		回火后的硬度 HRC	用途
	淬火	回火		
GCr9	810~830	150~170	62~66	10~20mm 的滚动体
GCr15	825~845	150~170	62~66	壁厚小于 20mm 的中小型套圈，直径小于 50mm 的钢球
GCr15SiMn	820~840	150~170	≥62	壁厚小于 30mm 的中大型套圈，直径为 50~100mm 的钢球
GCrSiMnVRe	780~810	150~170	≥62	可代替 GCr15SiMn
GSiMnMoV	770~810	165~175	≥62	可代替 GCr15SiMn

想一想

1. 低合金结构钢和普通碳素结构钢牌号的区别是什么？
2. 合金渗碳钢、合金调质钢及合金弹簧钢在含碳量方面有什么区别？

交流讨论

如何从牌号区分合金结构钢、合金渗碳钢、合金调质钢及合金弹簧钢？

知识拓展

Q460与“鸟巢”

2008年奥运会主体育场“鸟巢”建筑结构设计奇特新颖，搭建其钢结构的材料Q460也有很多独到之处：这是国内在建筑结构上首次使用Q460规格的钢材；钢板厚度达到110mm，在国家标准中，Q460的最大厚度只有100mm。

Q460是一种低合金高强度钢。Q代表钢材的屈服强度，460代表460MPa。Q460就是钢材受力强度达到460MPa时才会发生塑性变形，其屈服强度比一般钢材大。

这次“鸟巢”使用的Q460厚达110mm，以前在国内从来没有达到这一厚度，生产难度很大。以前我国在工程机械方面使用Q460的情况比较多，如制造挖掘机等，而在建筑结构用钢上还没有使用过Q460规格的钢材。这是因为，在设计时主要考虑到强度比较低的钢材伸长率高，能像弹簧一样在受到强大外力（如地震）时，通过变形吸收能量而防止断裂，更有利于提高抗震性能。

“鸟巢”的跨度很大，如果使用低强度的钢材，将使钢材的断面增大，在受力比较复杂的情况下，会带来一系列的问题。例如，110mm厚的高强度钢材如果换成低强度钢材，厚度至少会达到220mm，而钢板越厚，焊接越难。而且，钢材在焊接的部位很容易出现问题，尤其是断面增大之后，在焊接过程中容易产生缺陷。

除了焊接不便，低强度钢材的体积和重量大是另外一个不足之处。钢材出厂后并不是直接使用到建筑上，而是要焊成方形柱或矩形柱来使用，如果用低强度的钢，需要把柱子尺寸焊得很大，而大尺寸的钢结构不利于加工制作；如果用高强度钢，则柱子尺寸就可以焊得很小，重量和占地面积都小，更加方便加工制作。

鉴于这些情况，“鸟巢”的建设者们最终选择了高强度的Q460钢。那么，以前只在机械结构上使用过的Q460钢，能否承担建筑结构的重任？建筑结构用钢和工程机械用钢不尽相同，建筑结构用钢应该具有以下特点：良好的抗震性；防止钢材焊接后一层层裂开的性能；好的耐低温性能，因为钢材在低温下会变脆，温度越低，钢材越脆，越容易断裂，具有很好的耐低温性能的钢材就不容易发生脆化；因为“鸟巢”的钢结构最后要进行焊接，所以还要求钢材具有良好的焊接性能。

那么，Q460是怎样炼成的呢？

2004年9月，第一次试制开始进行。首次试制的结果是除了强度不尽如人意外，其他各项指标全都合格。科研人员通过改进工艺，在保证低碳当量的基础上，适当地增加了微合金元素的含量。良好的焊接性能要求钢材的碳当量低，而微合金元素的增加在增加钢材强度的同时，也会增加钢材的碳当量。但好在增加的碳当量很少，所以不会影响钢材的焊接性。改进工艺后，科研人员于2005年3~4月间进行了第二次试制。这次试制，强度和其他指标达到了要求，但冲击韧性试验的结果却不能令人满意。冲击韧性试验是用一块样品钢板，打开一个小缺口，放置在低温环境下，用摆锤撞击钢板，看它能够吸收多少能量。做这个试验的目的是试验钢材在低温环境中能够承受多大外力的冲击。如果钢材在低温环境下承受外力的能力没有问题，则在高温下也没有问题。这次试验是在-40℃的环境下进行的，冲击韧性结果并不理想。

2005年5月，第三次试制开始，主攻方向是解决低温冲击韧性的问题。研究人员采取的办法是改进工艺、细化晶粒。通过改进工艺，终于使Q460达到了“鸟巢”建筑的使用要求。2005年7月，为“鸟巢”准备的Q460开始批量生产，为奥运工程服务。

现在，“鸟巢”已经成为我国的标志性建筑。它使用的几百吨自主创新、具有知识产权的国产Q460钢材，将为它撑起骄傲的铁骨钢筋。在2008年北京奥运会举办时，“鸟巢”向全世界展示的不仅是宝贵的奥运建筑遗产，还有中国人民的创新成果。

课后练习

一、选择题

1. 9Mn2V中的碳的质量分数是（　　）。

   A. 9%　　B. 0.9%　　C. 90%　　D. 1%

2. 某汽车变速器齿轮，在高速、受冲击、变载荷条件下工作，应选用（　　）。

   A. 20CrMnTi　B. 65Mn　　C. 40Cr　　D. 60Si2Mn

二、说明以下钢牌号的含义

1. GCr15
2. CrWMn
3. Q460

任务四　认识合金工具钢

一、合金工具钢

工具钢是用来制造刃具、模具和量具的钢。

1. 合金工具钢分类

（1）按化学成分分类　分为碳素工具钢和合金工具钢两种。碳素工具钢容易加工，价格便宜，但是淬透性差，容易变形和开裂，而且在切削过程中温度升高时容易软化（热硬性只有200℃）。因此，尺寸大、精度高和形状复杂的模具、量具以及切削速度较高的刃具，均采用合金钢来制造。

（2）按用途分类　分为刃具钢、模具钢和量具钢。刃具是用于切削加工的工具，如车刀、刨刀、转头等；模具是用于进行压力加工的工具；量具是测量尺寸的工具，如游标卡尺、千分尺、量块等。

它们的共同点是一般都在磨损条件下工作，要求具有高的硬度和耐磨性；不同之处是具体工作条件不同，对各自的性能又有特殊要求，如刃具钢要求热硬性好，冷作模具钢要求热处理变形小，热作模具钢要求在高温下保持高的硬度和韧性，量具钢则要求热处理后组织稳定好。

2. 合金刃具钢

合金刃具钢主要用于制造车刀、铣刀、钻头等各种金属切削刀具，如图 4-10 所示。

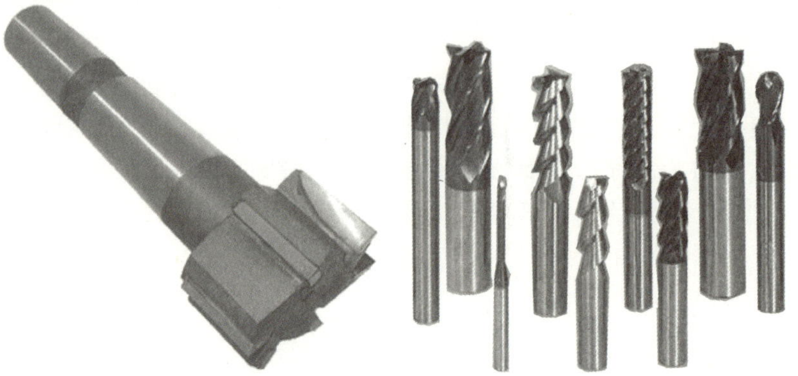

图 4-10　合金刃具钢的应用

(1) 工作条件　切削刃具种类繁多，工作条件各有特点，性能要求也各有不同。以车刀为例，其工作条件如下：

1) 切削刃与工件之间发生剧烈的摩擦，造成严重的磨损。

2) 切削刃部分温度高（高速切削时，温度可达 600℃）。

3) 进给运动时存在冲击与振动。

(2) 失效形式　磨损、崩刃、刀具折断。

(3) 性能要求　高的硬度和耐磨性，高的热硬性，高的抗弯强度和足够的韧性。其中，热硬性是指刃具钢在高温下保持高硬度的能力，它是衡量刃具钢使用寿命的重要指标。常用合金刃具钢的牌号、化学成分、热处理及用途见表 4-7。

表 4-7　常用合金刃具钢的牌号、化学成分、热处理及用途

牌号	化学成分(质量分数,%)				热处理/℃	硬度HRC	用途
	C	Mn	Si	Cr			
9SiCr	0.85~0.95	0.30~0.60	1.20~1.60	0.95~1.25	820~860 油冷	≥62	冷冲模、铰刀、拉刀、板牙、丝锥、搓丝板
CrWMn	0.90~1.05	0.80~1.10	≤0.4	0.90~1.20	800~830 油冷	≥62	要求淬火后变形小的刀具，如长丝锥、长铰刀、量具、形状复杂的冲模
9Mn2V	0.85~0.95	1.70~2.00	≤0.4	—	780~810 油冷	≥62	量具、量块、精密丝杠、丝锥、板牙等
9Cr2	0.80~0.95	≤0.40	≤0.4	1.30~1.70	820~850 油冷	≥62	尺寸较大的铰刀、车刀等

3. 低合金工具钢

为了克服碳素工具钢热硬性差、淬透性低、易变形开裂等缺点，在碳素工具钢中加入少量的合金元素，一般质量分数不超过 3%~5%，得到了低合金工具钢。

(1) 成分特点　w_C=0.75%~1.50%，属于高碳钢；保证高硬度，并形成足够的合金碳化物，提高钢的耐磨性。

主加合金元素为硅、锰、铬、钼，其作用是实现固溶强化，提高钢的硬度和淬透性；辅加元素为钼、钨、矾，其作用是细化晶粒，形成特殊碳化物，提高钢的硬度和耐磨性。

（2）常用钢种及其用途　常用钢种有 9SiCr、CrWMn、9Mn2V 等。

1）用于制作形状复杂、尺寸不大的低速切削刀具，如铣刀、拉刀、板牙、丝锥、钻头、铰刀等。

2）用于制造尺寸较大、形状较复杂的冷作模具和量具。

例如，9SiCr 钢具有高的淬透性和回火稳定性，工作温度可达 300℃，多采用分级或等温淬火来减少变形，适宜制造形状复杂的薄刃刀具，如板牙、丝锥、钻头等。

CrWMn 钢中碳的质量分数为 0.90%～1.05%，同时加入铬、钨、锰，使钢具有更高的硬度（64～66HRC）和耐磨性，但热硬性不如 9CrSi 钢。CrWMn 钢热处理后变形小，因此称为微变形钢，主要用来制造较精密的低速刀具，如长铰刀、拉刀等。

二、高速工具钢

高速工具钢是高速切削用钢的代名词，如图 4-11 所示。

图 4-11　高速钢成形刀具

（1）成分特点　w_C＝0.7%～1.65%，含碳量高，保证了高硬度，并与铬、钨、钒等形成特殊碳化物或合金渗碳体，保证钢具有高的耐磨性和良好的热硬性。

（2）性能特点　具有高的硬度、耐磨性和热硬性。工作温度可达 600℃，硬度仍保持在 60HRC 以上。高速工具钢刀具很锋利，可用于切削金属材料；淬透性好，在空气中就能淬火，是刀具材料中最重要的钢种之一。

（3）常用牌号及用途　我国常用的牌号是 W18Cr4V、W6Mo5Cr4V2，见表 4-8。

表 4-8　常用高速工具钢的牌号、成分特点、性能和用途

牌号	主要化学成分（质量分数，%）			热处理/℃		硬度 HRC		用途
	C	W	Mo	淬火	回火	回火后的硬度	热硬度	
W18Cr4V	0.73～0.83	17.20～18.70	—	1260～1280	550～570	63～66	61.5～62	制造一般高速切削用车刀、钻头、铣刀等

（续）

牌号	主要化学成分（质量分数，%）			热处理/℃		硬度 HRC		用途
	C	W	Mo	淬火	回火	回火后的硬度	热硬度	
W6Mo5Cr4V2	0.80～0.90	5.50～6.75	4.50～5.60	1190～1210	550～570	63～66	60～61	制造要求耐磨性和韧性很好配合的高速刀具，如丝锥、钻头等
W6Mo5Cr4V3	1.15～1.25	5.90～6.75	4.70～5.20	1200～1220	540～560	>65	64	制造要求耐磨性和热硬性较高、耐磨性和韧性较好配合的形状复杂的刀具
W12Cr4V4Mo	1.25～1.40	11.5～13.00	0.90～1.20	1240～1270	550～570	>65	64～64.5	制造形状简单的刀具或仅需进行很少磨削的刀具。其优点是硬度、热硬性高，耐磨性优越，使用寿命长；缺点是韧性有所降低
W18Cr4VCo5	0.70～0.80	18.00～19.00	—	1270～1320	540～590	66～68	64	制造形状简单、截面较粗的刀具，如直径大于 15mm 的钻头及某些车刀
W6Mo5Cr4V3Co8	1.23～1.33	5.90～6.70	4.70～5.30	1170～1190	550～570	64～66	64	
W6Mo5Cr4V2Al	1.05～1.15	5.50～6.75	4.50～5.50	1230～1240	550～570	67～69	65	切削一般材料时，刀具寿命为 W18Cr4V 刀具的两倍；切削难加工材料时，刀具寿命接近含钴高速钢刀具寿命

（4）热处理工艺　下面以用 W18Cr4V 钢制造盘形齿轮铣刀为例，说明用高速工具钢制作刀具的工艺路线及各工序的作用：

下料→锻造（反复镦粗、三镦三拔）→等温球化退火→机加工→淬火（1280℃）→回火（560℃三次）→喷砂→磨削→成品

其中，锻造的作用是打碎粗大的碳化物，为淬火做组织准备；等温球化退火的作用是适当降低硬度，以利于切削；淬火的作用是提高钢的硬度；回火的作用是减少残留奥氏体的量，消除内应力，稳定组织，提高硬度。

小知识

高速工具钢优异的性能必须经正确的淬火+回火才能发挥出来。与其他钢的淬火+回火工艺相比较，高速工具钢的淬火+回火可归纳为“两高一多”，即淬火温度高（1250～

1300℃），回火温度高（560℃），回火次数多（3次）。

三、合金模具钢

用于制造模具的钢称为模具钢。根据用途不同，模具钢又可分为冷作模具钢、热作模具钢和塑料模具钢。

1. 冷作模具钢

冷作模具钢用来制造在室温下使金属产生塑性变形的模具，如落料模、冷镦模、剪切模等。这类模具工作时的实际温度一般不超过200~300℃，如图4-12所示。

（1）成分特点　w_C>0.9%，属于高碳钢；合金元素主要是铬、钨、钼、钒等。

（2）性能要求　高的硬度、耐磨性和强度，另外，形状复杂、精密的大型模具，还要求具有较高的淬透性和较小的热处理变形。

（3）常用牌号　常用牌号为9SiCr、GCrWMn和9Mn2V等。

（4）热处理　最终热处理是淬火+低温回火，以保证钢具有足够的硬度和耐磨性。

2. 热作模具钢

热作模具钢用来制造对金属进行热变形加工的模具，如热锻模、压铸模等，如图4-13所示。

图4-12　小型拉深模

（1）成分特点　w_C=0.3%~0.6%，含碳量较高，导热性下降；合金元素主要是铬、镍、硅、钼等。

（2）性能要求　这类模具工作时的型腔温度可达600℃，在受热和冷却的条件下工作，反复受热应力和机械应力的作用。因此，热作模具钢要具备较高的强度、韧性、高温耐磨性及热稳定性，并具有较好的耐热疲劳性能。

（3）常用牌号　常用牌号为5CrMnMo、5CrNiMo、3Cr2W8V等。

（4）热处理　最终热处理是淬火+中温回火，以保证钢具有足够的韧性。

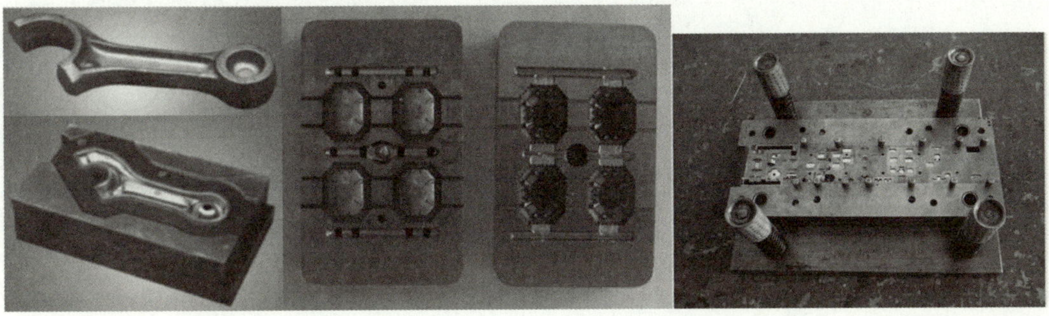

图4-13　热锻模、压铸模和热挤压模

3. 塑料模具钢

塑料模具包括热塑性塑料模具和热固性塑料模具，如图4-14所示。

（1）成分特点　一般选用合金工具钢，目前有专用模具钢系列；合金元素为铬、锰、镍、硅。

（2）性能特点　塑料模具钢要求具有一定的强度、硬度、耐磨性、热稳定性和耐蚀性等。此外，还要求具有良好的工艺性，如热处理变形小、加工性能好、研磨和抛光性能好、焊接性能好、导热性好以及尺寸和形状稳定等。一般情况下，注射成型或挤压成型模具可选用热作模具钢；热固性塑料成型和要求高的耐磨性和强度的模具可选用冷作模具钢。

（3）常用牌号　常用牌号为 3Cr2Mo、3CrMnNiMo 等。

图 4-14　塑料模具及塑料制品

四、合金量具钢

量具是测量工件尺寸的工具，如游标卡尺、量规和样板等（图 4-15），要求具有高的硬度、耐磨性、尺寸稳定性和足够的韧性。制造量具没有专用钢种，碳素工具钢、合金工具钢和滚动轴承钢均可。对于要求较高的量具，一般采用微变形合金工具钢制造，如 CrWMn、CrMn、GCr15 等。

量具钢经淬火后要在 150~170℃ 下长时间低温回火，以稳定尺寸。对于精密量具，为了保证使用过程中的尺寸稳定性，淬火后要进行 -80~-70℃ 的冷处理，促使残留奥氏体发生转变，然后进行长时间的低温回火。在精磨后或研磨前，还要进行时效处理，以进一步消除应力。

图 4-15　量规和样板

合金量具钢的应用实例见表 4-9。

表 4-9 合金量具钢的应用实例

量具名称	牌号
卡尺	15、20、50、55、60、60Mn、65 Mn
一般量具	T10A、T12A、9SiCr
高精度量规	Cr12、Cr15
高精度复杂量规	CrWMn

想一想

热作模具和冷作模具有什么区别?

知识拓展

高速工具钢和硬质合金刀具的区别

高速工具钢刀具具有十分出色的强度和韧性，而硬质合金刀具则以较高的硬度和热硬性(在切削高温下保持硬度的能力）而更胜一筹。一般来说，整体硬质合金刀具的切削速度至少可达到高速工具钢刀具的 4 倍以上，并且刀具寿命更长。但是，与高速工具钢刀具相比，硬质合金刀具的断裂韧性较差，限制了其在某些加工领域（攻螺纹加工）中的应用。

高速工具钢主要用于制造高效率的切削刀具。由于其具有热硬性高、耐磨性好、强度高等特性，也用于制造性能要求高的模具、轧辊、高温轴承和高温弹簧等。高速工具钢经热处理后的使用硬度可达 63HRC 以上，在 600℃左右的工作温度下仍能保持高的硬度，而且其韧性、耐磨性和耐热性均较好。退火状态的高速工具钢的主要合金元素有钨、钼、铬、钒，还有一些高速工具钢中加入了钴、铝等元素。这类钢属于高碳高合金莱氏体钢，其主要的组织特征之一是含有大量的碳化物。铸态高速工具钢中的碳化物是共晶碳化物，经热压力加工后破碎成颗粒状分布在钢中，称为一次碳化物；从奥氏体和马氏体基体中析出的碳化物称为二次碳化物。这些碳化物对高速工具钢的性能影响很大，特别是二次碳化物，其对钢的奥氏体晶粒度和二次硬化等性能有很大影响。碳化物的数量、类型与钢的化学成分有关，而碳化物的颗粒度和分布状况则与钢的变形量有关。钨、钼是高速工具钢中主要合金元素，对钢的二次硬化和其他性能起重要作用。铬对钢的淬透性、抗氧化性和耐磨性起重要作用，对二次硬化也有一定的作用。钒对钢的二次硬化和耐磨性起重要作用，但降低了磨削性能。

硬质合金具有很高的硬度、强度、耐磨性和耐蚀性，被誉为“工业牙齿”，用于制造切削工具、刀具和耐磨零部件，广泛应用于军工、航天航空、机械加工、冶金、石油钻井、矿山工具、电子通信、建筑等领域，伴随下游产业的发展，硬质合金的市场需求不断加大，并且未来高新技术武器装备制造、尖端科学技术的进步以及核能源的快速发展，将大力提高对具有高技术含量和高质量稳定性的硬质合金产品的需求。

课后练习

选择题

1. 含有 Cr、Mn、Mo、W、V 元素的合金钢，经高温奥氏体化并淬火后，至 500~600℃回火时硬度回升的现象，称为（　　）。

A. 回火稳定性　　B. 回火脆性　　C. 二次硬化

2. 制造截面尺寸在 30mm 以下的汽车变速齿轮、轴等用（　　）。

A. 20Cr　　B. 40Cr　　C. 20CrMnTi

3. 机床齿轮、轴、汽车半轴材料常选用（　　）。

A. 40Cr　　B. 45　　C. 35CrMoAl

4. 截面较大、形状复杂、工作条件繁重的各种冷冲模用（　　）制造。

A. T12A　　B. Cr12　　C. Cr12MoV　　D. 9Mn2V

5. 大多数合金元素都能溶于铁素体，产生固溶强化，使铁素体（　　）。

A. 强度、硬度提高　　B. 塑性下降　　C. 韧性下降

6. 滚动轴承的锻件毛坯必须经（　　）处理。

A. 正火　　B. 完全退火　　C. 球化退火

7. 弹簧钢的热处理采用（　　）。

A. 淬火+低温回火　　B. 调质处理　　C. 淬火+中温回火

8. 冷作模具钢的最终热处理一般为（　　）。

A. 调质　　B. 球化退火　　C. 淬火+低温回火

9. 5CrNiMo 钢制造的热锻模的最终热处理为（　　）。

A. 淬火+高温回火　　B. 淬火+中温回火　　C. 淬火+低温回火

10. 高速工具钢适于制作在（　　）下做高速切削的刀具，如钻头、车刀。

A. 600℃　　B. 500℃　　C. 400℃　　D. 300℃

11. 滚动轴承钢主要加入的合金元素是（　　）。

A. Mn　　B. Cr　　C. Si　　D. V

12. 以下（　　）不属于合金结构钢。

A. 低合金结构钢　　B. 高速工具钢　　C. 合金渗碳钢　　D. 滚珠轴承钢

13. 用 40Cr 钢制造齿轮，锻造后的典型热处理工艺应为（　　）。

A. 正火　　B. 完全退火　　C. 调质　　D. 渗碳

14. 合金渗碳钢渗碳后必须进行（　　）热处理才能使用。

A. 淬火+低温回火　　B. 淬火+中温回火

C. 淬火+高温回火　　D. 完全退火

任务五　认识特殊性能钢

很多重要的工业部门中使用特殊材料。在化工机械制造中有效运用这些具有独特性质的材料，使其能够在特殊的环境中进行工作。其中使用最为广泛的材料就是特殊性能钢。

一、不锈钢

1. 不锈钢的性能及牌号

不锈钢也包括耐酸钢。能抵抗大气腐蚀的钢称为不锈钢。而在一些化学介质（如酸类

等）中能抵抗腐蚀的钢称为耐酸钢。通常也将这两类钢统称为不锈钢。一般不锈钢不一定耐酸，而耐酸钢则一般都具有良好的耐蚀性。

随着不锈钢中含碳量的增加，其强度、硬度和耐磨性都相应提高，但耐蚀性下降。因此，大多数不锈钢的含碳量都较低，有些不锈钢中碳的质量分数甚至低于 0.03%，不锈钢中铬的质量分数都在 13%以上。不锈钢中还含有镍、钛、锰、氮、铌等元素，以进一步提高钢的耐蚀性或塑性。

2. 常用分类

（1）马氏体型不锈钢　常用马氏体型不锈钢中碳的质量分数为 0.1%～0.45%，铬的质量分数为 12%～14%。随着钢中含碳量的增加，钢的强度、硬度、耐磨性提高，但耐蚀性则下降。为了提高耐蚀性及力学性能，这类钢的最终热处理是淬火+回火。它在空气中可淬硬，但一般仍用油冷。这类钢多用于力学性能要求较高，而耐蚀性要求较低的零件，如汽轮机叶片、各种泵的零件、弹簧、滚动轴承及医疗器械，如图 4-16 所示。

（2）铁素体型不锈钢　常用碳的质量分数小于 0.15%，铬的质量分数为 12%～30%。它有良好的高温抗氧化性（700℃以下），特别是耐蚀性较好，但其力学性能不如马氏体型不锈钢，塑性不及奥氏体型不锈钢，故多用于受力不大的耐酸结构件和作为抗氧化钢使用，如各种家用不锈钢厨具、餐具等。其塑性、焊接性均较马氏体型不锈钢好，被广泛用于硝酸、氮肥、磷酸等化学工业中。

（3）奥氏体型不锈钢　这是应用最广泛的一类不锈钢，其中 $w_{C} \leqslant 0.15\%$，$w_{Cr}=18\%$，$w_{Ni}=9\%$。这种不锈钢习惯上称为 18-8 型不锈钢，常用的有 12Cr18Ni9、06 Cr18Ni10N。奥氏体型不锈钢的含碳量极低，由于镍元素的加入，采用固溶处理后可以获得单相奥氏体组织，具有很强的耐蚀性和耐热性，其耐蚀性强于马氏体型不锈钢。同时，它具有高塑性，适宜冷加工成形，焊接性能良好。此外，它无磁性，可以用于制造抗磁零件，广泛应用于在强腐蚀介质中工作的化工设备、抗磁仪等。

图 4-16　不锈钢制品

二、耐热钢

耐热钢是指在高温下具有良好的化学稳定性和较高的强度，能较好地适应高温条件的特殊性能钢。钢的耐热性包含高温抗氧化性和高温强度两个指标。耐热钢的应用实例如图 4-17

所示。

1. 抗氧化钢

图 4-17 耐热钢应用实例

一般钢铁在较高温度（560℃以上）下表面容易氧化，主要是由于在高温下生成了松脆多孔的 FeO，它较易剥落，最终导致零件破坏。实际应用的抗氧化钢大多数是在铬钢、铬镍钢、铬锰氮钢基础上添加硅、铝元素制成的。和不锈钢一样，随着含碳量增多，会降低钢的抗氧化性，故一般抗氧化钢为低碳钢。

2. 热强钢

金属在高温下的强度有两个特点：一是随着温度升高，金属原子间结合力减弱，强度下降；二是在再结晶温度以上，即使金属受的应力不超过该温度下的弹性极限，也会缓慢地发生塑性变形，而且变形量随时间的增长而增大，最后导致金属破坏，这种现象称为蠕变。产生蠕变的原因是：在高温下，金属原子的扩散能力增大，使那些在低温下起强化作用的因素逐渐减弱或消失。热强钢采用的合金元素有铬、镍、钼、钨、硅等，它们除具有提高高温强度的作用外，还可以提高高温抗氧化性。

热强钢分类：

（1）珠光体钢　这类钢在 350~600℃温度范围内使用。

（2）马氏体钢　这类钢在低于 620℃温度范围内使用。

（3）奥氏体钢　这类钢一般在 600~700℃温度范围内使用。

三、耐磨钢

耐磨钢是指在强烈冲击载荷作用下才能发生硬化的高锰钢。它只有在强烈冲击与摩擦的作用下，才具有耐磨性，在一般机器工作条件下并不耐磨。耐磨钢的典型牌号是 ZGMn13，其化学成分特点是高碳（w_C = 0.91%~1.4%）、高锰（w_{Mn} = 11%~14%）。

耐磨钢主要用于制造坦克、拖拉机的履带，挖掘机铲斗的斗齿以及防弹钢板、保险箱钢板、铁路道岔等，如图 4-18 所示。由于耐磨钢极易产生加工硬化，使切削加工困难，故大多数耐磨钢零件是采用铸造成型的。

由于耐磨钢是单一的奥氏体组织，所以它还具有良好的耐蚀性和抗磁性。

图 4-18 耐磨钢制品

想一想

1. 不锈钢的成分有什么特点?
2. 耐磨钢在什么情况下更耐磨?不锈钢有磁性吗?

知识拓展

金属防腐蚀技巧

1. 产品合理设计与正确选材

任何一种材料或制品,经长期使用或储存后完全不被腐蚀是不可能的。因此,为了能提高其使用寿命,增强其性能,需要对材料或制品进行电镀加工(也称金属表面处理)。

金属防腐蚀及其控制是一个贯穿产品设计、试制、生产、使用和维护等各个环节的重要因素。产品设计时不仅要考虑材料的力学性能,而且必须了解产品的使用和工作环境。

1)对一些产品,如许多板件、管件、铸件、锻件和化工用的槽池等,设计壁厚时除了要考虑保证必要的机械强度以外,还必须预留一些腐蚀余量。

2)产品结构设计时,要注意设计合理的表面形状,连接工艺中注意少留死角,以避免水分或其他腐蚀介质的存留,造成缝隙腐蚀。

3)产品设计中,不可避免地要使用各种不同的材料,因此选材时必须考虑不同材料相互接触时可能产生的电偶腐蚀问题。

4)对于受力构件,应力分布的不均匀性可能引起腐蚀疲劳倾向和应力腐蚀断裂,尤其要注意残余应力对腐蚀过程的影响。此外,在金属材料的冷、热加工及装配过程中,也要注意防止腐蚀的发生。

2. 电化学保护

电化学保护方法分为阴极保护与阳极保护两大类。用电化学保护方法使被保护工件在工作条件下的电荷移至平衡可逆电位以下,从而停止腐蚀的方法称为阴极保护法。

它可以通过两种途径来实现:一种是以被保护工件为阴极,施以外加电流;另一种是以工件为阴极,以电位更负的金属与工件相连,成为原电池的阳极,阳极金属被腐蚀溶解以保护工件。

阳极保护法则是使腐蚀件的电位正移,使表面形成稳定的钝态而受到保护。实现阳极保护的方法有两种:一种是施加外电流,被保护工件为阳极;另一种是在被保护的工件或合金中加入可钝化的元素,使工件表面形成稳定的钝化膜,如铝阳极氧化。当介质中含有浓度较高的活性阴离子时,不能采用阳极保护法。

3. 表面覆层及表面处理

(1)阳极性金属涂层　这种涂层除了自身有一定耐蚀性外,还可以作为阳极对基体金属起保护作用。即使基材受到难以避免的裸露(如擦伤时),仍可作为阴极而受到涂层保护,如钢铁表面的锌、铝、镉涂层,高含量的锌、铝粉调制的有机涂层等。在大气介质中,锌为阳极,优先腐蚀,铁从而得到保护,而受腐蚀的锌表面上形成一层致密的氧化膜又阻止了锌的继续氧化。

(2)阴极性金属及非金属涂层　这类涂层自身的耐蚀性、稳定性良好,通过机械屏蔽作用,把金属和腐蚀环境介质隔离开。常用的涂层材料包括镍、铬、铜、不锈钢、陶瓷、珐琅、有机涂层及表面转化膜等。例如，化学镀镍、镀铬、不锈钢表面处理等，但是从微观上来说，绝对致密的涂层是不存在的，因此这种隔离只能是相对的。

为了获得良好的耐蚀性，常采用复合的方法。例如，采用多种金属多层复合；喷涂金属-金属、陶瓷-陶瓷的多层多元复合；有机涂料保护也要尽可能选用透气、透水少的成膜物质和屏蔽性好的固体填料，同时增加涂覆层数；必要时以化学转化膜打底并采用缓蚀剂等。

此外，还要注意降低材料表面的应力状态。采用各种机械方法或化学热处理方法，使金属材料表面产生压应力，可以大大降低腐蚀疲劳倾向和应力腐蚀断裂。

4. 加入缓蚀剂

缓蚀剂是通过添加特殊的活性物质吸附到金属表面，使其表面钝化，从而达到减缓和抑制腐蚀过程的目的。

课后练习

简答题

1. 什么是特殊性能钢？在机械制造行业中常用的特殊性能钢有哪些？
2. 按金相组织不同，不锈钢分为哪三类？
3. 什么是耐热钢？什么是抗氧化钢？什么是热强钢？

实验五　钢的火花鉴别

一、实验目的

1）了解钢材火花鉴别的方法。

2）熟悉几种常用钢材的火花特征。

二、实验设备和器材

砂轮机、防护用品、火花图谱、标准钢材试样若干。

三、实验原理

钢材的品种繁多，应用广泛，性能差异也很大，因此对钢材的鉴别就显得异常重要。钢材的鉴别方法很多，现场主要采用火花鉴别及根据钢材色标识别两种方法。火花鉴别法是依靠观察材料被砂轮磨削时所产生的流线、爆花及其色泽判断出钢材化学成分的一种简便方法。

1. 火花鉴别的原理

铁材在一定的压力下与旋转的砂轮接触时，砂轮对工件产生切削作用，从工件上产生的钢铁微粒被磨削热加热成熔融状态后脱离工件，沿砂轮切线方向做高速运动，产生光亮的流线形成火花束，这些高温熔融状态的金属颗粒与空气中的氧气接触会形成氧化膜，钢中的碳元素在高温下极易与氧结合形成 CO，发生还原反应，这时被还原的铁再度被空气氧化，然后再还原。这种反应多次重复，当 CO 气体的压力超过熔融金属的表面张力时便爆裂成火花，同时高温钢粒在空间运行形成切向轨迹，就是我们所见的一条光亮线和光亮火花。当颗粒表面的氧化膜不能约束反应生成的 CO 时，就会有爆裂现象发生。粉碎的颗粒外逸时的火花称为爆花。磨削颗粒经一次爆裂后，在碎粒中若仍残留有未参加反应的 Fe、C，将继续发生反应，则可能出现二次、三次或多次爆花。这时，随着爆花次数的增加（反应物减少），火花亮度也随之降低。钢铁材料中的碳元素是产生火花的基本元素，而当钢中含有锰、硅、钨、钼、铬等元素时，它们的氧化物将影响火花的统一线条、颜色和形态，由此可以判别钢的化学成分。根据产生火花束的形状特征及颜色来初步判别工件的化学成分的方法称为火花鉴别法。

钢铁中的碳元素含量主要是根据火花的爆裂程度来判别的，钢铁中的含碳量越高，火花越多、爆裂越剧烈、火束越多。在合金钢中，由于合金元素对火花的形状、颜色产生不同的影响，可形成特有的颜色和花形特征。因此，据此可大致鉴别出合金元素的种类和含量，但不如碳素钢鉴别那样容易和精确。

2. 火花的组成

（1）火束　在砂轮上磨削钢材时，产生的全部火花称为火束。整个火束分为根部火花、中部火花和尾部火花，如图 4-19 所示。

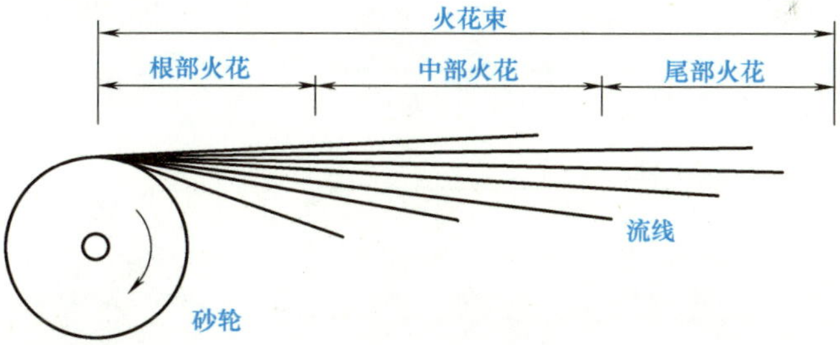

图 4-19　火束示意图

（2）流线　火花束中线条状的光亮火花称为流线。随着钢铁材料的化学成分不同，将会产生三种形状的流线，如图 4-20 所示。

1）直线流线。流线从根部到尾部呈一直线或一抛物线。

2）断续流线。流线呈断续的虚线状线条。

3）波浪流线。整个流线中的某一端呈波浪形线条。

图 4-20　流线形状示意图

（3）节点　节点是较流线明亮而粗大的闪亮点。节点常在流线的中途发生，有时也在流线的尾部发生或在流线间断后再发生，如图 4-21 所示。

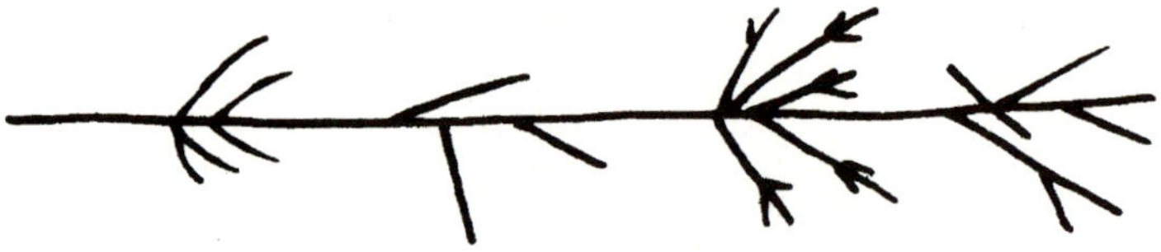

图 4-21　节点与芒线

（4）爆花与芒线　爆花是由铁末颗粒爆裂而产生的。爆花分布在流线上，它的形状随含碳量，其他元素的成分、温度、氧化性以及钢的组织等因素而变化，所以爆花在鉴别钢铁材料的火花中占有很重要的地位。爆花的流线称为芒线。爆花可分为一次、二次、三次及多次爆花，如图 4-22 所示。

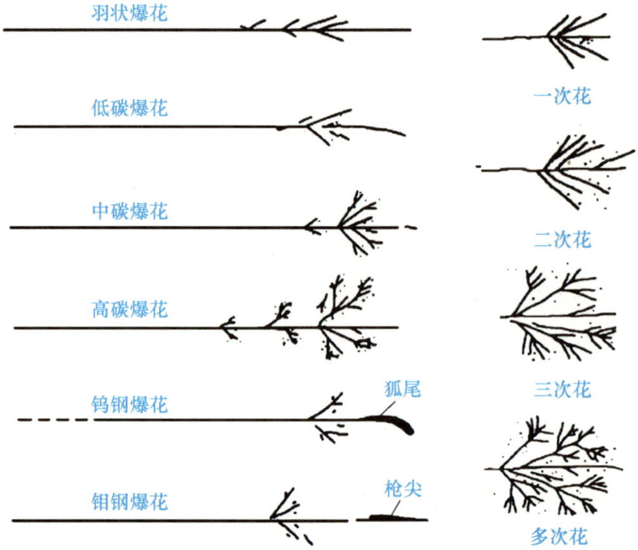

图 4-22　爆花

（5）尾花　在流线尾部末端所呈现的特殊形式的火花统称为尾花。尾花通常包括四种，有直线尾花、狐尾尾花、枪尖尾花和钩状尾花等，如图 4-23 所示。

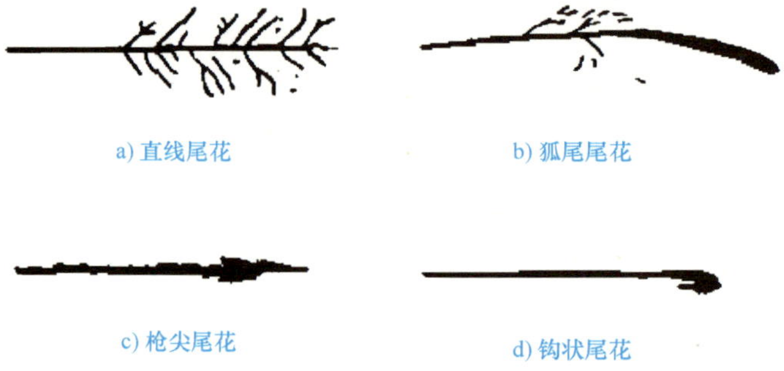

图 4-23　尾花形态示意图

3. 常用钢的火花特征

常用钢的火花特征见下表 4-10。

表 4-10　常用钢的火花特征

类型	特征	说　　明
低碳钢（以 20 钢为例）	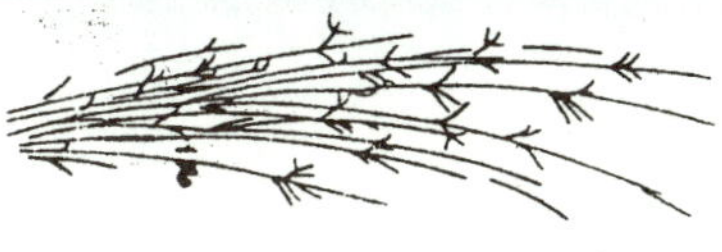	整个火束较长，颜色呈橙黄带红，芒线稍粗，发光适中，流线稍多，多根分叉爆裂，呈一次花状
中碳钢（以 45 钢为例）		流线多而稍细，火束短，发光大，爆裂为多根分岔，多量三次花呈火星形，火花盛开花数约占全体的 3/5 以上，有很多小花及花粉产生
高碳钢（以 T10 钢为例）		流线多而细，火束由于含碳量高，其长度渐次缩短而变粗，发光渐次减弱，火花稍带红色，爆裂为多根分岔，多量三次花，花形由基本的星形发展为三层迭开，花数增多；研磨时感觉稍硬
高速工具钢（以 W18Cr4V 钢为例）	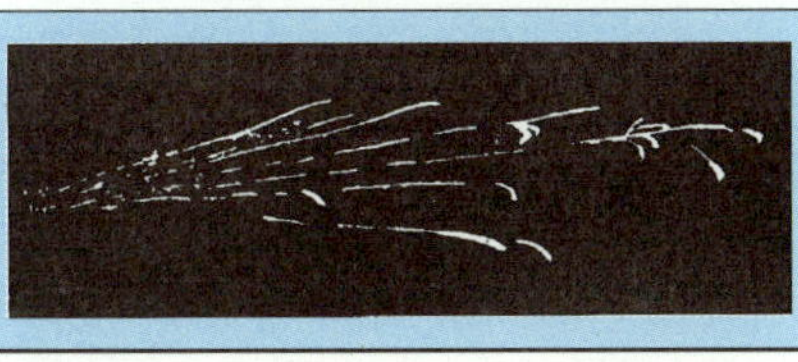	火束细长，呈赤橙色，发光极暗，由于钨元素的影响，几乎无火花爆裂；膨胀性小，中部和根部为断续流线，尾部呈点形狐尾尾花；研磨时材质较硬

四、实验步骤

火花鉴别的工作场地不宜太亮，最好在暗处，避免阳光直射影响火花的光色和清晰度，操作时使火花光束与视线有一适当角度，以便于仔细观察火花束的长度和特征。

1. 砂轮机

（1）手提式砂轮机　将工件或钢材排列在地面上，手拿砂轮机，打开开关使砂轮平稳旋转，用砂轮圆周接触钢材进行磨削，用力要适宜，并使火花束大致向略高于水平方向发射，以便于对火花进行全面观察。

（2）台式砂轮机　打开砂轮机开关，待砂轮机开始旋转后，手拿工件或试块与砂轮圆周接触进行磨削。

（3）操作注意事项

1）操作时应戴无色平光防护眼镜，以免砂粒飞射入人眼内。

2）操作时应该站立在砂轮一侧，不得面对砂轮站立。

3）用手拿紧工件并轻压砂轮，用力要适度。成批挑选混料时，用力应一致，不要因用力大小不一而影响判断。

4）判断结论不要草率，初判时为防止可能发生的错觉，可与已知化学成分的标准钢样对照鉴别。火花鉴定钢种的精确度和操作者的熟练程度有关，所以要多做对比练习。

5）工件的火花鉴别处应是非工作部位。

2. 火花鉴别的操作步骤

（1）鉴别流线　通常碳钢的流线多呈亮白色，合金钢和铸铁的流线呈橙色和红色，高速工具钢的流线接近暗红色；碳钢的流线为直线状，高速工具钢的流线为断续状或波纹状。在相同的压力下，含碳量越多，流线越短，如高速工具钢的流线比碳钢的流线短。

（2）鉴别节点　随着含碳量增加，节点会更多，高速工具钢一般没有节点。

（3）鉴别尾花　含碳量不同、合金元素不同，火花的节点及尾花不同。

五、实验报告

1）简述火花鉴别的原理。

2）根据实验完成表 4-11。

表 4-11　实验报告

鉴别项目		1 号试样	2 号试样	3 号试样	4 号试样
流线	亮度				
	长度				
	粗细				
	数量				
爆花	形状				
	大小				
	花粉				
	数量				
手感					
火花特征					
鉴定结论					

项目五 认识铸铁

知识目标

1. 了解铸铁的分类、特点、石墨化及其影响因素
2. 掌握灰铸铁的牌号、组织、性能及其应用，灰铸铁的变质处理和热处理
3. 了解可锻铸铁、蠕墨铸铁和合金铸铁的牌号、组织和性能
4. 熟悉球墨铸铁的牌号、组织、性能、热处理及其应用

能力目标

1. 能够说出铸铁与钢的区别与联系
2. 能够列出铸铁的成分信息及其对性能的影响
3. 能够分析铸铁的组织与性能的关系
4. 能够根据铸铁的成分分析出铸铁的种类、性能及应用场合

素质目标

1. 能够利用所学知识解决生产中的实际问题
2. 培养学生总结归纳的能力
3. 培养学生观察、分析问题及解决问题的能力

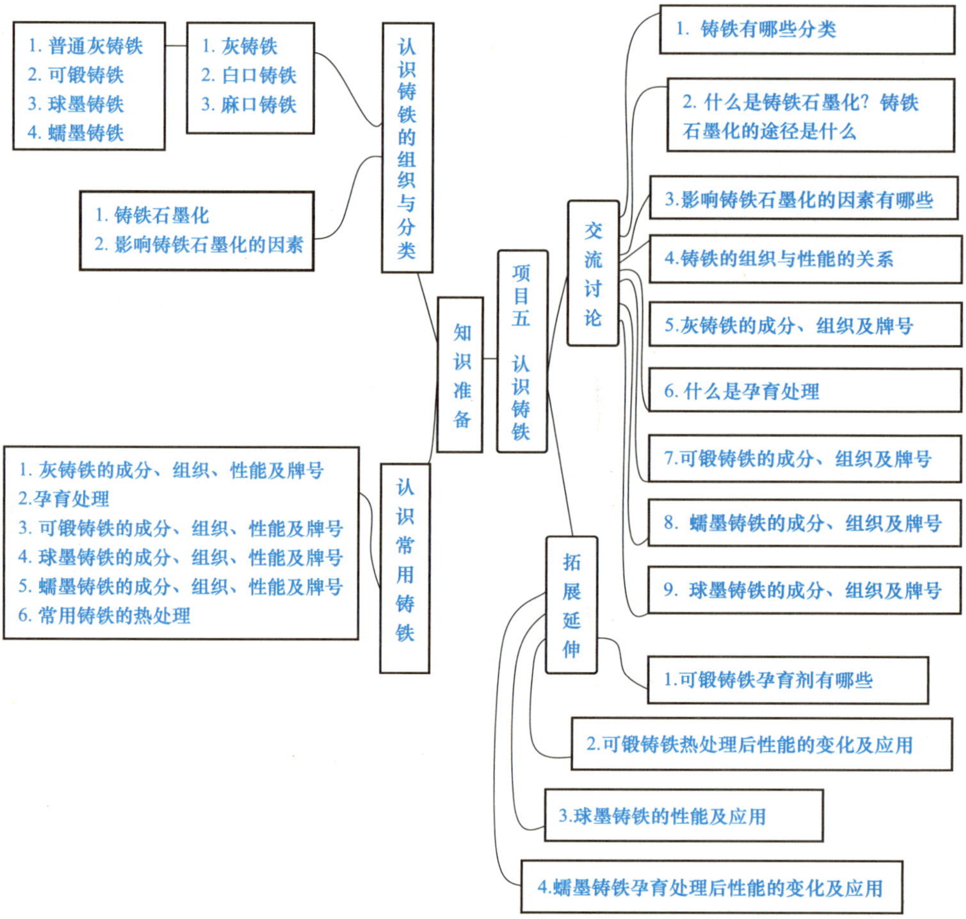

铸铁因其自身所拥有的优异性能，被广泛应用到生活和生产中，如，汽车、拖拉机、内燃机等的曲轴、凸轮轴，以及柴油机缸盖、电动机外壳、驱动箱箱体、制动器鼓轮、液压件阀体、冶金钢锭模等，应用实例不胜枚举。

任务一　认识铸铁的组织与分类

铸铁是碳的质量分数大于 2.11% 的铁碳合金。工业上常用的铸铁，碳的质量分数一般在 2.5%～4.0% 范围内。此外，铸铁中还含有硅（Si）、锰（Mn）、硫（S）、磷（P）等元素。

铸铁与钢相比，虽然力学性能较低，但是它具有优良的铸造性能和切削加工性能，生产成本低廉，并且具有耐压、耐磨和减振等性能，所以获得了广泛应用。它是机械制造部门的重要结构材料，它在汽车、拖拉机中的应用占 30%～50%，在机床中的应用占 60%～90%。

一、铸铁的分类

铸铁是对新生铁、废钢铁、回炉铁、铁合金等各种金属炉料进行合理搭配熔制出来的。

铸铁的分类方法较多，主要有：

1）根据铸铁在结晶过程中的石墨化程度不同，分为灰铸铁、白口铸铁、麻口铸铁。

2）根据铸铁中石墨形态的不同，分为普通灰铸铁、可锻铸铁、球墨铸铁、蠕墨铸铁。

二、铸铁的石墨化

1. 铸铁石墨化的途径和概念

在铸铁中石墨可以片状、球状、蠕虫状或团絮状形态存在。石墨可以从液相或奥氏体相中直接析出，也可以先结晶出渗碳体，再由渗碳体在一定条件下分解为铁素体和石墨，铸铁中的碳以石墨形态析出的过程称为石墨化。如图 5-1 所示。

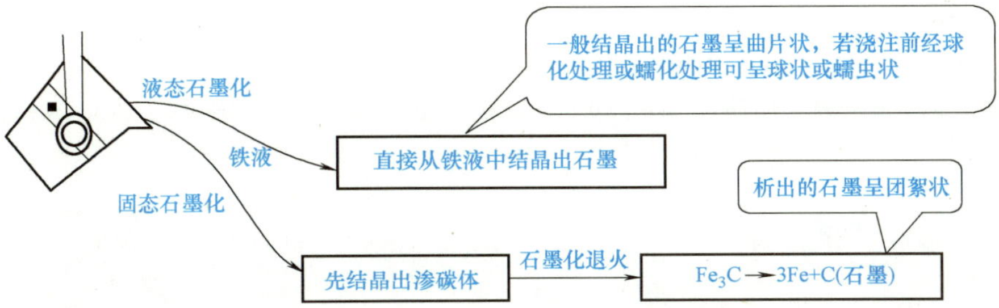

图 5-1　铸铁石墨化途径示意

2. 影响铸铁石墨化的主要因素

影响铸铁石墨化的主要因素是铸铁的成分和冷却速度。

（1）铸铁成分的影响　铸铁中的各种元素，按其对石墨化的作用，可以分为两大类：一类是促进石墨化的元素，如碳、硅、铝、镍、铜和钴等。其中碳和硅是强烈促进石墨化的元素。碳、硅含量高，析出的石墨量多，石墨片的尺寸也粗大。适当降低碳、硅含量，能使石墨细化；另一类是阻碍石墨化的元素，如铬、钨、钼、钒、锰、硫等。它们都阻碍渗碳体分解，从而阻碍石墨化。磷对石墨化的影响不大。生产中一般用碳当量来评价铸铁中各种元素对石墨化的综合影响。

（2）冷却速度的影响　冷却速度对石墨化的影响也很大。当铸铁结晶时，冷却速度越缓慢，就越有利于扩散，石墨析出的量越大、越充分；在快速冷却时碳原子无法扩散，则会阻碍铸铁石墨化，促进铸铁白口化。

铸件的冷却速度主要取决于壁厚和铸型材料。铸件越厚、铸型材料的散热性能越差，铸件的冷却速度就越慢，越有利于石墨化。

三、铸铁的组织与性能的关系

铸铁的组织为金属基体+石墨。由于石墨的强度和塑性几乎为零，可以把分布在金属基体中的石墨看作不同形态和数量的微小裂纹或孔洞，这些“孔洞”一方面割裂了基体，破坏了基体的连续性，而另一方面又使铸铁获得了良好的铸造性能、切削加工性能，以及消声、减振、耐压、耐磨、低缺口敏感性等诸多优良性能。

任务二 认识常用铸铁

一、灰铸铁

灰铸铁是一种价格便宜的结构材料。在各类铸铁中，灰铸铁的产量约占80%以上。

1. 灰铸铁的成分与组织

灰铸铁的化学成分一般为：$w_C=2.7\%\sim3.6\%$，$w_{Si}=1.0\%\sim2.2\%$，$w_S<0.15\%$，$w_P<0.3\%$。它的组织由基体和片状石墨组成，断口呈灰色。由于石墨化的程度不同，有三种不同基体组织的灰铸铁：铁素体灰铸铁（铁素体+片状石墨），如图 5-2a 所示；铁素体-珠光体灰铸铁（铁素体+珠光体+片状石墨），如图 5-2b 所示；珠光体灰铸铁（珠光体+片状石墨），如图 5-2c 所示。

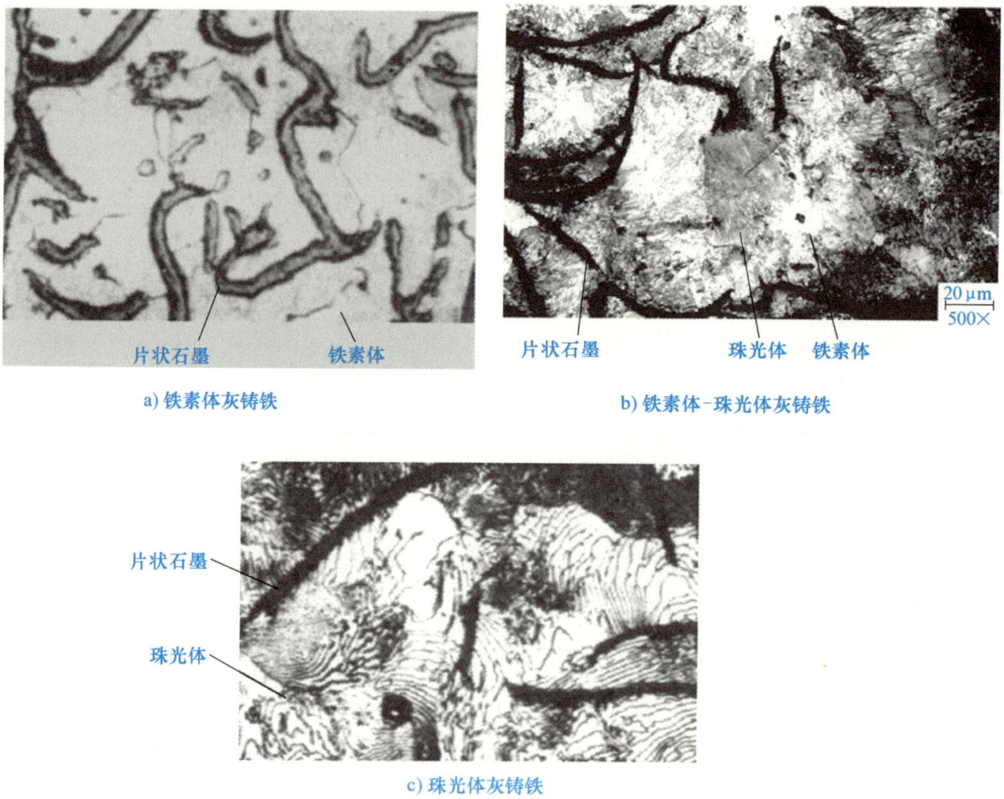

图 5-2 灰铸铁的显微组织

2. 灰铸铁的性能、孕育处理以及牌号和应用

（1）性能 分析灰铸铁的组织可以看出，铸铁是钢的基体上分布着一些片状石墨。由于石墨的强度和塑性几乎为零，因此，可以把片状石墨视为微裂纹，从而把灰铸铁看作是分布着许多微裂纹的钢。因为裂纹割裂了基体的连续性，并且引起应力集中，所以灰铸铁的强

度、塑性和韧性均远不如钢，但抗压强度和硬度并没有明显降低。

石墨虽然降低了铸铁的力学性能，但由于石墨的存在，也使灰铸铁获得一些优异性能，如良好的铸造性能、耐磨性能、消声和减振性能以及较低的缺口敏感性等优异性能。

（2）灰铸铁的孕育处理　为改善灰铸铁的性能，一方面是改变石墨的数量、大小和分布，另一方面是增加基体中珠光体的数量。由于片状石墨对铸铁强度的影响远比基体的影响大，所以提高灰铸铁性能的关键是改变片状石墨的形态和数量。片状石墨越细小，分布越均匀，铸铁的力学性能就越好。为了细化基体组织并增加珠光体数量，改变石墨的形态和数量，生产中常采用孕育处理。

所谓孕育处理（或称变质处理），是在浇注前往铁液中加少量硅铁、硅钙等合金做孕育剂，使铁液内产生大量均匀分布的晶核，使片状石墨及基体组织得到细化。

经过孕育处理后的灰铸铁，其强度有了很大提高。因此，孕育铸铁常用作力学性能要求较高，而且截面尺寸变化较大的大型铸铁件，如图 5-3 所示。

图 5-3　灰铸铁的应用

（3）灰铸铁的牌号和应用　灰铸铁的牌号由“灰铁”两字的汉语拼音首字母“HT”及后面的一组表示最小抗拉强度数值的数字组成。灰铸铁的牌号及应用见表 5-1。

表 5-1　灰铸铁的牌号及应用

牌号	最小抗拉强度/MPa	应用举例
HT100	100	适用于负荷小，对摩擦、磨损无特殊要求的零件，如盖、油盘、支架、手轮
HT150	150	适用于承受中等负荷的零件，如机床的立柱、底座、刀架、齿轮箱、轴承座
HT200	200	适用于承受较大负荷的零件，如机床的床身、立柱，汽车上的缸体、缸盖、联轴器、液压缸、齿轮、飞轮
HT250	250	
HT300	300	适用于承受高负荷的重要零件，如齿轮、凸轮、大型发动机曲轴、缸体、缸套、缸盖、高压液压缸、阀体、泵体
HT350	350	

二、可锻铸铁

可锻铸铁是白口铸铁通过石墨化退火，使渗碳体分解成团絮状的石墨而获得的。由于石墨呈团絮状，减轻了石墨对金属基体的割裂作用和应力集中，因而可锻铸铁比灰铸铁的强度高，并且具有一定的塑性和韧性，可以部分代替锻钢。

1. 可锻铸铁的组织与性能

可锻铸铁的成分一般为：$w_C=2\%\sim2.8\%$；$w_{Si}=1.2\%\sim1.8\%$；$w_{Mn}=0.4\%\sim0.6\%$；$w_P<0.1\%$；$w_S<0.25\%$。

可锻铸铁采用不同的退火方法，可以得到不同的组织。将白口铸铁在中性气氛中退火，使渗碳体完全分解成铁素体与团絮状石墨，得到组织为铁素体基体的可锻铸铁（黑心可锻铸铁），如图 5-4a 所示。白口铸铁在氧化性气氛中退火，得到几乎全部脱碳的可锻铸铁，称为白心可锻铸铁，如图 5-4b 所示。若在退火过程中只将部分渗碳体石墨化，则得到组织为珠光体基体与团絮状石墨的可锻铸铁，如图 5-4c 所示。

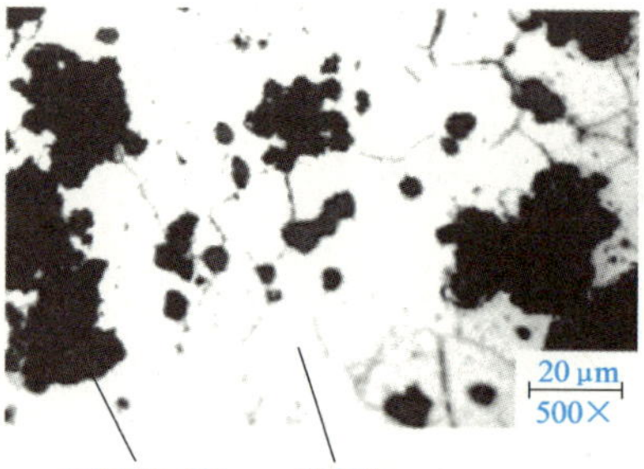

a) 黑心可锻铸铁

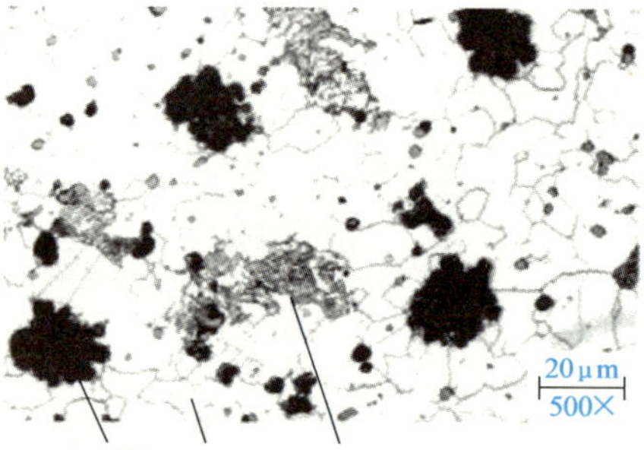

b) 白心可锻铸铁

c) 珠光体可锻铸铁

图 5-4　可锻铸铁的显微组织

2. 可锻铸铁的牌号及应用

我国可锻铸铁的牌号是由三个字母及两组数字组成的。前两个字母为“KT”，第三个字母代表可锻铸铁的类别。后面两组数字分别代表最低抗拉强度和伸长率的数值。例如：KTH300-06 表示黑心可锻铸铁，其最低抗拉强度为 300MPa，最低伸长率为 6%；KTZ450-06 表示珠光体可锻铸铁，其最低抗拉强度为 450MPa，最低伸长率为 6%。表 5-2 为我国黑心可锻铸铁和珠光体可锻铸铁的牌号、性能及应用。

表 5-2 我国可锻铸铁牌号、性能及应用

牌号			最低抗拉强度/MPa	最低伸长率(%)	应用
	A	B			
黑心可锻铸铁	KTH300-06		300	6	适用于动载和静载、要求气密性好的零件，如管道配件，中低压阀门
		KTH330-08	330	8	适用于承受中等动载和静载的零件，如机床用扳手、钢丝绳轧头
	KTH350-10		350	10	适用于承受较高的冲击、振动及扭转负荷的零件，如汽车上的差速器壳、前后轮壳、转向器壳、制动器
		KTH370-12	370	12	
珠光体可锻铸铁	KTZ450-06		450	6	适用于承受较高载荷、耐磨损并要求有一定韧性的重要零件，如曲轴、凸轮轴、连杆、齿轮、活塞环、摇臂、扳手
	KTZ550-04		550	4	
	KTZ650-02		650	2	
	KTZ700-02		700	2	

知识拓展

可锻铸铁的原铁液通常要进行孕育处理，普遍采用的孕育剂有铝、铋、铝铋、硼铋、硼铋铝等。其用量（质量分数）为：用纯铝孕育时，加铝 0.005%～0.012%；用纯铋孕育时，加铋 0.006%～0.01%；用铝铋复合孕育时，加铝 0.005%～0.0015%，加铋 0.01%～0.02%；用硼铋复合孕育时，加硼 0.0015%～0.0025%，加铋 0.01%～0.02%；用硼铋铝复合孕育时，加硼 0.001%～0.0025%，加铋 0.006%～0.01%，加铝 0.008%～0.012%。

可锻铸铁经热处理后，抗拉强度可达 300～700MPa，伸长率可达 2%～16%，强度高于灰铸铁，韧性接近铸钢，铸造性能又优于铸钢。因此，已广泛用于汽车、拖拉机、农业机具及铁道零件，还用于电力线路工具、管路连接件、五金工具及家庭用具等。

三、球墨铸铁

铁液在浇注前经球化处理，使析出的石墨大部分或全部呈球状，有时少量石墨呈团絮状的铸铁称为球墨铸铁。

1. 球墨铸铁的组织和性能

球墨铸铁采用高碳、高硅、低硫、低磷的铁液，化学成分一般为：$w_C=3.6\%\sim3.9\%$；$w_{Si}=2.0\%\sim2.8\%$；$w_{Mn}=0.6\%\sim0.8\%$；$w_S<0.07\%$；$w_P<0.1\%$。

球墨铸铁经过一定的热处理可改变基体的形式。球墨铸铁的基体形式为：铁素体（图 5-5a）、珠光体（图 5-5c）、铁素体-珠光体（图 5-5b）。

由于球墨铸铁中的石墨呈球状，其割裂基体的作用减少，可以充分发挥金属基体的性能。因此，它的强度和塑性超过灰铸铁和可锻铸铁，已接近铸钢。但球墨铸铁仍具有和灰铸铁相同的切削加工性能、铸造性能、减振性和耐磨性。

2. 球墨铸铁的牌号及应用

球墨铸铁的牌号是由“球铁”两字的汉语拼音字头“QT”及两组数字组成的，两组数

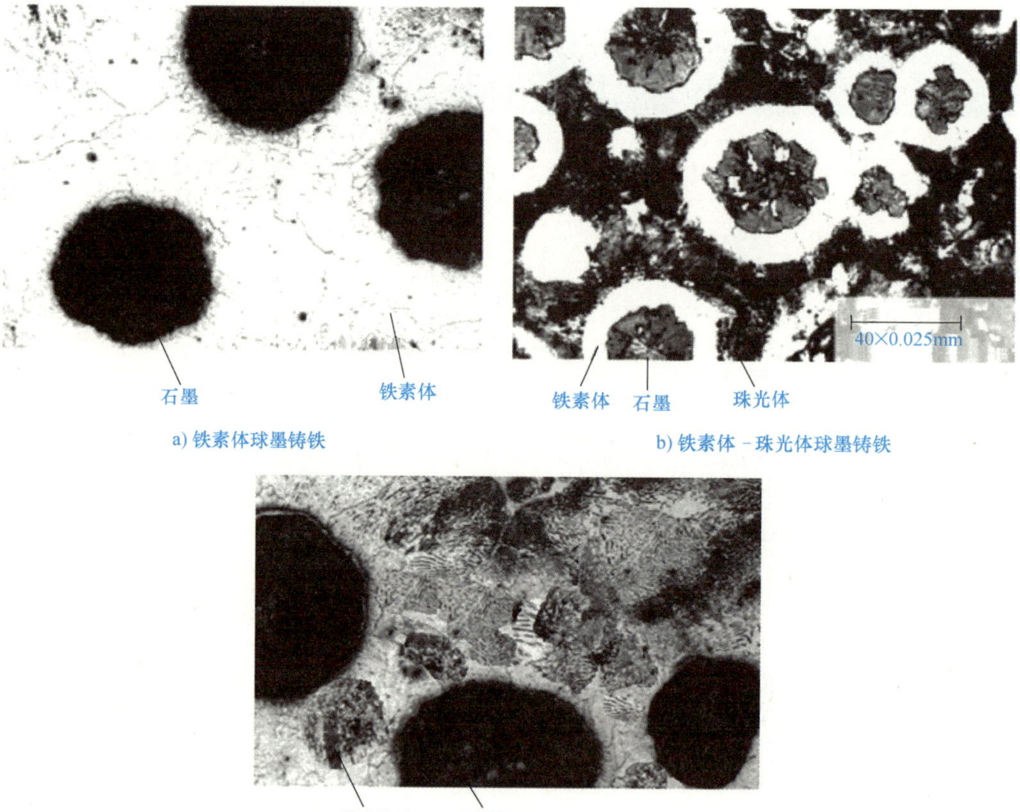

a) 铁素体球墨铸铁　b) 铁素体 - 珠光体球墨铸铁　c) 珠光体球墨铸铁

图 5-5　球墨铸铁显微组织

字分别代表其最低抗拉强度和伸长率。例如，QT400-18 表示最低抗拉强度为 400 MPa，最低伸长率为 18%的球墨铸铁。球墨铸铁的牌号、性能和应用见表 5-3。

表 5-3　球墨铸铁的牌号、性能和应用

基体	牌号	最低抗拉强度/MPa	最低伸长率(%)	用途
铁素体	QT400-18	400	18	适用于汽车轮毂、驱动桥壳体、差速器壳体、离合器壳、拨叉、铁路垫板、阀体、阀盖
	QT400-15	400	15	
	QT450-10	450	10	
铁素体+珠光体	QT500-7	500	7	适用于内燃机的液压泵齿轮、铁路车辆轴瓦、飞轮
	QT600-3	600	3	适用于柴油机曲轴,轻型柴油机凸轮轴、连杆、气缸套、进排气门座,磨床、铣床、车床主轴
珠光体	QT700-2	700	2	

小知识

球墨铸铁是 20 世纪 40 年代末发展起来的一种新型结构材料，除有类似于灰铸铁的良好减振性、耐磨性、切削加工性和铸造性外，还具有比普通灰铸铁高得多的强度、塑性和韧性，抗拉强度可达1200~1450MPa，伸长率可达17%，因此已用于生产受力复杂，强度、韧性、耐磨性等要求较高的零件，如汽车、拖拉机、内燃机等的曲轴、凸轮轴，还有通用机械上的中压阀门等。

四、蠕墨铸铁

1. 蠕墨铸铁的组织和性能

蠕墨铸铁是20世纪60年代发展起来的一种新型结构材料。它在高碳、低硫、低磷的铁液中加入蠕化剂，目前采用的蠕化剂有稀土镁钛合金或稀土镁钙合金，经蠕化处理后，使石墨变为短蠕虫状的高强度铸铁。蠕虫状石墨介于片状石墨和球状石墨之间，金属基体和球墨铸铁相近。蠕墨铸铁的显微组织如图5-6所示。

图5-6 蠕墨铸铁的显微组织

蠕墨铸铁的性能介于优质灰铸铁和球墨铸铁之间，其抗拉强度和疲劳强度相当于铁素体球墨铸铁，减振性、导热性、耐磨性、切削加工性和铸造性近似于灰铸铁。

2. 蠕墨铸铁的牌号及应用

蠕墨铸铁的牌号是由“蠕”字的汉语拼音字母“Ru”及“铁”字的汉语拼音字首“T”加数字组成的，数字代表其最低抗拉强度。例如，RuT300表示最低抗拉强度为300MPa的蠕墨铸铁。蠕墨铸铁的牌号、性能和应用见表5-4。

表5-4 蠕墨铸铁的牌号、性能和应用

基体组织	牌号	最低抗拉强度/MPa	应用
珠光体	RuT420	420	适用于要求强度或耐磨性高的零件，如活塞、制动盘、玻璃模具
	RuT380	380	
珠光体+铁素体	RuT300	300	适用于要求具有较高强度及承受热疲劳的零件，如排气管、气缸盖、液压件、钢锭模
铁素体	RuT260	260	适用于承受冲击负荷及热疲劳的零件，如汽车的底盘零件、增压器、废气进气壳体

知识拓展

蠕化前铁液的成分与球墨铸铁原铁液的成分相似，碳当量一般控制在4.3%~4.6%，同样希望为高碳、低硅、低磷、低硫，即w_C=3.5%~3.9%，w_{Si}=1.1%~2.0%，w_{Mn}=0.4%~0.8%，w_P<0.1%，w_S<0.1%。

经蠕化处理后的铁液也需要进行孕育处理，主要是消除蠕化元素所引起的白口组织，并细化石墨，使共晶团数量增多。蠕化孕育处理后的蠕墨铸铁，w_{Si}常被调整到2.0%~3.0%。加入镁钛蠕化剂时，镁残余量控制在0.015%~0.03%，钛残余量控制在0.08%~0.1%；加稀土镁钛蠕化剂时，稀土氧化物残余量控制在0.001%~0.002%，镁残余量控制在 0.015%~0.035%，钛残余量控制在 0.06%~0.13%。

五、常用铸铁的热处理

1. 热处理的作用

铸铁的热处理只能改变基体组织，但不能改变石墨的大小、数量、形态和分布。

灰铸铁的热处理对提高力学性能的作用不大，主要是减小内应力，提高表面硬度和耐磨性，消除因冷却过快而在铸件表面产生的白口组织。

可锻铸铁一般不再进行热处理。

球墨铸铁的热处理可通过改变基体组织来提高和改善其力学性能。

蠕墨铸铁可通过正火获得以珠光体为主的基体组织，在一定程度上提高其力学性能。

2. 热处理的方法

铸铁的热处理方法见表 5-5。

表 5-5 铸铁的热处理方法

铸铁类型	热处理方法	热处理目的及应用
灰铸铁	去应力退火	消除复杂铸件(如机床床身、机架等)因壁厚不均、冷却不匀及切削加工等造成的内应力,避免工件变形与开裂
	表面淬火	提高重要工件(如机床导轨、缸体内壁等)表面的硬度和耐磨性
	石墨化退火	消除铸件表面或薄壁处的白口组织,降低硬度,改善切削加工性能
球墨铸铁	退火	得到铁素体基体,提高塑性、韧性,消除内应力,改善切削加工性能
	正火	得到珠光体基体,提高强度和耐磨性
	调质	获得回火索氏体的基体组织,以及良好的综合力学性能
	等温淬火	使外形复杂且综合力学性能要求高的零件(如主轴、曲轴齿轮等)获得下贝氏体的基体组织,以及高的强度、硬度、韧性等综合力学性能,避免热处理时产生开裂

课后练习

一、填空题

1. 铸铁是一系列主要由__________、__________和__________组成的合金的总称。

2. 铸铁按石墨形态不同，可分为__________、__________、__________和__________。

二、简答题

1. 铸铁的主要成分除了铁还有什么元素？

2. 灰铸铁孕育处理常用的孕育剂有哪些？

项目六

认识有色金属及硬质合金

知识目标

1. 掌握纯铝和纯铜的性能和特点
2. 了解常用铝合金和铜合金的牌号、性能和用途
3. 掌握常用硬质合金的牌号、性能及主要用途
4. 了解轴承合金的性能、牌号及用途

能力目标

1. 能够运用所学知识读懂有色金属牌号的含义，了解其主要特性
2. 能够运用所学的知识读懂硬质合金牌号的含义，熟悉其主要特性

素质目标

1. 开阔学生视野，增加专业知识储备
2. 培养学生的职业道德观及团结协作的精神
3. 培养学生分析问题和解决问题的能力

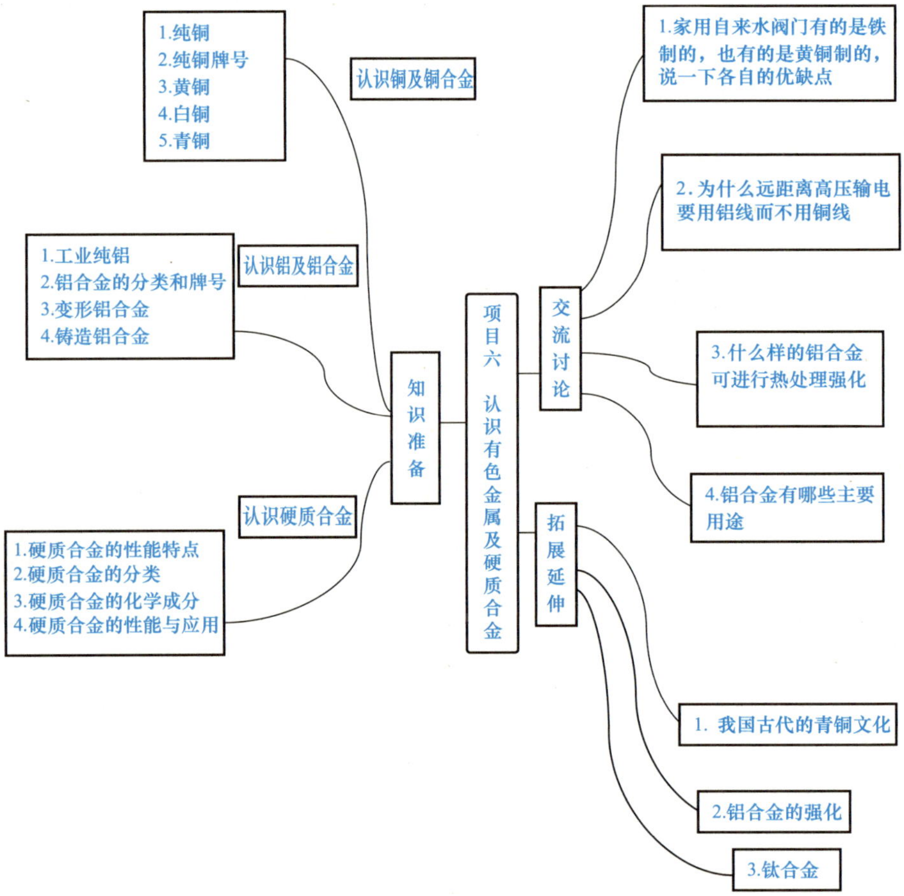

通常把黑色金属以外的金属称为有色金属，也称为非铁金属。有色金属中密度小于 $3.5g/cm^3$ 的（铝、镁、铍等）称为轻金属；密度大于 $3.5g/cm^3$ 的（铜、镍、铅等）称为重金属。有色金属的产量及用量虽不如黑色金属，但其具有许多特殊性能，如导电性和导热性好、密度及熔点较低、力学性能及工艺性能良好，因此它是现代工业特别是国防工业中不可缺少的材料。

常用的有色金属有铜及铜合金、铝及铝合金、钛及钛合金和轴承合金等。

任务一 认识铜及铜合金

由于铜及铜合金具有良好的导电性、导热性、抗磁性、耐蚀性和工艺性，故在电气工业、仪表工业、造船业及机械制造业中得到了广泛应用。铜及铜合金的分类，如图 6-1 所示。

一、纯铜

纯铜呈玫瑰红色，它容易和氧化合，表面形成氧化铜薄膜后，外观呈紫红色，如图 6-2

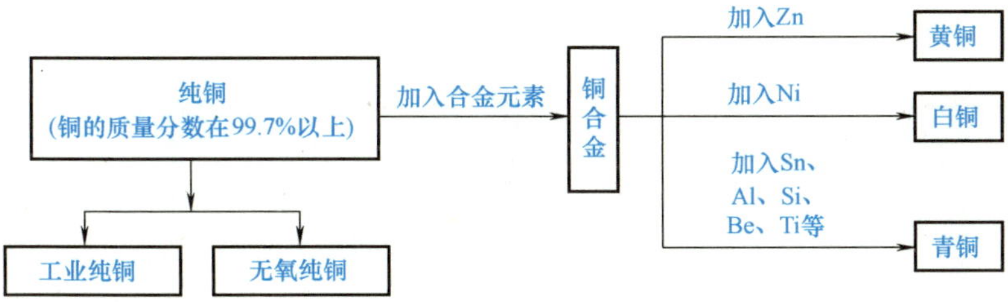

图 6-1 铜及铜合金的分类

所示。纯铜具有面心立方构格，无同素异构转变，密度为 8.9g/cm^3，熔点为 1083℃。纯铜具有优良的导电性、导热性，其导电性在各种元素中仅次于银，故纯铜主要用作导电材料。铜是逆磁性物质，用纯铜制作的各种仪器和机件不受外磁场的干扰，故纯铜适合制作磁导仪器、定向仪器和防磁器械等。

图 6-2 铜丝

试一试

取直径约 2mm、长度约 100mm 的铁丝和铜丝（可以将导线剥去外皮获得）各一段，将铁丝和铜丝的一端同时放到盛有开水的杯子里，用手指捏住铁丝和铜丝的另一端，试一试哪个先变热。

纯铜的强度很低，软态铜的抗拉强度不超过 240MPa，但是具有极好的塑性，可以承受各种形式的冷、热压力加工。因此，铜制品多是经过适当形式的压力加工制成的。在冷变形过程中，铜有明显的加工硬化现象，并且导电性略微降低。加工硬化是纯铜的唯一强化方式。冷变形铜材退火时，也和其他金属一样，产生再结晶。再结晶的程度和晶粒的大小显著影响铜的性能，再结晶软化退火温度一般选择 500~700℃。

纯铜的化学性能比较稳定，在大气、水、水蒸气、热水中基本上不遭受腐蚀。工业纯铜中常含有微量的杂质元素，会降低纯铜的导电性，使铜出现热脆性和冷脆性。

纯铜中还有无氧铜，牌号有 TU0、TU1、TU2，它们的含氧量极低（质量分数 < 0.003%），其他杂质也很少，主要用于制作真空电子器件及高导电性导线。这种导线能抵抗氢元素的作用，不发生氢脆现象。

根据杂质的含量，工业纯铜可分为三种：T1、T2、T3。“T”为铜的汉语拼音字头，编号越大，纯度越低。

纯铜的牌号、化学成分和用途见表 6-1。

表 6-1　纯铜的牌号、化学成分和用途

组别	牌号	化学成分（按质量分数，%）				用途
		Cu（不小于）	杂质		杂质总量	
			Bi	Pb		
工业纯铜	T1	99.95	0.001	0.003	0.05	导电、导热、耐蚀的器具材料，如电线、蒸发器、雷管等
	T2	99.90	0.001	0.005	0.1	
	T3	99.70	0.002	0.01	0.3	一般用材料，如开关触头、油管、铆钉等
无氧铜	TU0	99.99	0.001	0.005	0.01	真空电子器件、高导电性的导线和元件
	TU1	99.97	0.001	0.003	0.03	
	TU2	99.95	0.001	0.004	0.05	

想一想

为什么冰箱、空调的冷凝器大都用纯铜管制作？

二、铜合金

纯铜的强度不高，采用加工硬化方法虽可提高铜的强度，但使其塑性大大下降，因此常用合金化方法来获得强度较高的铜合金，作为结构材料。

根据化学成分，可将铜合金分为黄铜、青铜、白铜三大类，最常用的是前两类。

1. 黄铜

以锌为唯一或主要合金元素的铜合金称为黄铜。黄铜具有良好的塑性和耐蚀性，良好的变形加工性能和铸造性能，在工业中有很高的应用价值，常见黄铜制品如图 6-3 所示。

图 6-3　常见黄铜制品

按化学成分不同，黄铜可分为普通黄铜和特殊黄铜两类；按生产方式不同，可分为压力加工黄铜和铸造黄铜两类。

小知识

由于黄铜是在纯铜中加入了合金元素，使它的强度获得较大提高，同时又具有良好的铸造性、切削加工性和耐蚀性，因此，黄铜在日常生活中的应用极为广泛。

交流讨论

目前家庭用的自来水阀门、水嘴有的是铁制的，有的是塑料制的，还有的是黄铜制的，试讨论各自的优缺点。

（1）普通黄铜　普通黄铜是铜-锌二元合金。普通黄铜又分为单相黄铜和双相黄铜。

1）单相黄铜。当锌的质量分数小于39%时，锌全部溶于铜中形成α固溶体。

2）双相黄铜。当锌的质量分数大于或等于39%时，除了有α固溶体外，组织中还出现了以化合物CuZn为基体的β固溶体，即α+β双相黄铜。锌的质量分数在32%以下时，随着锌含量的增加，黄铜的强度和塑性不断提高，当锌的质量分数达到30%～32%时，黄铜的塑性最好。当锌的质量分数超过39%以后，其强度继续升高，但塑性迅速下降。当锌的质量分数大于45%以后，强度也开始急剧下降，所以工业上所用黄铜中锌的质量分数一般不超过47%。锌的质量分数对黄铜力学性能的影响如图6-4所示。

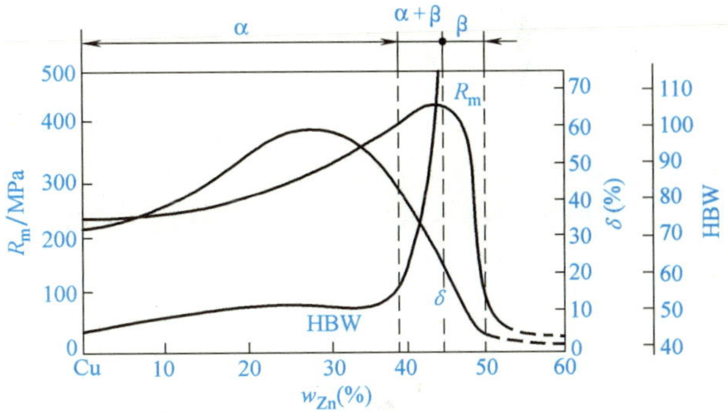

图 6-4　锌的质量分数对黄铜力学性能的影响（退火）

（2）特殊黄铜　为了获得更高的强度、耐蚀性和某些良好的工艺性能，在铜-锌合金中加入铅、锡、铝、铁、硅、锰、镍等元素形成各种特殊黄铜。

（3）黄铜的牌号　黄铜用“黄”的汉语拼音字头“H”表示。普通压力加工黄铜的牌号用“H”+基本元素铜的平均质量分数表示。例如，H68表示铜的平均质量分数为68%，余量为锌的普通黄铜。

特殊压力加工黄铜的牌号用“H”+主加元素符号（除锌外）+铜的平均质量分数+主加元素的平均质量分数表示。例如，HSn70-1表示 $w_{Cu}=69.0\%\sim71.0\%$，$w_{Sn}=1.0\%\sim1.5\%$，余量为锌的锡黄铜。

铸造黄铜其牌号均用“ZCu”+主加元素符号+主加元素的平均质量分数+其他加入元素符号及质量分数表示。例如，ZCuZn38表示 $w_{Zn}=38\%$，余量为铜的普通铸造黄铜。

常用黄铜的类别、牌号、性能及用途见表6-2。

表 6-2　常用黄铜的类别、牌号、性能及用途

类别	牌号	性能	用途
普通黄铜	H68	强度较高，塑性较好，适于压力加工	复杂的冲压件、散热器外壳、导管
	H62		铆钉、螺母、垫圈、散热器等
特殊黄铜	HPb59-1	强度较高，切削加工性较好，耐磨性和耐蚀性较高	销、螺钉等冲压件或加工件
	HMn58-2		轴承等耐磨件
铸造黄铜	ZCuZn16Si4	强度较低，铸造性能好，有较好的耐磨性和耐蚀性	接触海水工作的配件以及水泵、叶轮等
	ZCuZn40Pb2		一般用途的耐磨、耐蚀零件

2. 白铜

以镍为主要添加元素的铜基合金呈银白色，故称为白铜。根据加入的合金元素种类不同，又可分为普通白铜和复杂白铜。铜-镍二元合金（即二元白铜）称为普通白铜。加入锰、铁、锌、铝等元素的白铜称复杂白铜（即三元以上的白铜），包括铁白铜、锰白铜、锌白铜和铝白铜等。

普通白铜的牌号用“B+数字”表示，数字表示镍的质量分数，例如，B5 表示镍的质量分数为 5%，其余为铜的普通白铜。复杂白铜的牌号用“B+元素符号+数字-数字”表示，第一个数字表示镍的质量分数，第二个数字表示第二主加元素的质量分数。例如，BMn3-12 表示镍的质量分数为 3%，锰的质量分数为 12%的复杂白铜。

3. 青铜

除了黄铜和白铜外，所有的铜基合金都称为青铜。青铜是人类历史上应用最早的合金，按化学成分分为锡青铜和无锡青铜。锡青铜是 Cu-Sn 合金，由于合金中有 δ 相，呈青白色而得名青铜。含锡量对锡青铜组织和力学性能的影响如图 6-5 所示。常用锡青铜中锡的质量分数一般为 3%～14%，其中压力加工锡青铜中锡的质量分数小于 7%。

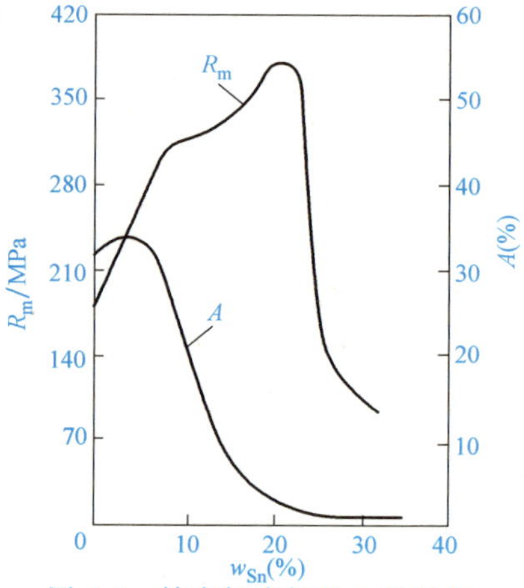

图 6-5 铸态锡青铜的力学性能与含锡量的关系

无锡青铜是含铝、硅、铅、铍、锰等合金元素的铜基合金，分别称为铝青铜、硅青铜、铅青铜、铍青铜和锰青铜等。

青铜按生产方式分为压力加工青铜和铸造青铜两类。其牌号用“Q”+主加元素符号+主加元素平均质量分数（或其他元素平均质量分数）表示，其中“Q”是“青”字的汉语拼音字头。例如，QAl5 表示铝的质量分数为 5%的铝青铜；QSn4-3 表示锡的质量分数为 4%、锌的质量分数为 3%的锡青铜。铸造青铜的牌号前加“Z”，例如，ZQSn10-5 表示锡的质量分数为 10%、铝的质量分数为 5%，其余为铜的铸造锡青铜。此外，青铜还可以合金成分的名义质量分数的百分数命名，例如，ZCuSn10Pb5 表示锡的质量分数为 10%、铅的质量分数为 5%的铸造锡青铜。

常用青铜的类别、牌号、性能及用途见表 6-3。

表 6-3 常用青铜的类别、牌号、性能及用途

类别		牌号	性能	用途
锡青铜	压力加工	QSn4-3	耐磨性好，对大气、水、海水有良好的耐蚀性，无冷脆性	弹簧、管配件、化工设备中的耐磨、耐蚀件
		QSn6. 5-0. 4		耐磨及弹性元件
		QSn4-4-2. 5		轴承、轴套等
	铸造	ZCuSn10Zn2	除压力加工锡青铜的特点外，还具有流动性差、成分易偏析、铸件致密性不高、收缩小等特点	重要的管配件、阀、泵体、齿轮等
		ZCuSn10Pb1		重要的轴瓦、轴套齿轮、连杆

（续）

类别		牌号	性能	用途
无锡青铜	压力加工	TBe2	固溶时效后有很高的弹性极限、疲劳强度、耐磨性、耐蚀性，良好的导热性、抗磁性	重要仪表的弹簧、齿轮
		QAl7	较高的强度、硬度和塑性，较好的耐热性、耐磨性和耐蚀性	重要的弹簧和弹性元件
	铸造	ZCuAl10Fe3Mn2		耐磨、耐蚀的重型铸件，如轴套、涡轮
		ZCuPb30	较高的疲劳强度、良好的导热性和耐冲击性	高速双金属轴瓦、减摩零件

课后练习

一、填空题

1. 常用的铜合金可分为__________、__________和__________三大类。其中__________以锌为主加合金元素；__________以镍为主加合金元素；而除了__________和__________外，所有的铜基合金都称为__________。

2. 工业上比较常用的铜合金是__________和__________。

二、判断题

1. 黄铜中含锌量越高，其强度越高。(　　)

2. 特殊黄铜是不含锌的黄铜。(　　)

3. 锡的质量分数大于10%的锡青铜，塑性较差，只适合铸造。(　　)

4. 锌的质量分数在30%左右的普通黄铜塑性最好。(　　)

三、解释牌号含义

1. T2

2. H68

3. QSn4-3

4. QAl7

任务二 认识铝及铝合金

铝是一种具有良好的导电性、传热性及延展性的轻金属，铝中加入少量的铜、镁、锰等元素，形成坚硬的铝合金，具有较高的强度。铝及铝合金被广泛用于飞机制造、金属器具、体育设施、电缆等行业。铝及铝合金制品如图6-6所示。

一、工业纯铝

纯铝是一种银白色的轻金属，密度为2.7g/cm^3，熔点为660℃，具有面心立方晶格，没有同素异构转变。它的密度小，具有很高的比强度和比刚度；其导电性、导热性均好，仅次于银和铜；在大气中表面会生成三氧化二铝薄膜，耐蚀性良好。

图 6-6　铝及铝合金制品

纯铝为铝的质量分数不低于99.00%的铝，其牌号用1×××系列表示，第二位字母表示原始纯铝的改型情况，最后两位数字表示最低铝的质量分数。例如，1A35 表示 $w_{AL}=99.35\%$ 的纯铝。工业纯铝是 $w_{AL}=99.00\%\sim99.80\%$ 的纯铝，用于制造电线、电缆、管、棒、线、型材和配制合金。

交流讨论

为什么远距离高压输电要用铝线而不用铜线，而设备电器和家用电器一般用铜线而不用铝线？

二、铝合金的分类和牌号

1. 铝合金的分类

铝合金按其成分和工艺特点不同，分为变形铝合金和铸造铝合金，如图 6-7 所示。成分在 *D* 点右边的合金称为铸造铝合金；在 *D* 点左边的合金称为变形铝合金。变形铝合金又分两类，成分在 *F* 点左边的合金称为不能热处理强化铝合金；在 *F* 点与 *D′* 点之间的合金称为能热处理强化铝合金。

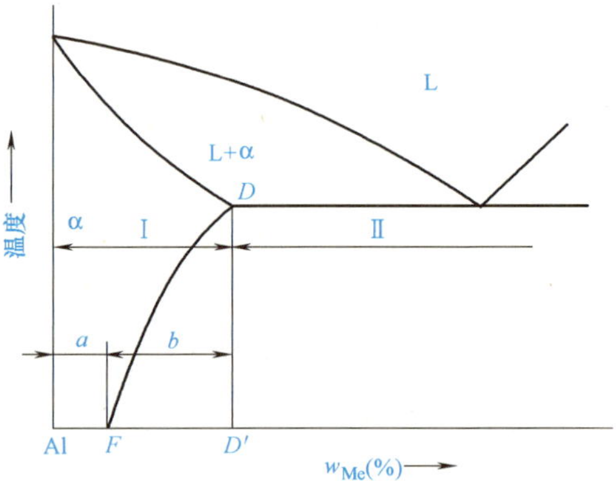

图 6-7　二元铝合金相图

2. 变形铝合金的牌号

2×××系列以铜为主加元素，3×××系列以锰为主加元素，5×××系列以镁为主加元素，6×××系列以镁和硅为主加元素，7×××系列以锌为主加元素。其中，第一位数字表示铝合金的组别；最后两位数字用来区分同一组中不同的铝合金；第二位字母为原始铝合金的改型情况，A 为原始铝合金，B～Y 为改型铝合金。

3. 铸造铝合金的牌号

铸造铝合金的牌号用“Z”（“铸”字的汉语拼音字首）+铝的元素符号+主加元素符号及其质量分数的百分数表示。例如，ZAlSi9Mg 表示 $w_{Si}=9\%$，$w_{Mg}=1\%$，余量为铝的铸造铝合金。

三、变形铝合金

1. 防锈铝

防锈铝中主要加入镁和锰，可通过冷变形进行强化。

2. 硬铝

硬铝中主要加入铜和镁，能通过热处理强化。将合金加热至适当温度并保温，使过剩相充分溶解，然后快速冷却以获得过饱和固溶体的热处理工艺称为固溶处理。固溶处理后，铝合金的强度和硬度并不立即升高，但塑性较好，在室温和高于室温的适当温度保持一段时间后，强度会有所提高，这种现象称为时效。在室温下进行的时效称为自然时效，在高于室温下进行的时效称为人工时效。

3. 超硬铝

超硬铝中主要加入铜、镁和锌，固溶时效后是强度最高的铝合金。

4. 锻铝

锻铝主要加入铜、镁和硅，力学性能与硬铝相近，热塑性较好，适于锻造。

常用变形铝合金的类别、牌号、对应旧牌号、性能及用途见表 6-4。

表 6-4　常用变形铝合金的类别、牌号、对应旧牌号、性能及用途

类别		牌号	对应旧牌号	性能	用途
不能热处理强化铝合金	防锈铝合金	5A05	LF5	耐蚀性好，强度适中，塑性优良，可通过冷变形强化	焊接油箱、油管、铆钉、焊条、中载零件及制品等
		3A21	LF21		焊接油箱、油管、焊条、轻载零件及制品
能热处理强化铝合金	硬铝合金	2A11	LY11	经固溶处理和时效处理后强度、硬度较高	中等强度结构零件，如整流罩、螺旋桨叶片、骨架局部镦粗零件、螺栓、铆钉等
		2A12	LY12		高强度构件及在 150℃ 以下工作的零件，如骨架、梁、铆钉等
	超硬铝合金	7A04	LC4	固溶时效后，抗拉强度为 600MPa，是强度最高的铝合金类别	主要受力构件，如飞机大梁、桥架、加强框、起落架、蒙皮接头、翼肋等
	锻铝合金	2A50	LD5	力学性能与硬铝相近，热塑性较好，适于锻造	形状复杂、中等强度的锻件及模锻件等
		2A70	LD7		内燃机活塞和在高温下工作的复杂锻件、板材、风扇轮等

四、铸造铝合金

铸造铝合金按主加元素不同，分为 Al-Si 系、Al-Cu 系、Al-Mg 系和 Al-Zn 系四类，应用最广的是 Al-Si 系铸造铝合金，通常称为硅铝明。例如，$w_{Si}=10\%\sim13\%$ 的 Al-Si 二元合金——ZAlSi12（ZL102）的成分在共晶点附近，其铸造组织为粗大针状硅晶体与 α 固溶体组成的共晶体，铸造性能良好，但强度、韧性较差。通过变质处理，可得到塑性好的初晶 α 固溶体加细粒状共晶体组织，力学性能显著提高，应用很广。

常用铸造铝合金的类别、牌号、对应旧牌号、性能及用途见表 6-5。

表 6-5　常用铸造铝合金的类别、牌号、对应旧牌号、性能及用途

类别	牌号	对应旧牌号	性能	用途
铝-硅合金	ZAlSi7Mg	ZL101	流动性好、收缩及热裂倾向小，熔点低，有一定的强度和耐蚀性	形状复杂的零件，如飞机仪表零件、水泵壳体、柴油机零件等
	ZAlSi12	ZL102		形状复杂的仪表壳体、水泵壳体，工作温度在200℃以下的高气密性、低载零件等
	ZAlSi9Mg	ZL104		在200℃以下工作的零件，如发动机机体、气缸体等
铝铜合金	ZAlCu5Mg	ZL201	可进行时效硬化，耐热性好，但铸造性能和耐蚀性差	在300℃以下工作的内燃机气缸头、活塞等
	ZAlCu4	ZL203		形状简单的中载零件，如托架；在200℃以下工作且切削加工性好的小零件等
铝镁合金	ZAlMg10	ZL301	时效硬化效果甚微，强度高、耐蚀性好、密度小（$<2.55g/cm^3$），但铸造性能、耐热性差	在大气或海水中工作的零件，在150℃以下工作，承受大振动载荷的零件等
	ZAlMg5Si1	ZL303		腐蚀介质中工作的零件，严寒大气及200℃以下工作的海轮配件等
铝锌合金	ZAlZn11Si7	ZL401	铸造性能好，经变质处理和时效处理后强度较高，但耐蚀性和耐热性差	在200℃以下工作的零件，结构形状复杂的汽车、飞机、仪表零件等

课后练习

一、填空题

铝合金根据成分特点和生产方式不同，可分为__________和__________。变形铝合金根据性能不同，又分为__________、__________、__________和__________。

二、判断题

1. 工业纯铝杂质含量越高，其导电性、耐蚀性和塑性越差。(　　)
2. 工业纯铝具有较高的强度，常用作工程结构材料。(　　)
3. 变形铝合金不能用热处理强化。(　　)
4. 纯铜和纯铝均无同素异构转变。(　　)

三、解释牌号含义

1. ZAlMg10
2. ZAlSi12

任务三 认识硬质合金

硬质合金是指以一种或几种难熔碳化物（如碳化钨、碳化钛等）的粉末为主要成分，加入起粘结作用的金属钴，用粉末冶金法制得的钢材。

一、硬质合金的性能特点

硬质合金具有硬度高（86 ~93HRA）、热硬性好（900 ~ 1000℃ 时，硬度可保持60HRC）、耐磨性好、抗压强度高等优点。硬质合金刀具比高速工具钢刀具的切削速度快4~7倍，刀具寿命长5~80倍，可切削硬度为50HRC左右的硬质材料。但硬质合金的脆性大，不能通过切削加工制成形状复杂的整体刀具，因而常制成不同形状的刀片，采用焊接、粘接、机械装夹等方法安装在刀体或模具体上使用。硬质合金的应用如图6-8所示。

图6-8 硬质合金刀具

小知识

由于硬质合金刀具的耐热性好，切削时一般不用切削液。如果需要使用切削液，则应从开始切削时就足量加注，不可以中途加注切削液，否则会引起刀片碎裂。

二、硬质合金的分类、化学成分、性能与应用

常用硬质合金的牌号、性能及用途见表6-6。

表6-6 常用硬质合金的牌号、性能及用途

种类	主要成分	牌号表示方法	常用牌号	性能	用途
钨钴类	碳化钨（WC）和粘结剂钴（Co）	由“YG”（“硬钴”两字汉语拼音字首）和平均含钴量的百分数组成	YG3X YG6 YG8C YG15	较高的强度和韧性；WC含量较高、Co含量较低时，硬度较高，抗弯强度较低	加工脆性材料，如铸铁、有色金属、胶木等。YG3适于精加工，YG15适于粗加工

（续）

种类	主要成分	牌号表示方法	常用牌号	性能	用途
钨钛钴类	碳化钨、碳化钛（TiC）及钴	由“YT”（“硬钛”两字汉语拼音字首）和碳化钛含量的百分数组成	YT5 YT15 YT30	加入 TiC，提高了硬度和耐热性，TiC 含量越多，硬度、耐磨性、耐热性越好，而抗弯强度越差	加工韧性材料，如钢材等。YT5 适于粗加工，YT30 只能用于精加工
钨钛钽（铌）类	碳化钨、碳化钛、碳化钽（TaC）或碳化铌（NbC）及钴	由“YW”（“硬万”两字汉语拼音字首）加顺序号组成	YW1 YW2	加入碳化钽，显著提高硬度、耐磨性、耐热性及抗氧化性	既能加工钢，又能加工铸铁，可用于耐热钢、高锰钢、不锈钢等的加工

钢结硬质合金是以碳化钛或碳化钨为硬化相，以碳钢或合金钢（如高速工具钢、铬钼钢等）粉末为粘结剂制成的粉末冶金材料，其性能介于高速工具钢和硬质合金之间。退火后可切削加工，淬火+回火后有高的硬度和良好的耐磨性，也可锻造和焊接，制作各种形状复杂的刀具、模具和耐磨零件。钢结硬质合金的应用如图 6-9 所示。

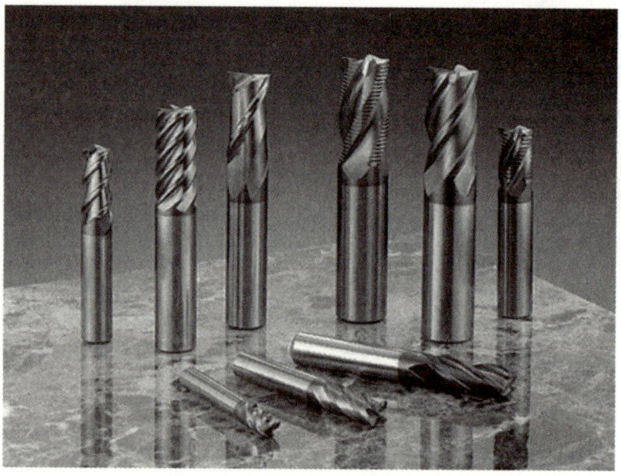

图 6-9　钢结硬质合金刀具

课后练习

一、填空题

硬质合金具有______、______、______、______等优点，但其______大，不能进行切削加工。常用硬质合金的种类有______、______和______。

二、判断题

1. 硬质合金中碳化物含量越高，钴含量越低，其强度和韧性越高。（　　）
2. YG 类硬质合金刀具适合切削塑性材料。（　　）
3. 在断续切削加工中，由于冲击较大，应选韧性较好的 YT 类硬质合金刀具。（　　）
4. 加工不锈钢、耐热钢等难加工材料时，可选用 YW 系列刀具。（　　）

三、解释牌号含义

1. YG3
2. YT15
3. YW1

综合练习

1. 铝合金是怎样分类的?
2. 简述各种变形铝合金的性能特点和用途。
3. 铜合金是怎样分类的?
4. 什么是黄铜?为什么黄铜中锌的质量分数一般不超过 45%?
5. 什么是青铜?举例说明青铜的用途。
6. 简述硬质合金的特性与用途。
7. 下列牌号代表什么材料?

3A21 (LF21)、2A12 (LY12)、7A04 (LC4)、2A50 (LD5)、ZL104、H68、HMn58-2、ZCuZn16Si4、ZCuSn10Zn2、QSn4-3、YG8、YT15、YW2

8. 选择合适的材料制造下列产品:

(1) 蜗轮、传动螺母、轴套

(2) 仪表中的弹簧、齿轮

(3) 轿车轮毂、内燃机气缸体

(4) 飞机蒙皮、骨架

项目七

认识铸造

知识目标

1. 理解铸造的概念和安全操作要点
2. 掌握砂型铸造、特种铸造的概念、特点和分类
3. 理解铸件常见缺陷以及形成的原因，掌握解决铸造缺陷的办法
4. 理解砂型造型的生产工艺流程
5. 了解金属型铸造、压力铸造、熔模铸造、离心铸造的铸造工艺
6. 了解常用合金铸件的分类

能力目标

1. 能够根据应用场合选择合适的铸造工艺
2. 熟悉铸件的检验方法
3. 能够分析出铸造的工艺流程及其性能
4. 能够针对铸件缺陷设计出合适的解决方案

素质目标

1. 培养学生运用所学知识解决实际问题的能力
2. 培养学生养成良好的行为规范和操作规范
3. 培养学生形成归纳、总结的能力

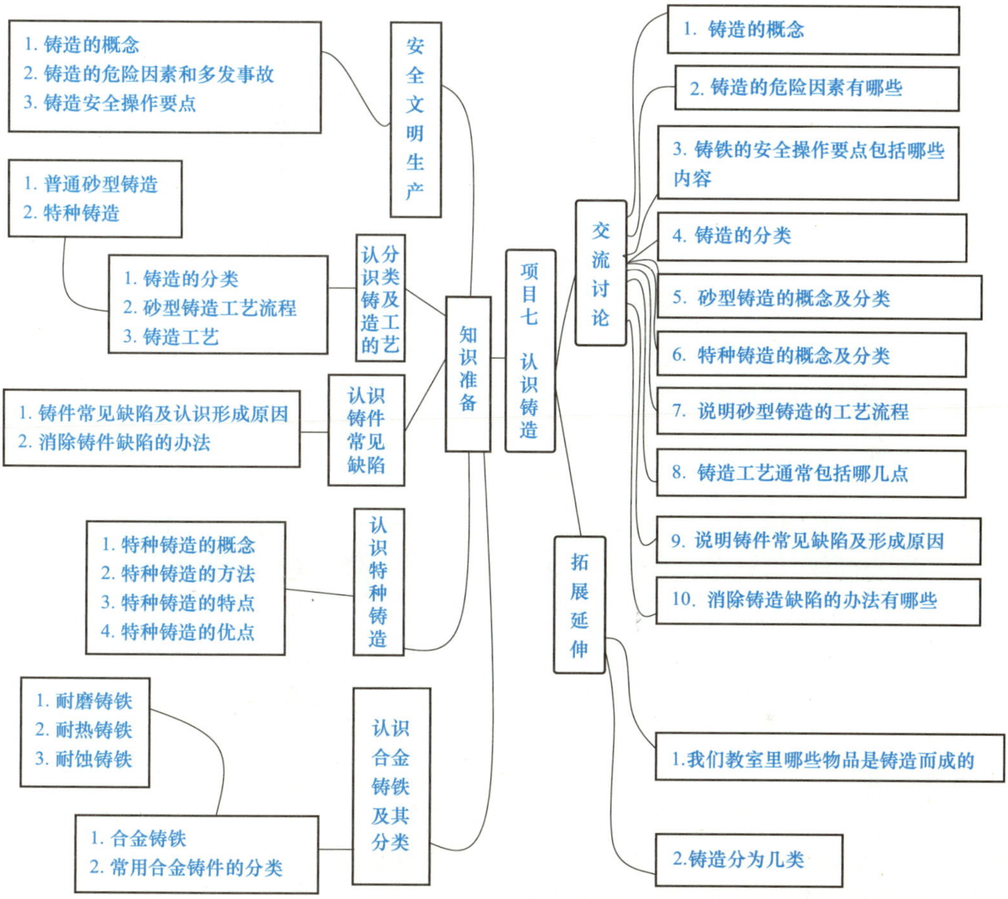

铸造是人类掌握比较早的一种金属热加工工艺，已有约六千年的历史。铸造技术因可以制造多种用品，而被广泛应用到生活和生产中。我国在公元前 1700～前 1000 年已进入青铜铸件的全盛期，工艺上已达到相当高的水平，越王勾践剑（图 7-1）、曾侯乙编钟（图 7-2）等应用实例不胜枚举。下面通过一些生活实例和试验来了解和掌握铸造的分类、特点和工艺流程，为今后能够更好地使用铸造工艺打下坚实的基础。

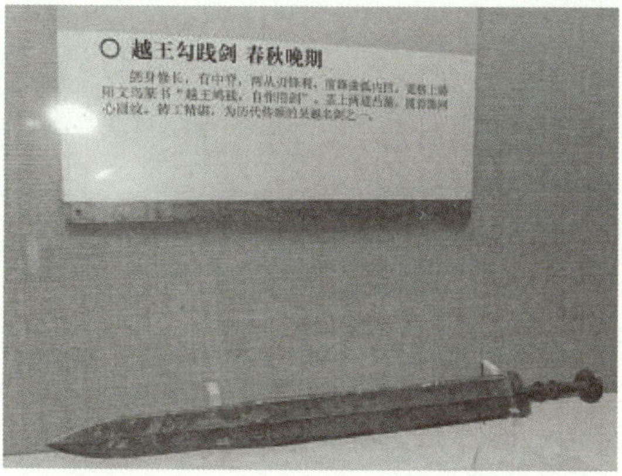

图 7-1　越王勾践剑

图 7-2　曾侯乙编钟

任务一　安全文明生产

一、铸造的概念

铸造是把高温熔化的液态金属浇注、压射或吸入铸型型腔中，待其凝固后得到具有一定形状和性能要求的金属铸件的制造方法。铸造生产属于热加工，其生产过程包括混砂、造型、熔化、浇注和清理等环节。

二、铸造的危险因素和多发事故

铸造生产因具有工序多，起重运输量大，生产过程中伴有高温，并会产生各种有害气体、粉尘、烟雾和噪声等特点，而经常发生烫伤、火灾、爆炸和机械伤害等事故；另外，还易造成热辐射、中毒、振动及矽肺病等职业病伤害。因此，铸造作业的安全重点是防尘、防热和预防机械伤害。下面按照铸造作业的不同工序分别介绍其安全操作要点。

三、铸造的安全操作要点

1. 混砂作业

混砂作业中工人一般要使用碾轮式混砂机，这种机器的主要危险是，当操作人员在混砂机运转时伸手取出砂样或试图铲出砂子时，手被挂住或拖进混砂机内而造成伤害。为此，在使用碾轮式混砂机时要注意以下安全操作要点：

1）机器要由专人维护和管理，起动前全面检查，确认正常后方可使用。

2）碾轮式混砂机起动后，不准用手扒料、清理碾轮，并严禁用手到碾盘上取砂样。

3）进入碾盘内检修、清理时，必须切断电源，设专人监护；并在开关柜上挂上“有人检修，严禁合闸”的安全标牌。

4）碾轮式混砂机应有取样器，无取样器的碾轮式混砂机必须在停机后取样。

5）禁止在碾轮式混砂机工作时从机中铲出型砂。

6）及时清理散落在工作场地上的砂料和物件，以确保人员行走安全。

2. 造型作业

1）造型作业中要注意起重运输安全，禁止为图方便在起吊物下方工作，应当将砂型放在平稳而坚固的支架上，防止物件落下碰撞伤人。

2）手工造型和造芯时，要注意防止砂箱、芯盒落地砸脚，防止手指被砂箱挤压，防止砂中的钉子和其他锐利金属片划破手，防止钉子扎脚等伤害。在操作中要注意搬运砂箱、芯盒的方式，穿好鞋底结实的安全鞋，用筛分或磁选的方法分离出砂中的钉子、金属碎片等。

3）造型用砂箱的堆垛要防止倒塌砸伤人，堆垛总高度一般不应超过 2m。

4）采用地坑造型时，要了解地坑造型部位的水位，以防浇注时高温金属液体遇潮发生爆炸；还应布置好排气孔道，以使铸型底部的气体能顺利排出型外。

5）芯盒、砂箱的加强筋不要暴露在铸型表面，否则，由于加强筋吸潮，金属液与其接触时易产生“炝火”而烫伤作业人员。

6）使用机器造型、造芯时，一定要熟悉机器的性能及安全操作规程。

7）在造型捣砂时，操作人员要穿硬包头工作鞋，并保持精神集中；操作捣固机时，捣锤不要捣在脚上或箱边、箱带、浇口及出气口，以免影响砂型质量和造成人身事故。

8）抛砂造型时，操作者要相互配合好；抛砂机悬臂周围不要堆放砂箱等物品；停止工作时，应紧固悬臂，使其不能游动。

3. 砂型烘干作业

1）在装炉、卸炉时，要有专人负责指挥，在装卸砂型（芯）时应平均装卸，不能单边吊装，以免引起翻车。

2）在装炉时，应确保装车平稳，砂箱装叠应下大上小，依次排列。上、下砂箱之间四角应用铁片塞好，防止倾斜和晃动。

3）砂型（芯）起吊时应注意起吊重量，不得超过行车负荷，每次起吊砂型要求同一规格大小，不能大小混吊。

4）炉门附近禁止堆放易燃物、易爆品。

5）炉门附近及轨道周围严禁堆放障碍物，以保证行车进出畅通。

6）在加煤或扒渣时应戴好防热面罩，以防火焰及热气灼伤脸部。

4. 浇包与浇注

1）浇注工要穿戴好工作服，戴好防护镜。

2）认真检查浇包、吊环和横梁有无裂纹；机械转动和定位锁紧装置是否灵活、平稳、可靠；包衬是否牢固、不潮；漏底包塞杆是否操纵灵活，塞头与塞套应紧密吻合，不产生钢液泄漏。

3）浇注通道应畅通、无坑凹不平、无障碍物，以防作业人员绊倒。手工抬包架大小要合适，使浇包装满金属液后重心在套环下部，以防浇包倾覆出抬包架。

4）准备好处理浇余金属液的场地与锭模（砂床或铁模）。

5）起吊装满铁（钢）液的浇包时，注意不要碰坏出铁（钢）槽和引起铁（钢）液倾倒与飞溅。浇注包盛铁液不得太满，不得超过其容积的80%，以防洒出伤人。

6）铸型的上、下箱要锁紧或加上足够重量的压铁，以防浇注时抬箱、“跑火”。

7）在浇注过程中，当铸型中的金属液达到一定高度时，要及时引气（点火），排出铸型中的可燃与不可燃气体。

8）浇注时若发生严重“炝火”，应立即停浇，以免金属喷溅引起人员烫伤和火灾。

9）浇注产生有害气体的铸型（如水玻璃流态砂、石灰石砂、树脂砂铸型）时，应特别注意通风，以防止中毒。

5. 落砂、清理

1）落砂清理工一定要做好个人防护，熟悉各种落砂清理设备的安全操作规程。

2）从铸件堆上取铸件时，应自上而下取，以免铸件倒塌伤人。重、大铸件的翻动应使用起重机。往起重机上吊挂铸件或用手翻倒铸件时，要防止吊索或铸件挤压手。要了解被吊运铸件的重量，不允许超负荷起吊。吊索要挂在铸件的适当部位，不能挂在浇冒口，因为浇冒口容易折断。

3）手工清砂时，要防止残余粘砂及铸件上的飞边、毛刺、浇冒口对人手的割伤和飞砂对人眼睛的伤害。

4）使用风铲时应注意：将风铲的压缩空气软管与风管和风铲连接牢固、可靠；风铲应放在将要清理的铸件边上后再开动；停用时，关闭风管上的阀门，停止对风铲供气，并应将风铲垂直地插入地里；风铲不要对着人铲削，以免飞屑伤人。

5）清理打磨镁合金铸件时，必须防止镁尘沉积在工作台、地板、窗台、架空梁、管道以及其他设备上。不应用吸尘器收集镁尘，应将镁尘扫除并放入有明显标记的有盖的铸铁容器中，然后及时与细干砂等混合埋掉。不允许在打磨镁合金铸件的设备上打磨其他金属铸件，否则由于产生火花易引起镁尘燃烧，因此，这些设备上应标有“镁专用”记号。清理打磨镁合金铸件的设备必须接地，否则会因摩擦而起火。禁止在工作地点附近吸烟，并应放置石墨粉、石灰石粉或白云石粉灭火剂。操作者应穿皮革或表面光滑的工作服，并且要经常刷去粉尘；一定要戴防护眼镜和长的皮革防护手套。只能用天然矿物油和油膏来冷却和润滑，不应使用动物油、植物油、含酸矿物油、油水乳化液。

知识拓展

教室里的哪些物品是铸造而成的？它们有什么特点？

课后练习

一、填空题

铸造的生产过程包括__________、__________、__________、__________和清理等环节。

二、简答题

铸造的危险因素和多发事故有哪些？

任务二　认识铸造的分类及工艺

一、铸造的分类

铸造主要有砂型铸造和特种铸造两大类。

1．砂型铸造

利用砂作为铸模材料进行铸造，又称砂铸、翻砂，包括湿砂型、干砂型和化学硬化砂型三类，但并非所有砂均可用于铸造。砂型铸造的优点是成本较低，因为铸型所使用的砂可重复使用；缺点是铸型制作耗时，铸型本身不能重复使用，须将其破坏后才能取得成品。

1）砂型（芯）铸造方法包括湿型砂型、树脂自硬砂型、水玻璃砂型、干型和表干型铸造，实型铸造，负压铸造。

2）砂芯制造方法。砂芯的制造方法是根据砂芯尺寸、形状、生产批量及具体生产条件进行选择的。在生产中，从总体上可分为手工制芯和机器制芯。

2. 特种铸造

特种铸造按造型材料不同又可分为以天然矿产砂石为主要造型材料的特种铸造（如熔模铸造、泥型铸造、壳型铸造、负压铸造、实型铸造、陶瓷型铸造等）和以金属为主要铸型材料的特种铸造（如金属型铸造、压力铸造、连续铸造、低压铸造、离心铸造等）两类。

（1）金属型铸造　利用熔点比原料高的金属制作铸型的方法，称为金属型铸造。它又可细分为重力铸造、低压铸造和高压铸造。受铸型熔点的限制，可被铸造的金属也有所限制。

（2）脱蜡铸造　这种方法可以分为外膜铸造法和固体铸造法。先以蜡复制需要铸造的物件，然后浸入含陶瓷（或硅溶胶）的池中并待干，使已蜡制的复制品覆上一层陶瓷外膜，一直重复这一步骤，直到外膜足以支撑铸造过程，然后熔解铸型中的蜡，并抽离铸型。其后铸型需经多次高温加热，提高硬度后方可用于铸造。

此方法具有良好的准确性，更可用于高熔点金属（如钛）的铸造。但由于陶瓷价格颇高，而且制作需要多次加热和重复，故成本较高。

二、砂型铸造的工艺流程

随着科技的进步与铸造业的发展，不同的铸造方法有不同的铸型准备内容。以应用最广泛的砂型铸造为例，铸型准备包括造型材料的准备和造型、造芯两大项工作。图 7-3 为齿轮的砂型铸造工艺流程示意图。

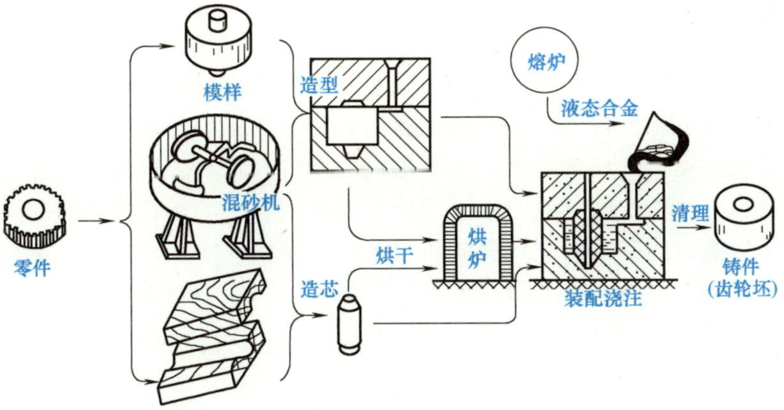

图 7-3　齿轮的砂型铸造工艺流程示意图

砂型铸造中用来造型、造芯的各种原材料，如铸造原砂、型砂粘结剂和其他辅料，以及由它们配制成的型砂、芯砂、涂料等统称为造型材料。准备造型材料是按照铸件的要求、金属的性质，选择合适的原砂、粘结剂和辅料，然后按一定的比例把它们混合成具有一定性能的型砂和芯砂。常用的混砂设备有碾轮式混砂机、逆流式混砂机和连续式混砂机。后者是专为混合化学自硬砂设计的，可实现连续混合，混砂速度快。

造型、造芯是根据铸造工艺要求，在确定好造型方法，准备好造型材料的基础上进行的。铸件的精度和全部生产过程的经济效果，主要取决于这道工序。在很多现代化的铸造车间里，造型、造芯都实现了机械化或自动化。常用的砂型造型、造芯设备有高、中、低压造型机，气冲造型机，无箱射压造型机，冷芯盒制芯机和热芯盒制芯机，覆膜砂制芯机等。

铸件自浇注冷却的铸型中取出后，有浇口、冒口及金属飞边披缝，砂型铸造的铸件还粘附着砂子，因此必须经过清理工序。完成这项工作的设备有抛丸机、浇口冒口切割机等。砂型铸件落砂清理是劳动条件较差的一道工序，所以在选择造型方法时，应尽量考虑到为落砂清理创造便利条件。有些铸件因特殊要求，还要经铸件后处理，如热处理、整形、防锈处理、粗加工等。

铸造是比较经济的毛坯成形方法，对于形状复杂的零件更能显示出它的经济性，如汽车发动机的缸体和缸盖、船舶螺旋桨以及精致的艺术品等。有些难以切削的零件，如汽轮机上的镍基合金零件不用铸造方法将无法成形。

另外，铸造的零件尺寸和重量的适应范围很宽，金属的种类几乎不受限制；零件在具有一般力学性能的同时，还具有耐磨、耐蚀、吸振等综合性能，是其他金属成形方法，如锻压、轧制、焊接、冲压等所做不到的。因此，在机器制造业中，用铸造方法生产的毛坯零件在数量和吨位上迄今为止仍是最多的。

铸造生产经常要用的材料有各种金属、焦炭、木材、塑料、气体和液体燃料、造型材料等。所需设备有冶炼金属用的各种炉子，有混砂用的各种混砂机，有造型、造芯用的各种造型机、造芯机，有清理铸件用的落砂机、抛丸机等，还有供特种铸造用的机器和设备以及许多运输和物料处理的设备。

铸造生产具有与其他工艺不同的特点，主要是适应性广、需用材料和设备多、污染环境。铸造生产中产生的粉尘、有害气体和噪声对环境的污染，与其他机械制造工艺相比更为严重，需要采取措施进行控制。

铸造产品发展的趋势是要求铸件具有更好的综合性能、更高的精度、更少的加工余量和更光洁的表面。此外，节能的环保要求和社会对恢复自然环境的呼声也越来越高，为适应这些要求，新的铸造合金将会得到开发，冶炼新工艺和新设备将相应出现。

铸造生产的机械化、自动化程度在不断提高的同时，将更多地向柔性生产方面发展，以扩大对不同批量和多品种生产的适应性。节约能源和原材料的新技术将会得到优先发展，少产生或不产生污染物质的新工艺、新设备将首先受到重视。质量控制技术在各道工序的检测和无损探伤、应力测定方面，将有新的发展。

三、铸造工艺

铸造工艺可分为三个基本部分，即铸型准备、铸造金属准备以及铸件处理和检验。

（1）铸型（使液态金属成为固态铸件的容器）准备　铸型按所用材料可分为砂型、金属型、陶瓷型、泥型、石墨型等，按使用次数可分为一次性型、半永久型和永久型。铸型准备的优劣是影响铸件质量的主要因素。

（2）铸造金属准备　铸造金属是指铸造生产中用于浇注铸件的金属材料，它是以一种金属元素为主要成分，并加入其他金属或非金属元素而组成的合金，习惯上称为铸造合金，主要有铸铁、铸钢和铸造有色合金。

金属熔炼不仅是单纯的熔化，还包括冶炼过程，使浇进铸型的金属在温度、化学成分和纯净度方面都符合预期要求。为此，在熔炼过程中要进行以控制质量为目的的各种检查测试，液态金属在达到各项规定指标要求后方允许浇注。有时，为了达到更高要求，金属液在出炉后还要经炉外处理，如脱硫、真空脱气、炉外精炼、孕育或变质处理等。熔炼金属的常用设备有冲天炉、电弧炉、感应炉、电阻炉、反射炉等。

（3）铸件处理和检验　铸件处理包括清除型芯和铸件表面异物、切除浇冒口、铲磨飞边和披缝等凸出物，以及热处理、整形、防锈处理和粗加工等。

铸造的优点是，可以生产形状复杂的零件，尤其是具有复杂内腔的毛坯；适应性广，工业中常用的金属材料均可铸造，质量从几克到几百吨。原材料来源广，价格低廉，如废钢、废件、切屑等；铸件的形状尺寸与零件非常接近，减少了切削量，属于无屑加工；应用广泛，农业机械中40%～70%、机床中70%～80%的构件都来自于铸件。它的缺点是，铸件的力学性能不如锻件，如组织粗大、缺陷多等；砂型铸造为单件、小批量生产，工人劳动强度大；铸件质量不稳定，工序多，影响因素复杂，易产生许多缺陷。

课后练习

一、填空题

铸造主要分为__________和__________两大类。

二、简答题

砂型铸造的工艺流程是什么？

任务三　认识铸件常见缺陷

一、铸件常见缺陷及其形成原因

铸造缺陷（图7-4）种类繁多，产生缺陷的原因也十分复杂。它不仅与铸型的加工工艺有关，还与铸造合金的性质、合金的熔炼、造型材料的性能等一系列因素有关。因此，分析铸件缺陷产生的原因时，要从具体情况出发，根据缺陷的特征、位置、采用的工艺和所用型砂等因素，进行综合分析，然后采取相应的技术措施，防止和消除缺陷。

1. 浇不足

铸件缺陷现象：由于金属液未完全充满型腔而造成铸件“缺肉”，如图7-4a所示。

铸件缺陷形成的原因：浇注温度低、浇注速度太慢或断续浇注；横浇道、内浇道截面积小；铁液成分中碳、硅含量过低；型砂中水分、煤粉含量过多，发气量大，或含泥量太高，透气性不良；上砂型高度不够，铁液压力不足。

预防铸造缺陷形成的措施：提高浇注温度，加快浇注速度，防止断续浇注；加大横浇道和内浇道的截面积；调整炉后配料，适当提高碳、硅含量；铸型中加强排气，减少型砂中煤粉、有机物的加入量；增加上砂型高度。

2. 未浇满

铸件缺陷现象：铸件上部残缺，直浇道中铁液的水平面与铸件中铁液的水平面相平，边部略呈圆形。

铸件缺陷形成的原因：浇包中铁液量不够；浇道狭窄，浇注速度又过快，当铁液从浇口杯外溢时，操作者误认为铸型已经充满，导致停浇过早。

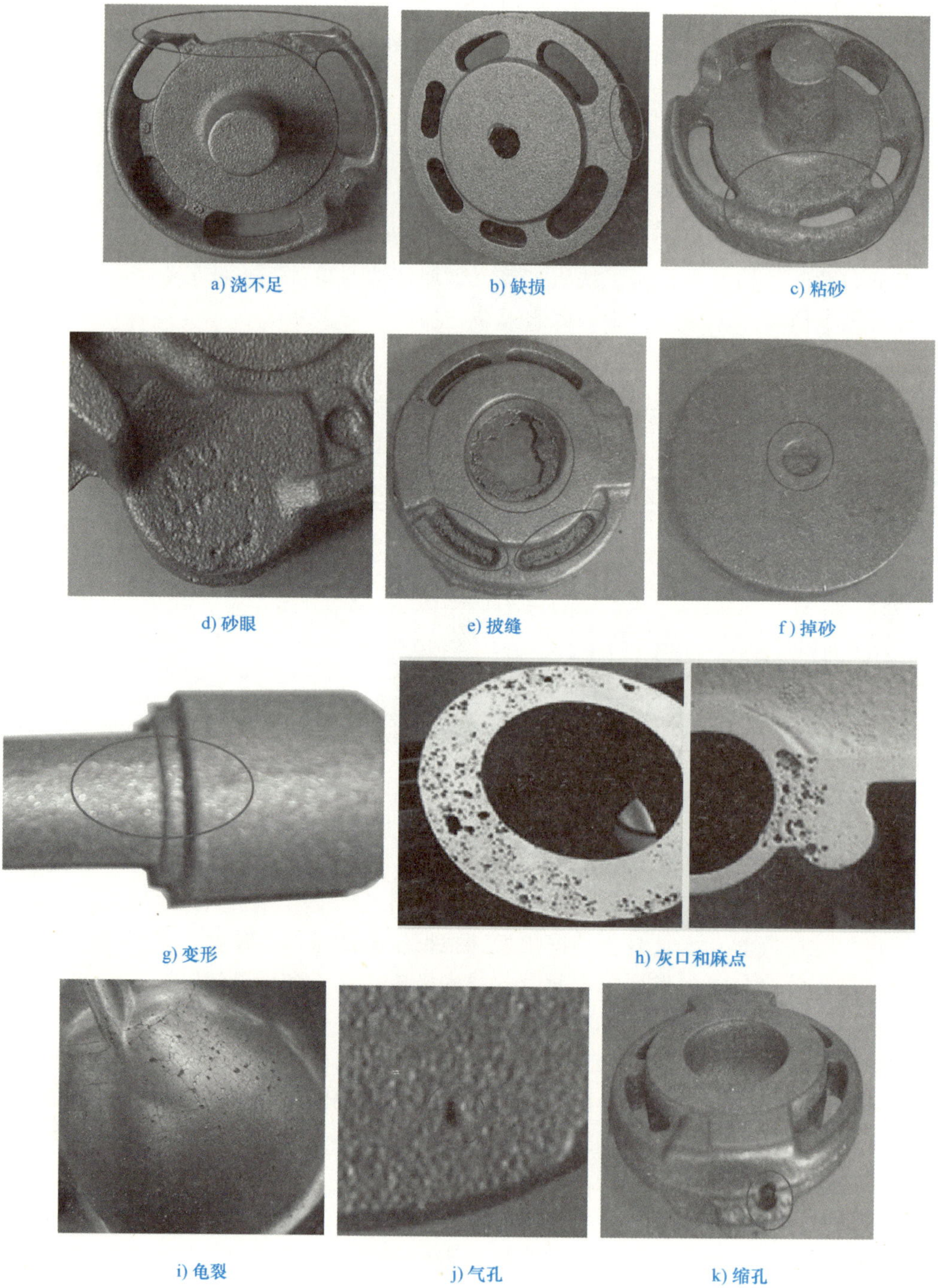

a) 浇不足　b) 缺损　c) 粘砂　d) 砂眼　e) 披缝　f) 掉砂　g) 变形　h) 灰口和麻点　i) 龟裂　j) 气孔　k) 缩孔

图 7-4　铸件常见缺陷

预防铸件缺陷形成的措施：正确估计浇包中的铁液量；对浇道狭窄的铸型，适当放慢浇注速度，保证铸型充满。

3. 缺损

铸件缺陷现象：在清理或搬运铸件时，损坏了铸件的完整性，如图 7-4b 所示。

铸件缺陷形成的原因：铸件落砂过于剧烈，或在搬运过程中铸件受到冲撞而损坏；清理滚筒时，铸件装料不当，铸件的薄弱部分在翻滚时被碰断；冒口、冒口颈截面尺寸过大；冒口颈没有做出敲断面（凹槽）；敲除浇冒口的方法不正确，使铸件本体损伤缺肉。

预防铸件缺陷形成的措施：铸件在落砂清理和搬运时，注意避免各种形式的过度冲撞、振击，避免不合理的丢放；清理滚筒时，严格按工艺规程和要求进行操作；修改冒口和冒口颈尺寸，做出冒口颈敲断面；正确掌握敲除浇冒口的方向。

4. 粘砂

铸件缺陷现象：在铸件表面，全部或部分覆盖着金属与砂的混合物，或一层烧结的型砂，致使工件表面粗糙，如图 7-4c 所示。

铸件缺陷形成的原因：砂粒太粗、砂型紧实度不够；型砂中水分太多，使型砂不易紧实；浇注速度太快、压力过大、温度过高；型砂中煤粉太少；模板烘烤温度过高，导致表面型砂干枯，或模板烘烤温度过低，型砂粘附在模板上。

预防铸件缺陷形成的措施：在透气性足够的情况下，使用较细的原砂，并适当提高型砂紧实度；保证型砂中稳定的有效煤粉含量；严格控制型砂水分；改进浇注系统，改进浇注操作，降低浇注温度；控制模板烘烤温度，一般应与型砂温度相等或略高。

5. 砂眼

铸件缺陷现象：在铸件表面或内部有充塞着型砂的孔眼，如图 7-4d 所示。

铸件缺陷形成的原因：型砂表面强度不够；模样上无圆角或起模斜度小，导致钩砂、铸型损坏后没修理或没修理好就合箱；砂型在浇注前放置时间过长，风干后表面强度降低；铸型在合箱时或搬运过程中损坏；合箱时型内浮砂未清除干净，合箱后浇口杯没盖好，碎砂掉进铸型。

预防铸件缺陷形成的措施：提高型砂中粘土含量，及时补加新砂，提高型砂表面强度；模样光洁度要高，并做出合理的起模斜度和铸造圆角；损坏的铸型要修好后再合箱；缩短浇注前砂型的放置时间；合箱或搬运铸型时要小心，避免损坏砂型或砂粒掉入型腔；合箱前清除型内浮砂，并盖好浇口。

6. 披缝

铸件缺陷现象：披缝是铸件表面上厚薄不均匀的片状金属突出物，常出现在铸件分型面和芯头部位，如图 7-4e 所示。

铸件缺陷形成的原因：紧实度不够或不均匀；面砂强度不够或型砂中水分过多；液态金属压头过大，浇注速度太快。

预防铸件缺陷形成的措施：提高铸型紧实度，避免局部过松；调整混砂工艺，控制水分，提高型砂强度；降低液态金属压头，降低浇注速度。

7. 抬箱

铸件缺陷现象：铸件在分型面处有大面积的披缝，使铸型外形尺寸发生变化。抬箱过大，造成“跑火”——铁液自分型面外溢，严重时造成浇不足缺陷。

铸件缺陷形成的原因：砂箱未紧固、压铁重量不够或去除压铁过早；浇注速度过快，冲击力过大；模板翘曲。

预防铸件缺陷形成的措施：增加压铁重量，待铁液凝固后再去除压铁；降低浇包位置，降低浇注速度；修正模板。

8. 掉砂

铸件缺陷现象：铸件表面的块状金属突出物，其外形与掉落的型砂很相似。在铸件其他部位则往往出现砂眼或残缺，如图 7-4f 所示。

铸件缺陷形成的原因：模样上有深而小的凹槽，由于结构特征或起模斜度小，起模时将砂型带坏或振裂；紧实度不均匀，铸型局部强度不足；合箱、搬运铸型时，不小心使铸型局部砂块掉落。

预防铸件缺陷形成的措施：模样起模斜度要合适，表面应光洁；铸型紧实度高且均匀；合箱、搬运过程中操作要小心。

9. 变形

铸件缺陷现象：由于收缩应力或型壁变形、开裂，导致铸件外形和尺寸与图样不符，如图 7-4g 所示。

铸件缺陷形成的原因：模样制作不良，上、下模没有对准或模样变形；砂箱或模板定位不准确，或定位销松动；挤压造型机上零件磨损，例如，正压板、下衬板、反压板、轴承的磨损等；浇注时用的套箱变形，搬运、围箱时不注意，使上、下铸型发生位移。

预防铸件缺陷形成的措施：加强模板的检查和修理；经常检查砂箱、模板的定位销及销孔，并合理地安装；检查挤压造型机的有关零件并及时调整，磨损大的要更换；定期对套箱整形；脱箱后的铸型在搬运时要小心轻放。

10. 灰口和麻点

铸件缺陷现象：位于铸件内部或表面上的形状不规则的孔眼。孔眼不光滑，里面全部或部分充塞着渣，如图 7-4h 所示。

铸件缺陷形成的原因：铁液化学成分不合要求，碳、硅含量过高；炉前孕育的铋加入浇包内过早或过迟，或者铋加入量不足。

预防铸件缺陷形成的措施：正确选择化学成分，合理配料，使铁液中碳、硅含量在规定范围内；增加铋的加入量并严格控制炉前孕育工艺。

11. 龟裂

铸件缺陷现象：模具由于受热不均而老化龟裂，如图 7-4i 所示。

铸件缺陷形成的原因：铁液中碳、硅含量过低，硫含量过高；浇注温度过高；冒口颈过长或过短，造成局部过热严重或重口；铸件在清理、运输过程中所受冲击过大。

预防铸件缺陷形成的措施：控制铁液化学成分在规定的范围内；降低浇注温度；合理设计冒口系统；在清理、运输过程中避免过度冲击铸件。

12. 气孔

铸件缺陷现象：在铸件内部、表面或接近表面处有大小不等的光滑孔眼，一般为圆球形或近似于球形的椭球形孔洞，孔壁光滑，如图 7-4j 所示。

铸件缺陷形成的原因：炉料潮湿、锈蚀严重或带有油污，使铁液含气量太多、氧化严重；出铁孔、出铁槽、炉衬、浇包衬未烘干；浇注温度较低，使气体来不及上浮和逸出；炉料中含铝量较高，易造成氢气孔；砂型透气性不好、型砂中水分多、含煤粉或有机物较多，导致浇注时产生大量气体且不易排出。

预防铸件缺陷形成的措施：炉料要妥善管理，表面要清洁；炉缸、前炉、出铁口、出铁槽、浇包必须烘干；提高浇注温度；不使用含铝量过高的废钢；适当减少型砂中的水分，控制煤粉加入量，扎通气孔等。

13. 缩孔

铸件缺陷现象：形状为不规则的封闭或敞露的孔洞，孔壁粗糙并带有枝晶状，常出现在铸件最后凝固的部位（热节处），如图 7-4k 所示。

铸件缺陷形成的原因：碳、硅含量过低，收缩大；浇注速度太快、浇注温度过高，使得液态收缩大；浇注系统、冒口设计不当，无法实现顺序凝固；冒口太小，补缩不充分。

预防铸件缺陷形成的措施：控制铁液的化学成分在规定范围内；降低浇注速度和浇注温度；改进浇冒口系统，利用顺序凝固；加大冒口体积，保证充分补缩。

14. 反白口

铸件缺陷现象：铸件断口内部出现白口组织，边缘部分出现灰口。

铸件缺陷形成的原因：碳、硅含量较高的铁液，含氢量过高；炉料中带入的铬等白口形成元素过多；元素偏析严重。

预防铸件缺陷形成的措施：控制铁液的化学成分，碳、硅含量不宜过高；炉衬、包衬要烘干；型砂中水分不宜过多；加强炉料管理，减少带入白口形成元素。

二、消除铸件缺陷的办法

铸件缺陷一直是困扰铸造企业的一大难题，铸件缺陷问题解决不好将影响铸件的质量。铸造企业在生产机床铸件过程中出现各种铸件缺陷问题，如磨损、划伤、砂眼、针孔、裂纹、缺损变形、硬度降低、损伤。下面将介绍一些解决以上问题的办法。目前，主要采用焊补的方法进行缺陷修复。

（1）氩弧焊机　精密铸件（合金钢、不锈钢精铸件）、铝合金压铸件多采用氩弧焊机焊补。部分模具制造和修复厂家，也采用氩弧焊机修复模具缺陷。其优点是：焊补效率高，精度较电焊机高，焊丝种类较多，在不锈钢、铝合金产品上应用最广；可用于焊接，强度较高的铸件。其缺点是：用于小缺陷（气孔、砂眼）的修复时，因冲击过大，熔池边线有痕迹（咬边现象）；焊补钢件有硬点；由于热影响，焊补有色金属铸件或薄壁件时，易产生热变形；操作技术要求较高。

（2）电焊机　铸铁、铸钢件的焊补多采用传统方式。其优点是：可修复大缺陷，效率高。其缺点是：焊后焊点处硬度过高，内部有应力，容易产生裂纹，一般需要进行退火热处理才可以满足加工要求；受焊接条件限制，内部容易产生气孔、夹渣等二次缺陷。

以上两种方法可以有效地消除铸造过程中产生的诸如磨损、划伤、砂眼、气孔、裂纹、缺损、变形、硬度降低等缺陷，但是它们各有利弊，应慎重选择。

课后练习

简答题

1. 铸件上常见缺陷形成的原因有哪些？
2. 预防铸件缺陷形成的措施有哪些？

任务四 认识特种铸造

一、特种铸造的概念

在各种铸造方法中，用得最普遍的是砂型铸造。这是因为砂型铸造对铸件形状、尺寸、重量、合金种类、生产批量等几乎没有限制。但随着科学技术的发展，对铸造提出了更高的要求，要求生产出尺寸更加精确、性能更好、成本更低的铸件。为了适应这些要求，铸造工作者发明了许多新的铸造方法，这些方法统称为特种铸造方法，即特种铸造。

二、特种铸造的方法

常用的特种铸造方法有熔模精密铸造（图 7-5）、石膏型精密铸造、陶瓷型精密铸造、金属型铸造（图 7-6）、压力铸造（图 7-7）、低压铸造（图 7-8）、差压铸造、真空吸铸、挤压铸造、离心铸造（图 7-9）、连续铸造、消失模铸造（图 7-10）、半连续铸造、壳型铸造、石墨型铸造及电渣熔铸。

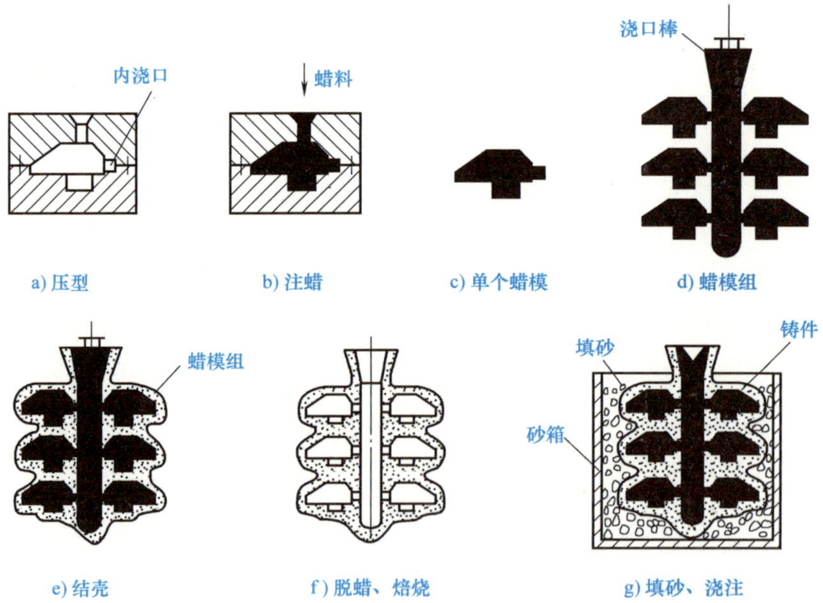

图 7-5 熔模精密铸造

三、特种铸造的特点

特种铸造的基本特点：改变铸型的制造工艺或材料，改善液体金属充填铸型及随后的冷凝条件。对于每一种特种铸造方法，可能只具有某一方面的特点，也可能同时具有两方面的特点。例如，压力铸造、采用金属型或熔模型壳的低压铸造、采用石膏型的差压铸造、离心铸造等均具有两方面的特点；而陶瓷型精密铸造、消失模铸造等只是改变了铸型的制造工艺或材料，金属液充填过程仍是在重力作用下完成的。

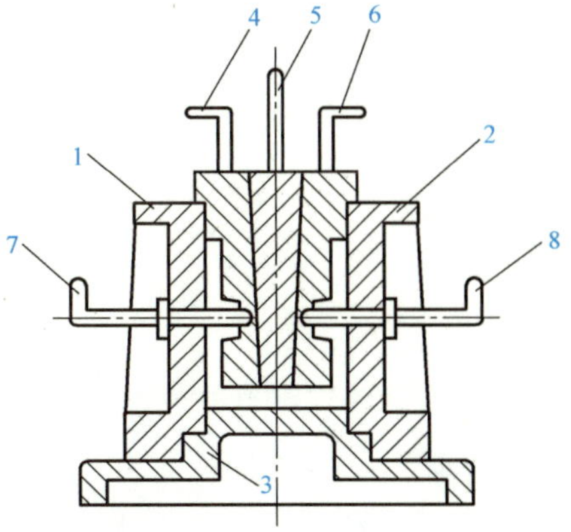

图 7-6 金属型铸造的铝活塞

1、2—左、右半型 3—底型 4、5、6—分块金属型芯 7、8—销孔金属型芯

四、特种铸造的优点

1）铸件尺寸精确，表面粗糙值小，更接近零件最后尺寸，从而易于实现少切削或无切削加工。

2）铸件内部质量好，力学性能高，可以减薄铸件壁厚。

3）减少金属消耗降低铸件废品率。

4）简化铸造工序（除熔模铸造外），便于实现生产过程的机械化、自动化。

5）改善劳动条件，提高劳动生产率。

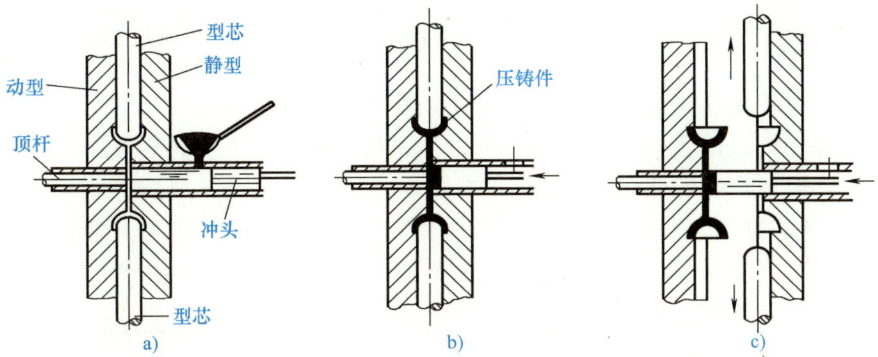

图 7-7 卧式压铸机工作工程

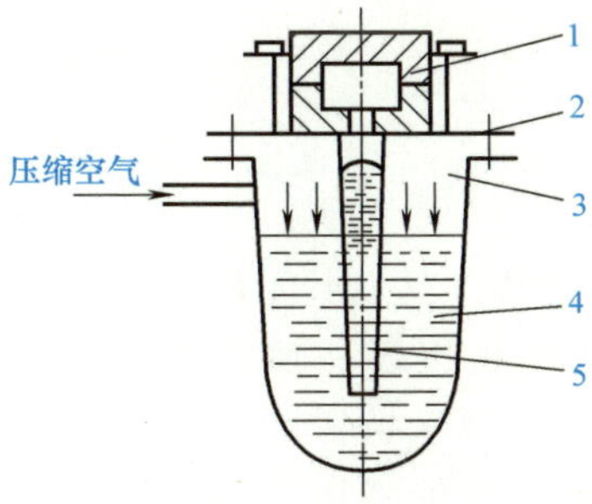

图 7-8 低压铸造

1—铸型 2—密封盖 3—坩埚 4—金属液 5—升液管

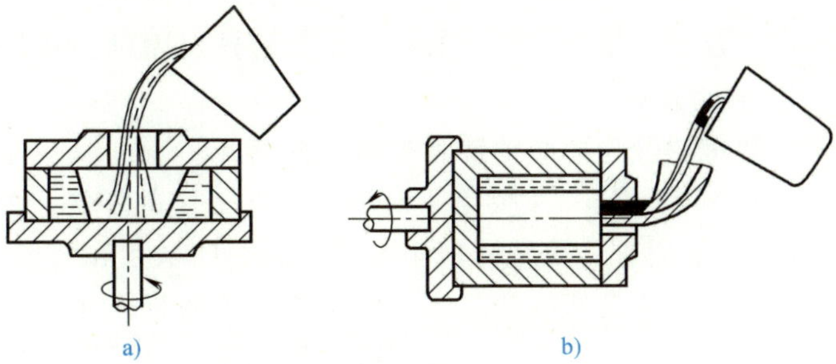

图 7-9 圆筒形铸件的离心铸造

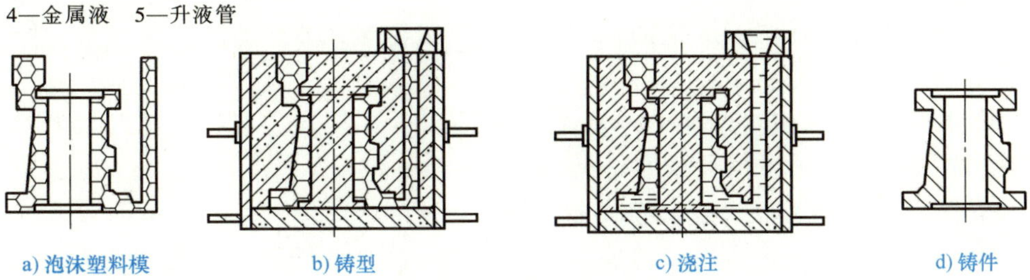

图 7-10 消失模铸造

知识拓展

哪些物品是特种铸造而成的？它有什么特点？

课后练习

简答题

特种铸造的优点有哪些？

任务五 认识合金铸铁及其分类

一、合金铸铁

合金铸铁是在普通铸铁中加入合金元素而具有特殊性能的铸铁。通常加入的合金元素有硅、锰、磷、镍、铬、钼、铜、铝、硼、钒、钛、锑、锡等。合金铸铁根据合金元素的加入量不同分为低合金铸铁（合金元素质量分数<3%）和中合金铸铁（合金元素质量分数为>10%）。合金元素能使铸铁的基体组织发生变化，从而使铸铁获得特殊的耐热、耐磨、耐蚀、无磁和耐低温等物理或化学性能，因此，这种铸铁也称为特殊性能铸铁。合金铸铁广泛用于机器制造、冶金矿山、化工、仪表工业以及冷冻技术等领域。

二、常用合金铸铁的分类

常用合金铸铁分为耐磨铸铁、耐热铸铁、耐蚀铸铁等类型。

1. 耐磨铸铁

耐磨铸铁分为减摩铸铁和抗磨铸铁两类。

（1）减摩铸铁　主要用于润滑条件下工作的零件，如机床导轨、气缸套及轴承等。

1）性能要求。减摩铸铁应有较低的摩擦系数和能够很好地保持连续油膜的能力。最适宜的组织形式应是在软的基体上分布着坚硬的强化相。细层状珠光体灰铸铁就能满足这一要求，其中铁素体为软基体，渗碳体为强化相，同时石墨也起着贮油和润滑的作用。

2）常用减摩铸铁——高磷铸铁。提高了磷的含量，可形成高硬度的磷化物共晶，呈网状分布在珠光体基体上，形成坚硬的骨架，使铸铁的耐磨能力比普通灰铸铁提高一倍以上。在含磷量较高的铸铁中再加入适量的 Cr、Mo、Cu 或微量的 V、Ti、B 等元素，则耐磨性更好。

（2）抗磨铸铁　主要用于无润滑、干摩擦的零件，如轧辊、犁铧、抛丸机叶片、球磨机衬板和磨球等。

1）性能要求。抗磨铸铁的组织应具有均匀的高硬度。

2）常用耐磨铸铁——普通白口铸铁，是一种耐磨性高的铸铁，但其脆性大，不宜制作承受冲击的零件，在有冲击的场合可使用冷硬铸铁。含有少量的 Cr、Mo、W、Mn、Ni、B

等合金元素的低合金白口铸铁具有一定的韧性，用于制作低冲击载荷条件下的耐磨零件，如抛丸机叶片、砂浆泵件、农产品加工设备中的易磨损件等。在中、低冲击载荷的高应力碾研磨损条件下，高铬白口铸铁代替高锰钢已显示了优越的耐磨性能。中锰球墨铸铁具有很好的耐磨性、较高的强度和韧性，适用于犁铧、饲料粉碎机锤片、中小球磨机磨球、衬板、粉碎机锤头等。

2. 耐热铸铁

1）性能要求。耐热铸铁在高温下具有一定的抗氧化和抗生长能力，并能承受一定载荷。

氧化与生长：在高温下，铸铁会发生氧化和生长现象。氧化是指铸铁在高温下受氧化性气氛的侵蚀，在铸铁表面产生氧化皮；生长是指铸铁在高温下产生不可逆的体积长大的现象，其原因是氧气通过石墨片的边界及裂纹间隙渗入铸铁内部，生成密度较小的氧化物，加上高温下渗碳体分解形成密度较大的石墨，使铸铁的体积不断胀大。

为防止热生长，耐热铸铁采用球墨铸铁较好。耐热铸铁中主要加入 Si、Al、Cr 等合金元素，它们在铸铁表面形成一层致密、稳定性好的氧化膜（SiO_2、Al_2O_3、Cr_2O_3），保护内部金属不被继续氧化。同时，这些元素能提高固态相变临界点，使铸铁在使用范围内不致发生相变，以减少由此造成的体积胀大和显微裂纹等。

2）常用耐热铸铁。常用的耐热铸铁有中硅铸铁、高铬铸铁、镍铬硅铸铁、镍铬球墨铸铁等，用来代替耐热钢制造耐热零件，如加热炉底板、热交换器、坩埚等。

3. 耐蚀铸铁

1）性能要求。耐蚀铸铁具有较高的耐蚀性，其耐蚀原理与不锈钢相似，一般加入 Si、Al、Cr、Ni、Cu 等合金元素，在铸件表面形成牢固、致密而又完整的保护膜，阻止腐蚀继续进行，并提高铸铁基体的电极电位，从而提高铸铁的耐蚀性。

2）常用耐蚀铸铁——高硅耐蚀铸铁，这种铸铁在含氧酸类和盐类介质中有良好的耐蚀性，但在碱性介质和盐酸、氢氟酸中，因表面 SiO_2 保护膜被破坏，耐蚀性有所下降。耐蚀铸铁广泛用于化工部门，用来制造管道、阀门、泵类、反应锅及盛储器等。

课后练习

一、填空题

常用的合金铸铁分为__________、__________和耐蚀铸铁等。

二、简答题

合金铸铁的概念是什么？

项目八 认识锻压

知识目标

1. 掌握锻压成形的分类、特点及应用
2. 理解影响金属可锻性的因素
3. 了解锻造温度范围、锻件的冷却
4. 熟悉自由锻设备、基本工序及其操作
5. 了解自由锻工艺规程
6. 了解模锻及胎模锻的分类、特点及应用
7. 熟悉板料冲压的特点及其应用

能力目标

1. 能够描述自由锻基本工序
2. 能够分析加工硬化的原因，提供消除办法
3. 能够识别板料冲压设备
4. 能够灵活应用板料冲压的基本工序

素质目标

1. 培养学生的思维能力和总结归纳能力
2. 培养和巩固学生应用概念认识新事物的能力
3. 培养学生严谨的学习态度

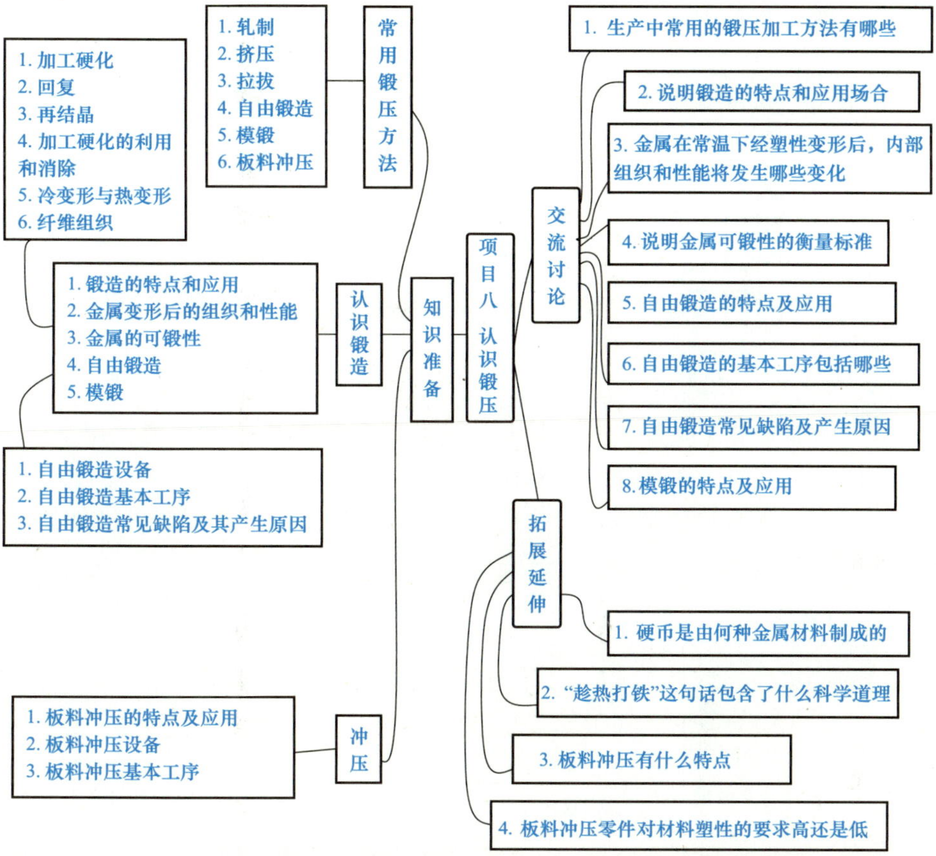

使用液态成形方法制作的零件毛坯在强度方面存在严重的缺陷，不能用于进一步加工成受力复杂的零件。因此，为满足零件的使用性能，采用锻压加工使金属材料发生塑性变形，从而获得强度较高的零件。

锻压是利用外力使金属坯料产生塑性变形，从而获得所需尺寸、形状及性能的毛坯或零件的加工方法。

生产中常用的锻压加工方法有以下几种：

（1）轧制　轧制是指金属材料（或非金属材料）在旋转轧辊的压力作用下，产生连续塑性变形，以获得所要求的截面形状并改变其性能的加工方法。其原理如图 8-1 所示。

（2）挤压　挤压是指坯料在封闭模腔内受三向不均匀压应力作用，从模具的孔口或缝隙挤出，使其横截面积减小，形成所需制品的加工方法。其原理如图 8-2 所示。

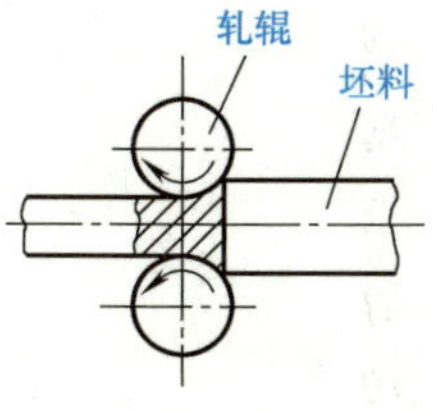

图 8-1　轧制

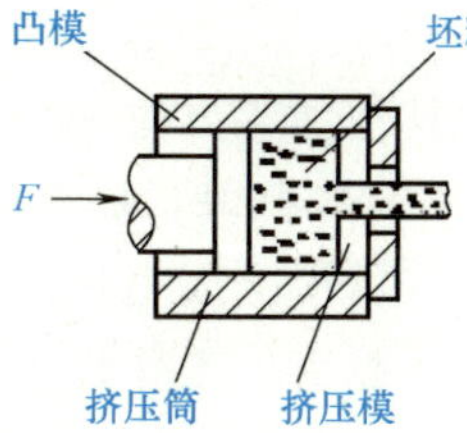

图 8-2　挤压

（3）拉拔　拉拔是指坯料在牵引力作用下通过拉拔模的模孔拉出，产生塑性变形，得到截面细小、长度增加的制品的加工方法。拉拔一般是在冷态下进行。其原理如图 8-3 所示。

（4）自由锻造　自由锻造是指用简单的通用性工具或在锻造设备的上、下砧铁间，使坯料受冲击力作用而变形，获得所需形状的锻件的加工方法。其原理如图 8-4 所示。

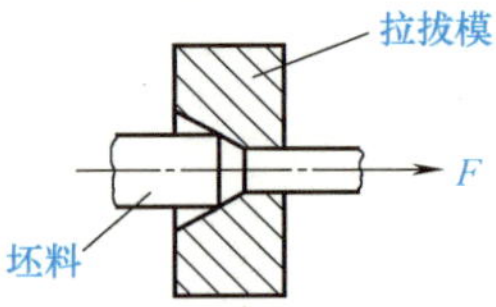

图 8-3　拉拔

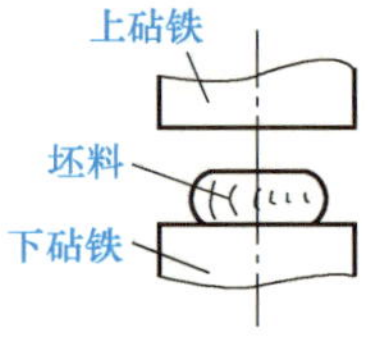

图 8-4　自由锻造

（5）模锻　模锻是指采用模具使金属坯料在模膛内受冲击力或压力作用，产生塑性变形而获得锻件的加工方法。其原理如图 8-5 所示。

（6）板料冲压　板料冲压是指采用冲模方法使板料经分离或成形得到制件的加工方法。其原理如图 8-6 所示。

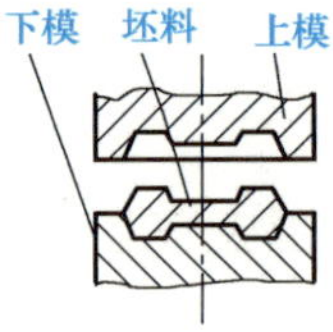

图 8-5　模锻

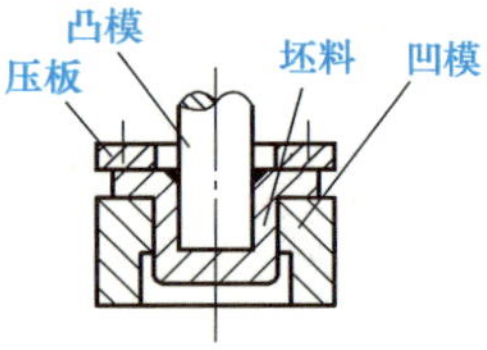

图 8-6　板料冲压

在上述六种金属塑性加工方法中，轧制、挤压和拉拔主要用于生产型材、板材、线材、带材等；自由锻、模锻和板料冲压统称锻压，主要用于生产毛坯或零件。

任务一　认识锻造

一、锻造的特点和应用

锻造所用的材料应具有良好的塑性，以便在锻造加工时能产生较大的塑性变形而不被破坏。钢和有色金属都具有一定的塑性，都可以进行锻压加工；而铸铁的塑性极差，不能进行锻压加工。

锻造生产与其他加工方法相比，具有以下特点：

1）改善金属内部组织，提高金属的力学性能。通过锻造能将锻件金属中的气孔、缩松及微裂纹等压实，可使金属毛坯的晶粒变得细小，组织得到改善，提高零件的强度、塑性和韧性。凡是受交变载荷、工作任务比较繁重的零件，通常使用锻造加工方法制造其毛坯。

2）可以节约金属材料。一些精密模锻件的尺寸精度和表面粗糙度值接近成品零件的要求，因此，可以做到少切削和无切削加工，从而减少了金属的损耗，获得了较高的材料利用率。

3）具有较高的劳动生产率。以制造内六角圆柱头螺钉为例，用模锻成形后再加工螺纹，生产率比全部用切削加工提高约 50 倍；若采用多工位冷镦，则生产率可提高 400 倍以上。

4）加工精度较高。随着近年来先进制造技术和设备的使用，锻造加工产品可以达到少切削或无切削加工的要求。例如，精密锻造的锥齿轮齿形部分的精度可达 8 级，可以不经切削加工而直接使用。

5）加工应用范围广。锻件质量小的可以不到 1kg，大的可重达数百吨。锻造既可以进行单件小批量生产，又可进行大批量生产。

锻造工艺的不足之处是不能锻造外形和内腔复杂的工件。

总之，使用锻造工艺不但可以获得高强度、高性能的工件，而且具有生产率高、材料消耗少等优点，因此，广泛应用于汽车、航天、船舶、军工、电器等工业领域。

二、金属变形后的组织和性能

金属在常温下经塑性变形后，内部组织和性能将发生变化。

组织上的变化：表现为晶粒沿最大变形的方向伸长；晶格与晶粒发生扭曲，产生内应力；晶粒产生碎晶。

性能上的变化：表现为随着变形程度的增加，强度及硬度显著提高，而塑性和韧性则很快下降。变形程度越大，性能的变化也越大。

1. 加工硬化（冷作硬化）

1）加工硬化的现象：强度、硬度上升，而塑性、韧性下降。

2）加工硬化产生的原因：滑移面附近的晶粒、碎晶块、晶格扭曲畸变，增大了滑移阻力，使滑移难以进行。

加工硬化是一种不稳定的现象，具有自发恢复到稳定状态的倾向，但在室温下不易实现。

2. 回复

当加热温度（用热力学温标）$T_{回}=(0.25\sim0.3)\ T_{熔}$ 时，冷变形金属的显微组织无明显变化，金属的力学性能也没有显著变化，即强度、硬度下降很少，塑性提高不多，只能使应力明显降低或消除这一现象称为回复。

3. 再结晶

当加热到 $T_{再}=0.4T_{熔}$，塑性变形后金属被拉长的晶粒重新形核、结晶变为等轴晶粒，这一现象称为再结晶。

再结晶后金属的强度、硬度显著下降，塑性和韧性显著提高，消除了全部加工硬化。

注意：再结晶后晶格类型不变，只改变晶粒外形，如图 8-7 所示。

4. 加工硬化的利用和消除

（1）加工硬化的利用　加工硬化是强化金属的重要方法之一。纯金属及某些不能通过热处理方法强化的合金，可通过冷拔、冷轧、冷挤压等工艺来提高其强度和硬度。

（2）加工硬化的消除　加工硬化不利的一面，是由于它使金属塑性降低，给进一步冷塑性变形带来了困难，并使压力加工时的能量消耗增大。

为了消除加工硬化，恢复材料的塑性，以便继续进行变形加工，或为了消除变形过程中

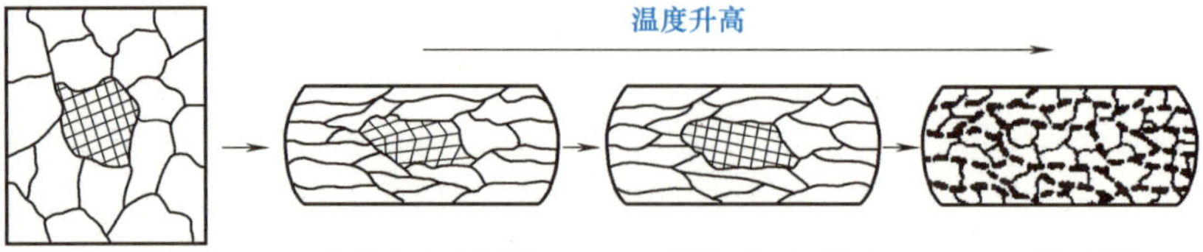

图 8-7 金属的回复和再结晶示意

产生的内应力，需要对工件进行退火处理。

5. 冷变形与热变形

(1) 冷变形 变形温度在再结晶温度以下时，金属在变形过程中只有加工硬化而无回复与再结晶现象，变形后的金属只具有加工硬化组织，这种变形称为冷变形。

(2) 热变形 变形温度在再结晶温度以上时，变形产生的加工硬化被随即发生的再结晶所抵消，变形后金属具有再结晶的组织，而无加工硬化现象，这种变形称为热变形。

6. 纤维组织

(1) 定义 变形加工时，金属中的脆性杂质被击碎，并沿金属流动方向呈粒状或链状分布；而塑性杂质则沿变形方向被拉长呈带状分布，这种杂质的定向分布称为流线，即纤维组织。

(2) 力学性能 具有纤维组织的金属在各个方向上的力学性能是不相同的。顺着纤维方向的力学性能比垂直于纤维方向的力学性能好。金属的变形程度越大，纤维组织越明显，力学性能的方向性就越显著，如图 8-8 所示。

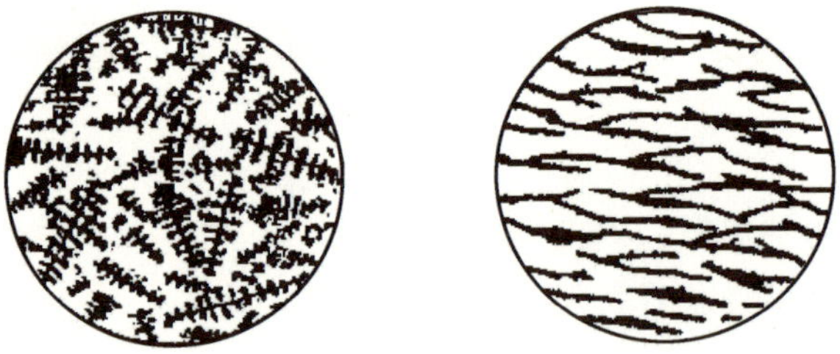

图 8-8 纤维组织变化示意图

(3) 特点 纤维组织很稳定，不能（难以）用热处理方法来消除。只能通过锻压来改变其方向、形状。

(4) 应用 在设计和制造零件时，应尽可能使流线与零件的轮廓相符合而不被切断，使最大正应力的方向与纤维方向重合，最大切应力的方向与纤维方向垂直。

实例： 当采用棒料直接经切削加工制造螺钉时，如图 8-9a 所示，螺钉头部与杆部的纤维被切断，不能连贯起来，受力时产生的切应力顺着纤维方向，故螺钉的承载能力较弱；当采用同样的棒料经局部镦粗方法制造螺钉时，如图 8-9b 所示，纤维不被切断且连贯性好，纤维方向也较为有利，故螺钉质量较好。

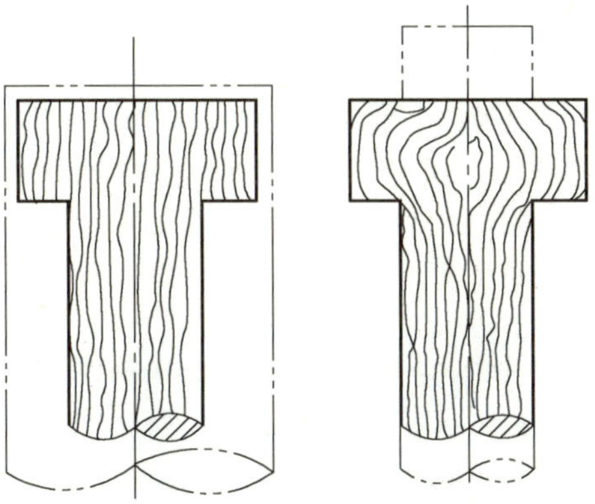

a) 切削加工制造的螺钉　　b) 局部镦粗制造的螺钉

图 8-9　不同工艺方法对纤维组织形状的影响

想一想

图 8-10 所示的硬币是由何种金属材料制成的？采用了何种加工工艺？

图 8-10　硬币

三、金属的可锻性

金属的可锻性是指金属材料锻压加工成形的难易程度，它取决于金属的本质和加工条件。

可锻性的衡量指标是金属的塑性和变形抗力，金属的塑性好、变形抗力小，则可锻性好。

1. 金属的本质

（1）化学成分的影响　纯金属的可锻性比合金好。合金元素的含量越多，可锻性越差，纯金属的含碳量越低，可锻性越好。

（2）金属组织的影响　因组织不同，可锻性有很大差异：

1）纯金属、单一固溶体（如奥氏体）组织的可锻性好于化合物组织。碳化物的可锻性差。

2）铸态柱状组织和粗晶粒不如细小均匀晶粒的可锻性好。

2. 加工条件

(1) 变形温度的影响

1) 变形温度低，金属的塑性差，钢件不但锻压困难，而且容易开裂。提高变形温度，则钢件塑性得以提高，变形抗力减小。

2) 加热温度过高，会使晶粒急剧长大，导致金属的塑性减小，可锻性下降，称为过热。

3) 如果加热温度接近熔点，会使晶界氧化甚至熔化，导致金属的塑性变形能力完全消失，称为过烧。坯料如果过烧将会报废。

4) 金属的变形温度必须严格控制在规定的范围内（碳钢的锻造温度范围依据相图来确定），如图 8-11 所示。

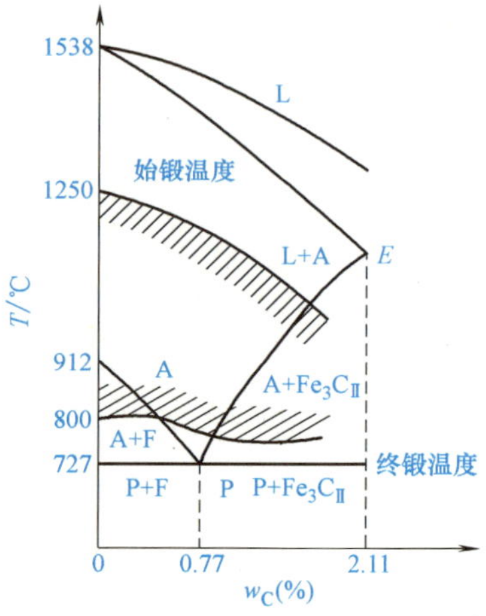

图 8-11 金属的变形温度示意图

始锻温度：碳钢比 *AE* 线低 200℃左右；终锻温度：800℃左右。温度过低将导致钢件难以锻造，若强行锻造，则会使锻件破裂报废。

(2) 变形速度的影响　变形速度指单位时间内金属的相对变形量。变形速度慢，金属的塑性高、变形抗力小；变形速度加快，金属的塑性下降，可锻性变差。常用的锻压设备不可能超过临界变形速度。

(3) 应力状态的影响　三向应力中，压应力数目越多，则塑性越好。

四、自由锻造

自由锻造是利用锻压设备的冲击力或静压力，使加热到一定温度的金属坯料在上、下砧铁之间产生变形，从而获得所需锻件的一种锻造方法。采用自由锻造方法生产的锻件，称为自由锻件。自由锻造一般分为手工自由锻和机器自由锻两种，其中手工自由锻一般用于生产小型锻件。由于自由锻造生产率较低，锻件精度低，劳动强度大，故多用于单件或小批量生产形状较简单、精度要求不高的锻件。

1. 自由锻造设备

自由锻造常用的设备有空气锤及水压机。

(1) 空气锤　空气锤的结构和工作原理如图 8-12 和图 8-13 所示。空气锤由电动机驱动，通过减速机构带动曲柄做旋转运动，通过连杆使压缩活塞在压缩缸内做上下往复运动进行空气压缩。当活塞带动锤杆上的上砧铁下落时，放置在下砧铁上的坯料就会受到锤击。

锻造时，操纵空气锤的方法是通过控制阀手柄或脚踏杠杆控制旋阀的旋转角度，使锤头完成空行程、悬空、压紧锻件、单次打击、连续打击等不同动作，并能使锤头产生不同的锤击力。

空气锤的规格以锤头落下重量来表示，常用空气锤的规格为 40～750kg，适用于中小型锻件的生产。

(2) 水压机　水压机工作时是以静压力作用在锻件上，使锻件发生变形。它由固定系统和活动系统两部分组成。固定系统部分是由工作缸、上横梁、立柱、下横梁、回程缸构成。下砧铁装在下横梁上。活动系统部分由工作柱塞、活动横梁、回程柱塞、回程横梁和拉杆构成。上砧铁装在活动横梁的下面。

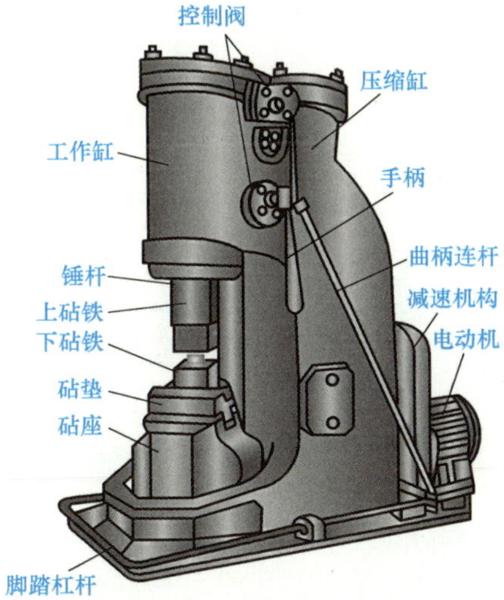

图 8-12 空气锤的结构

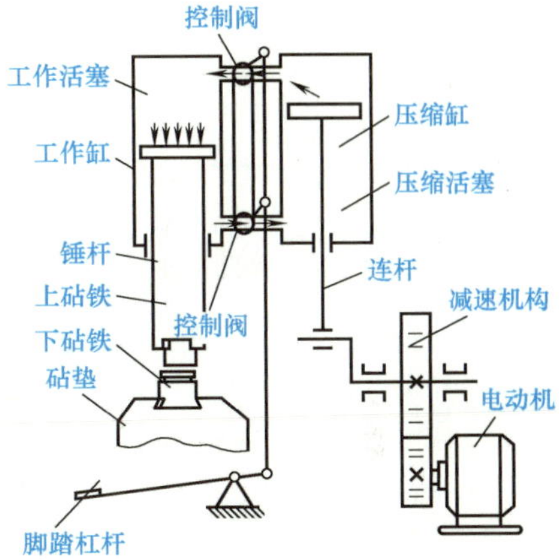

图 8-13 空气锤工作原理

当高压水沿管道进入工作缸时，工作柱塞就带动活动横梁沿立柱下落，上砧铁对锻件进行锻压；当高压水从管道进入回程缸下部时，就推动回程柱塞向上运动，回程柱塞通过回程横梁和拉杆带着活动横梁及装在其上的上砧铁离开锻件上升。与此同时，工作缸内的水由管道排向低压水源。

水压机（图 8-14）工作时，活动横梁的悬空、空程向下、工作行程及回程的操作是通过操纵机构——分配器来实现的。分配器是装有很多阀体的箱体，阀的开启和关闭由操纵手柄控制。

水压机的吨位是由上砧铁的最大工作总压力来表示的，常用水压机的吨位为 500～12000t，可适用于大型锻件的生产。

图 8-14 工作中的水压机

2. 自由锻造基本工序

自由锻造的基本工序用于使坯料实现主要的变形要求，基本使工件达到需要的形状和尺寸。它的基本工序包括镦粗、拔长、冲孔、弯曲、错移等。

（1）镦粗 镦粗是降低毛坯高度，增大横截面积的锻造工序。此工序常用于锻造齿轮、叶轮、圆盘类零件。

镦粗的种类有完全镦粗、局部镦粗（对坯料的某一部分进行的镦粗）和垫环镦粗等，如图 8-15 所示。

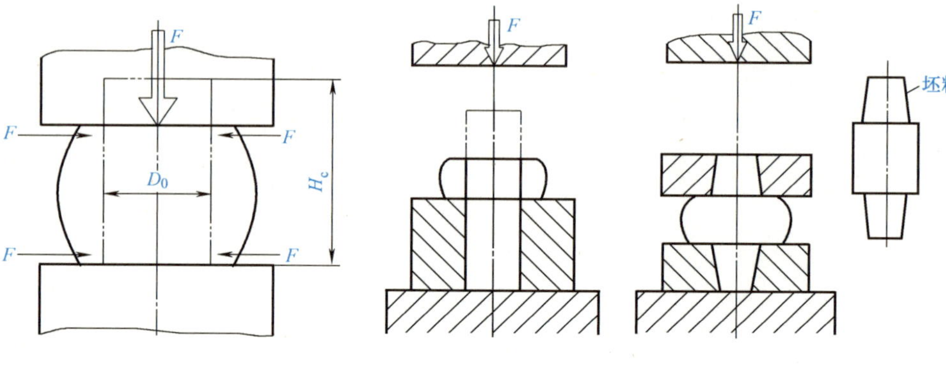

a) 完全镦粗　　b) 局部镦粗

图 8-15　镦粗

（2）拔长　拔长是缩小坯料横截面积，增加坯料长度的锻造工序。此工序常用于锻造长而截面小的锻件，主要适用于轴类、拉杆类、曲轴类等较长的工件。拔长时可采用将锻件反复左右转动 90°的方法对锻件进行锻打，如图 8-16a 所示。也可以采用先顺着锻件轴线锻完一面，翻转 90°后再依次锻另一面的方法，如图 8-16b 所示。对于套筒、圆环类零件，可在芯轴上拔长或扩孔。图 8-17c 所示为拔长工序的一种变形形式。在芯轴上拔长，可使锻件外径减小，长度得以增加；在芯轴上扩孔，则可使锻件外径得以增大，壁厚随之减薄。

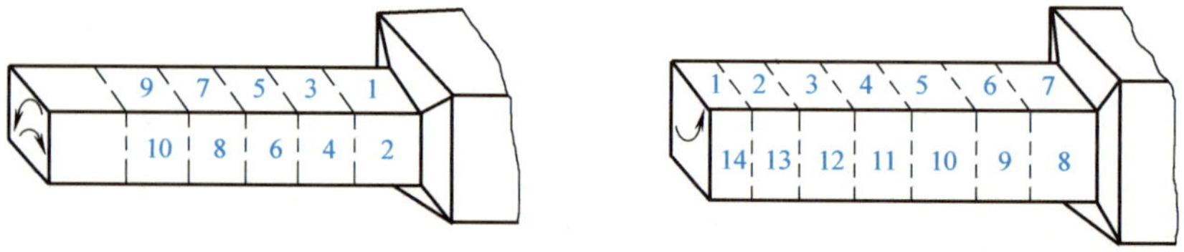

a)　　b)

图 8-16　拔长（一）

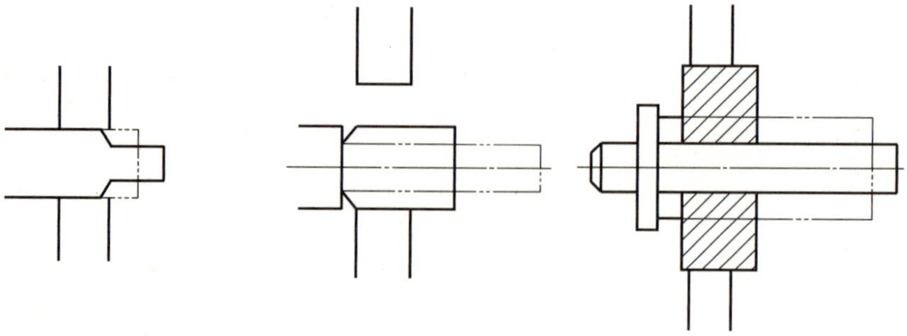

a) 拔长　　b) 局部拔长　　c) 芯轴拔长

图 8-17　拔长（二）

（3）冲孔　冲孔是在坯料上冲出通孔或盲孔的锻造工序。此工序常用于齿轮、套筒、圆环类等空心锻件。方法有双面冲孔法，如图 8-18a 所示；单面冲孔法，如图 8-18b 所示。厚度小的坯料可以采用单面冲孔法。

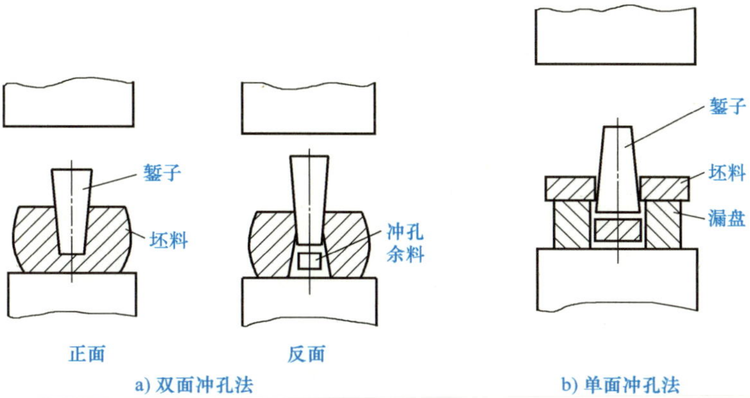

图 8-18 冲孔

(4) 弯曲　弯曲是将锻件弯曲成一定角度或形状的锻造工序。此工序常用于锻造角尺、弯板、吊钩等轴线弯曲的零件，如图 8-19 所示。

注意：弯曲时出现的拉缩现象，通常通过预锻出补缩金属来防止其发生。

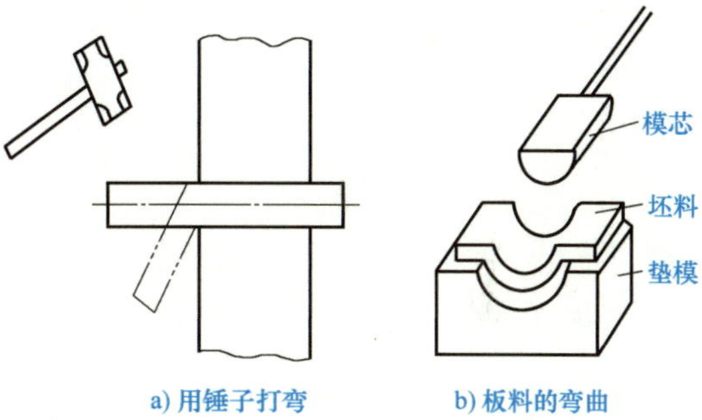

图 8-19 弯曲

(5) 错移　错移是指将坯料的一部分相对于另一部分平行错开一段距离，但仍保持轴线平行的锻造工序，如图 8-20 所示。此工序常用于锻造曲轴类零件。错移时先将坯料进行局部切割，然后在切口两侧分别施加大小相等、方向相反且垂直于轴线的冲击力或压力，使坯料实现错移。

(6) 扭转　扭转是指将毛坯的一部分相对于另一部分绕其轴线旋转一定角度的工序，如图 8-21 所示。

(7) 切割　切割是指将毛坯的一部分或几部分切掉，以获得所需形状锻件的工序，如图 8-22 所示。

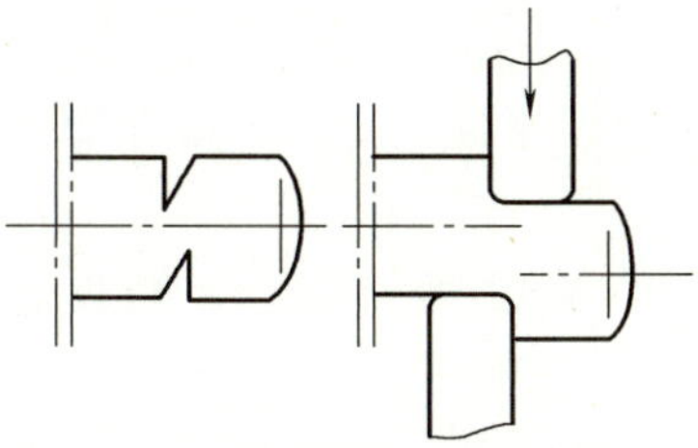

图 8-20 错移

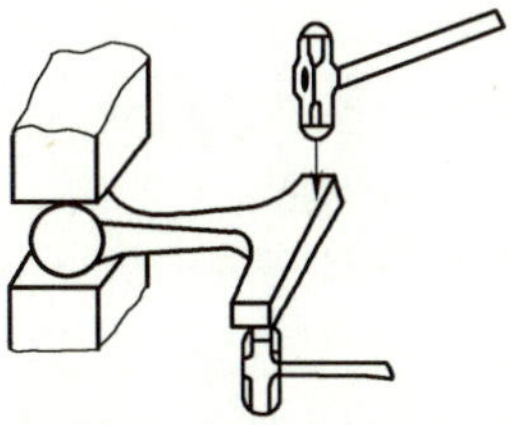

图 8-21 扭转

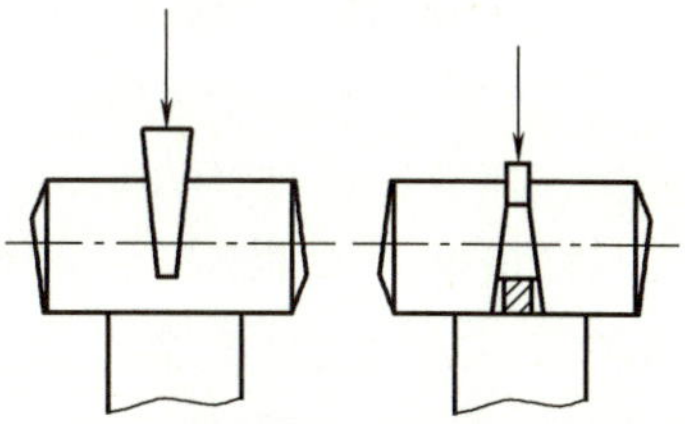

图 8-22 切割

3. 自由锻造常见缺陷及其产生原因

一般锻件在锻造前，先根据零件图加放余量后绘制锻件图，然后确定锻件所用坯料的重量和规格，再制定锻造工艺。在自由锻造过程中，常见的锻件缺陷有裂纹、末端凹陷、轴心裂纹、夹层等。

1) 裂纹是由于坯料质量不好、加热不充分、锻造温度过低、锻件冷却不当或锻造方法有误而产生的。在锻造过程中若发现细小的裂纹，可当即凿掉，或用气割、砂轮去除；当发现裂纹处于深部而无法焊补时，该锻件只能报废。

2）末端凹陷和轴心裂纹是由于坯料内部未热透或坯料整个截面未锻透，变形只产生在表面而造成的缺陷。例如，圆形坯料延伸时，如不先锻成方形而直接从圆形延伸，就会造成这样的缺陷。

3）夹层是在拔长时，由于送进量小于压下量而产生的缺陷，如图 8-23 所示。

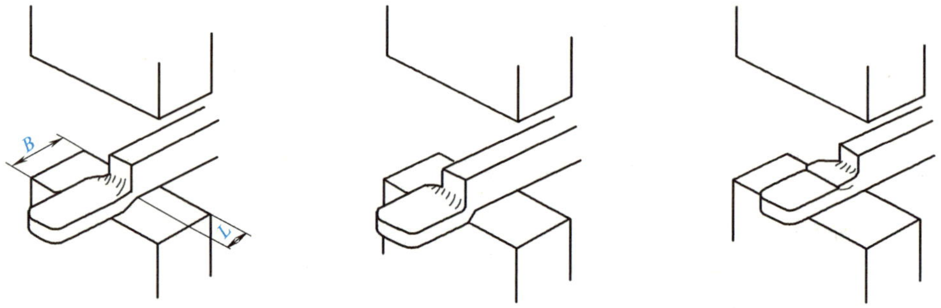

a) 送进量合适　　b) 送进量太大，拔长效率低　　c) 送进量太小，产生夹层

图 8-23　自由锻造常见缺陷

交流讨论

“趁热打铁”这个词包含了什么科学道理？

五、模锻

模型锻造简称模锻，它是把金属坯料放在锻模槽内，并施加压力使其变形的一种锻造方法。用模锻方法生产的锻件称为模锻件。模锻具有生产率高、尺寸精度高、加工余量小等特点，可加工比自由锻件更复杂的零件。模锻时需要使用专用的模具，因此生产成本比较高。主要用于大批量生产形状比较复杂、精度要求较高的中小型锻件。模锻按所用设备不同，可分为模锻锤上模锻、曲柄压力机上模锻、摩擦压力机上模锻等。

1. 在模锻锤上模锻

在专用的模锻空气锤或模锻蒸汽锤的锻锤和模垫上分别固定上、下模，上、下模经锤击合拢，而获得锻件的方法，称为模锻锤上模锻。

模锻锤上模锻具有一般模锻的优点，但其冲击大、振动大、噪声大、效率低，一般仅适用于中小吨位的模锻锤，如图 8-24 所示。

（1）锻模　锻模工作示意图，如图 8-25 所示。锻模由上、下模组成。上模和下模分别安装在锤头下端和模座上的燕尾槽内，用楔铁紧固。上、下模合在一起，其中部形成完整的模膛。根据模膛功用的不同，又可分为制坯模膛和模锻模膛两大类。

1）制坯模膛。制坯模膛的主要作用是按照锻件形状合理分配坯料体积，使坯料形状基本接近锻件形状。制坯模膛分为拔长模膛、滚压模膛、弯曲模膛、切断模膛、镦粗台及压扁面等。

① 拔长模膛：减小坯料某部分的横截面积以增加该部分的长度，如图 8-26a 所示。

② 滚压模膛：减小坯料某部分的横截面积以增加另一部分的横截面积，如图 8-26b 所示。

图 8-24 蒸汽-空气模锻锤

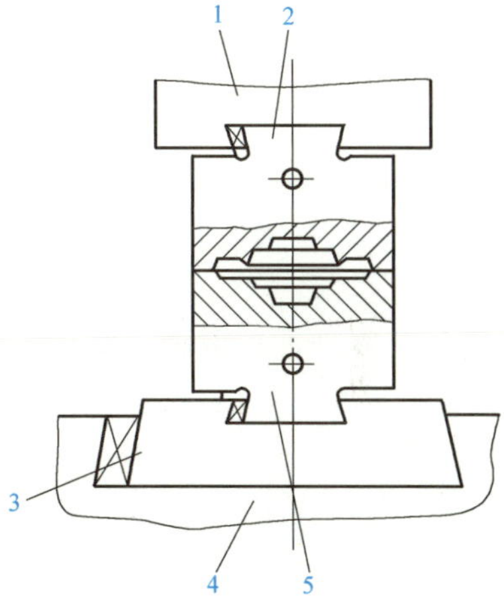

图 8-25 锻模

1—锤头 2—上锻模 3—模垫 4—模座 5—下锻模

③ 弯曲模膛：将坯料轴线由直线变成曲线形状，如图 8-26c 所示。

④ 切断模膛：切断坯料，如图 8-26d 所示。

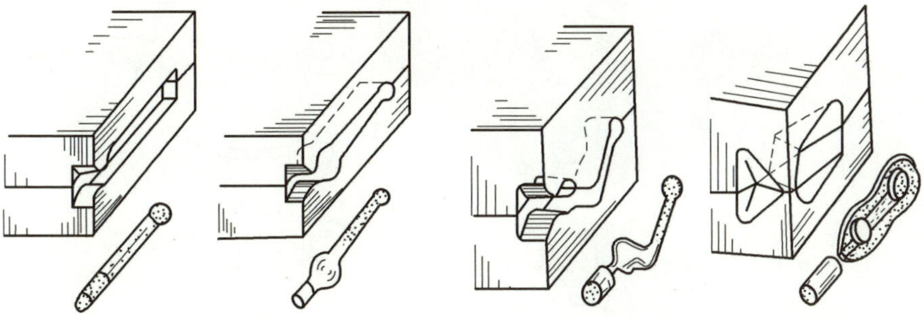

图 8-26 制坯模膛

2）模锻模膛（图 8-27）。模锻模膛分为预锻模膛和终锻模膛两种。

① 预锻模膛。预锻模膛的作用是使坯料变形到接近于锻件的形状和尺寸，以便在终锻成形时金属充型更加容易，同时减少终锻模膛的磨损，延长锻模的使用寿命。

② 终锻模膛。可使坯料变形到热锻件所要求的形状和尺寸，待冷却收缩后即可达到冷锻件的形状和尺寸。

终锻模膛的分型面上有一圈飞边槽，用以增加金属从模膛中流出的阻力，促使金属充满模膛，同时容纳多余的金属。模锻件的飞边须在模锻后切除。

预锻模膛和终锻模膛的区别是前者的圆角和斜度较大，没有飞边槽。

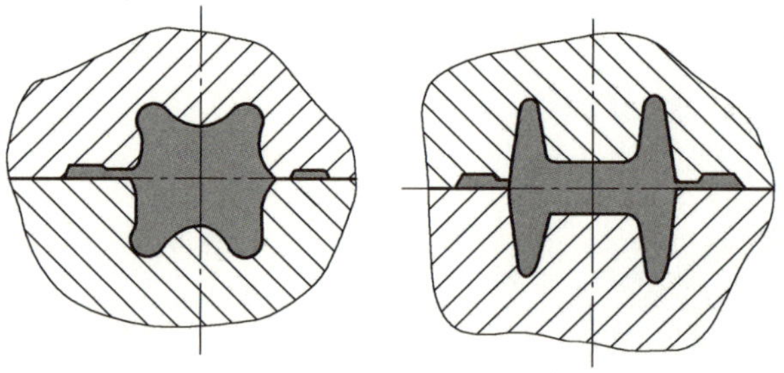

图 8-27　模锻模镗

（2）典型锻件的模锻锤上模锻过程　图 8-28 所示为弯曲连杆在模锻锤上模锻时的成形过程。

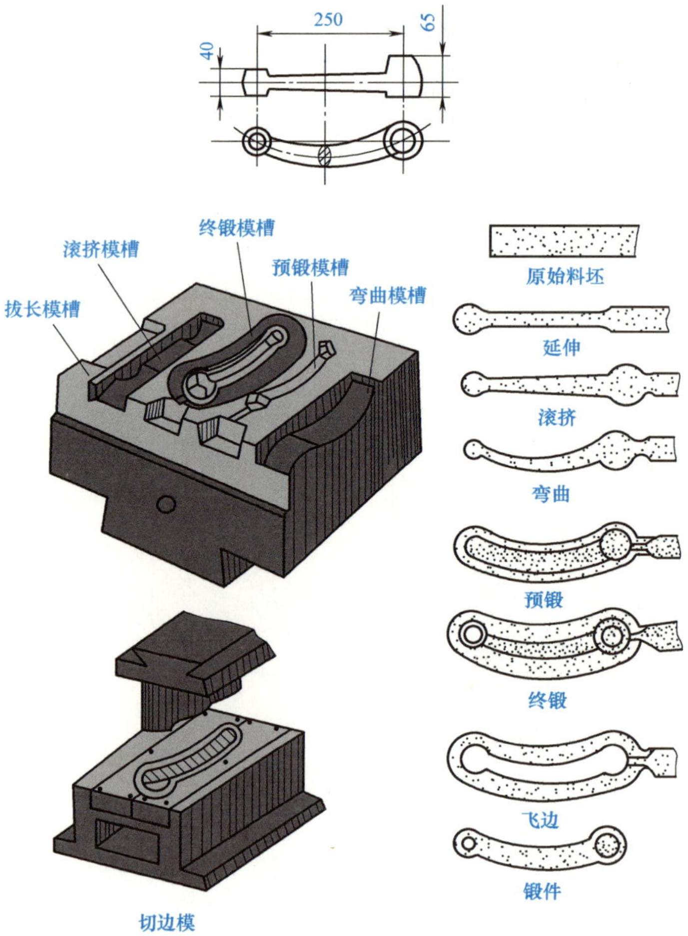

图 8-28　弯曲连杆在模锻锤上模锻时的成形过程

2. 压力机上模锻

在压力机的滑块和底座上分别固定上、下模，上、下模经下压合拢而获得锻件的方法，称为压力机上模锻，如图 8-29、图 8-30 所示。

压力机上模锻冲击小、噪声小、操作安全，但生产率低，一般适用于中小批量生产。

图 8-29 曲柄压力机

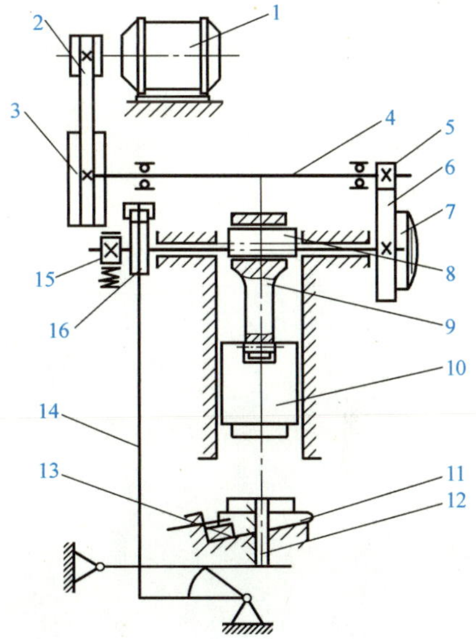

图 8-30 曲柄压力机传动示意

1—电动机 2—小带轮 3—大带轮 4—传动轴 5—小齿轮 6—大齿轮 7—离合器 8—曲柄 9—连杆 10—滑块 11—楔形工作台 12—下顶杆 13—楔铁 14—顶料连杆 15—制动器 16—凸轮

3. 摩擦压力机上模锻

摩擦压力机是将飞轮旋转所积蓄的能量转化成金属的变形能进行锻造的设备。摩擦压力机的吨位用滑块到达最下位置时所产生的压力来表示。摩擦压力机在模锻生产中主要适用于结构简单的小型锻件的批量生产，如图 8-31、图 8-32 所示。

图 8-31 摩擦压力机

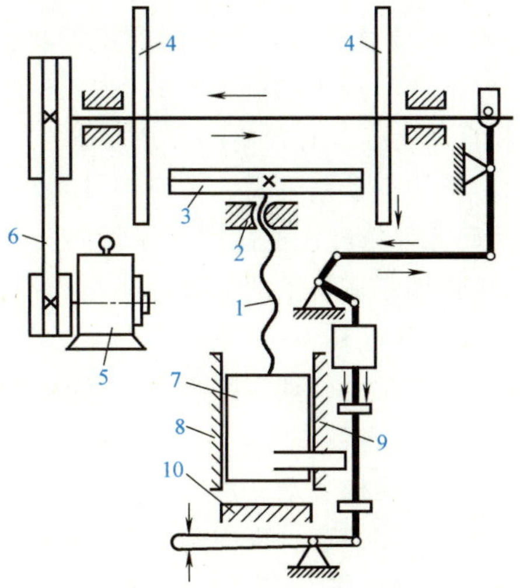

图 8-32 摩擦压力机传动示意

1—螺杆 2—螺母 3—飞轮 4—摩擦盘 5—电动机 6—传动带 7—滑块 8、9—导轨 10—机座

知识拓展

冷加工与热加工的界限是：以再结晶温度划分的。在再结晶温度以上进行的塑性变形加工属于热加工；在再结晶温度以下进行的塑性变形加工称为冷加工。显然，冷加工与热加工并不是以具体的加工温度高低来区分的。

1. 热模锻压力机上模锻

热模锻压力机按其结构可分为连杆式、双滑块式、楔式等类型，如图 8-33 所示。

a) 外观构造

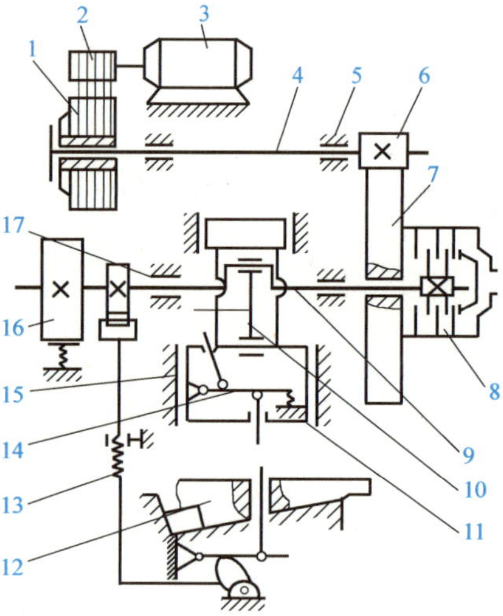

b) 传动系统

图 8-33 热模锻压力机

1—大带轮 2—小带轮 3—电动机 4—传动轴 5、17—轴承 6—小齿轮 7—大齿轮 8—离合器 9—偏心轴 10—连杆 11—滑块 12—楔形工作台 13—下顶件装置 14—上顶件装置 15—导轨 16—制动器

（1）主要优点　与模锻锤上模锻相比，热模锻压力机上模锻有一系列优点：

1）锻造时滑块的行程不变，每个变形工步在滑块的一次行程中即可完成，便于实现机械化和自动化，具有很高的生产率。

2）滑块运动精度高，并有锻件顶出装置，使锻件的模锻斜度、加工余量和锻造公差减小，因此锻件精度比模锻锤上模锻高。

3）作用于坯料上的锻造力是压力而不是冲击力，坯料的变形速度比较低，这对于低塑性材料的锻造有利。

4）工作时的振动和噪声小，劳动条件得到改善。

（2）主要缺点

1）设备结构复杂，价格高，模具结构也比一般模锻锤上模锻复杂。

2）由于在锻造过程中不能调节滑块行程，因而不能进行拔长、滚挤等需要多次打击才能完成的工步操作。

3）热模锻压力机上模锻适用于大批量生产的条件，最适用锻造短轴类锻件；锻造长轴类锻件时，需采用周期性轧材作为坯料或以辊锻设备制坯，代替拔长、滚挤等操作。

2. 在平锻机上模锻

平锻机的工作原理和曲柄压力机相同，只是滑块是在水平方向运动。平锻机由三部分组成：固定模、活动模和冲头。

固定模和活动模组成凹模，金属在这里被冲头冲压变形。

平锻机的吨位是以凸模的最大压力来表示。平锻机是模锻设备中结构较复杂的一种，其价格贵、投资大，仅适用大批量生产，如图 8-34、图 8-35 所示。

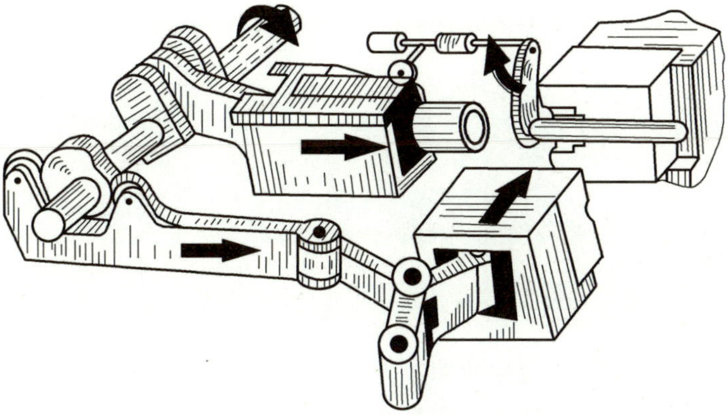

图 8-34　平锻机的工作示意

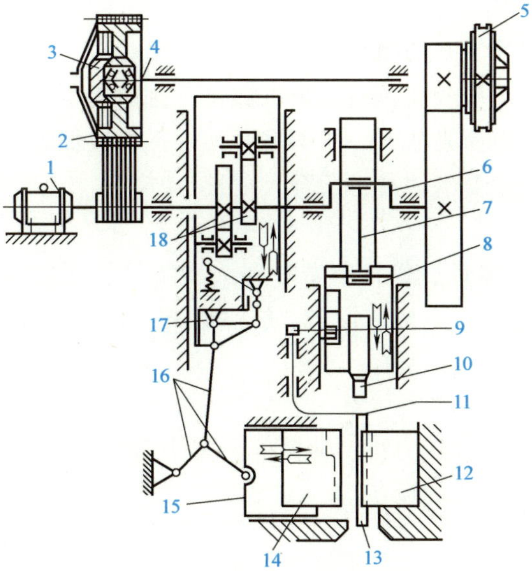

图 8-35　平锻机传动系统

1—电动机　2—飞轮　3—离合器　4—传动轴　5—制动器　6—曲轴　7—连杆　8—主滑块　9—滚轮　10—凸模　11—挡块　12—固定凹模　13—坯料　14—活动凹模　15—冷滑块　16—杠杆系统　17—侧滑块　18—凸轮

课后练习

一、选择题

1. 生产薄钢板的方法是_____。

A. 轧制　　B. 挤压　　C. 冲压　　D. 拉拔

2. 大批量生产的精度较高的小型锻件常采用____。

A. 自由锻造　　B. 胎膜锻　　C. 模锻

二、判断题

1. 自由锻造基本工序包括镦粗、拔长和冲孔等。(　　)

2. 常用的锻造方法有自由锻造、模锻和胎膜锻。(　　)

三、简答题

什么是锻压？锻压包括哪些工艺方法？是不是任何材料都适合锻造生产？

任务二　认识冲压

一、板料冲压的特点及应用

使板料经分离或成形而得到制件的加工方法，称为板料冲压，简称冲压。冲压通常是在常温下进行的。要求被加工的原材料必须具有足够的塑性，如低碳钢、塑性较好的合金钢以及铜、铝合金等。冲压通常所加工的金属多为薄板（其厚度一般不超过 10mm）。

1. 特点

1）冲压能制出形状较为复杂的制件。

2）冲压操作简便，生产率较高，易实现机械化、自动化生产。

3）冲压件尺寸精确，表面光洁，一般不需要再进行机械加工即可直接使用。

4）冲压制造复杂，质量要求较高，适合大批量生产。

2. 应用

冲压可以制造小尺寸的零件，也可制造一些大型零件，还能制造精美及形状复杂的零件，在汽车、机械、家用电器、电机、仪表、航空航天、兵器制造中都有广泛的应用。

二、板料冲压设备

板料冲压设备主要有剪床、压力机、冲模等。其中剪床是把板料剪成一定宽度的条料，以便下一步在压力机上进行冲压的设备。

1. 剪床

剪床可以实现板料的分离工序，将板料切断，常用于下料，如图 8-36 所示。剪床依靠偏心轴的转动驱动刀刃实现剪切操作。

2. 压力机

压力机是重要的锻压加工设备，主要用于提供加工所需要的动力。常用的压力机有水压机、螺旋压力机、曲柄压力机等。曲柄压力机的外形如图 8-37 所示。

3. 冲模

冲模是用来成形冲压件的模具，通常由模具钢制成。常见冲模的组成如图 8-38 所示。

图 8-36 剪床

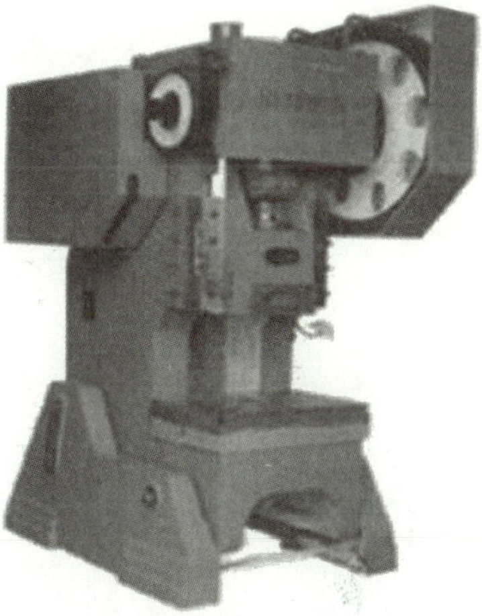

图 8-37 曲柄压力机的外形

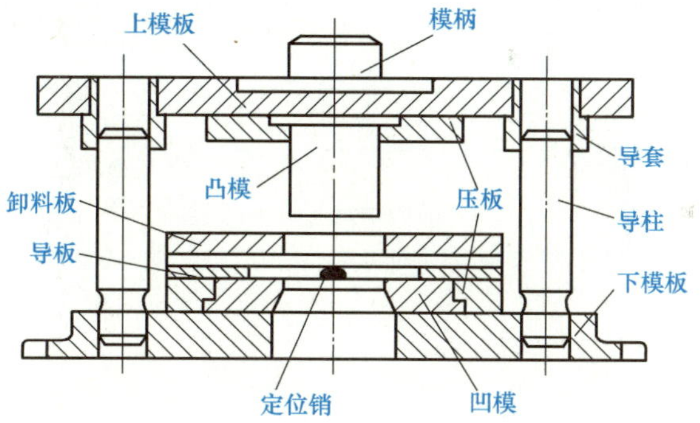

图 8-38 冲模的组成

三、板料冲压的基本工序

板料冲压的基本工序可以分为分离工序和变形工序两大类。

1. 分离工序

分离工序又称为冲裁，是使金属坯料的一部分和另一部分分开的工序，如落料和冲孔等。

（1）落料和冲孔　落料和冲孔统称为冲裁，二者的基本加工原理相同，但是它们的作用不同。落料时，从金属坯料上冲下的部分是成品，剩余金属坯料则成为余料或废料；冲孔是用冲模在工件或坯料上冲出所需要的孔，冲孔后的金属坯料或工件是成品，而冲下的部分是废料，如图 8-39a 所示。

金属坯料冲裁过程如图 8-39b 所示。当凸模压下时，金属坯料要经过弹性变形、塑性变形和分离三个阶段的变化。当凸模（冲头）接触金属坯料并向下运动时，首先使金属坯料产生弹性变形，当金属坯料内的拉应力达到板料的屈服强度时，产生塑性变形；当变形达到一定程度时，位于凸、凹模刃口处的金属坯料由于应力集中使拉应力超过金属坯料的抗拉强度，从而产生微裂纹，当上下裂纹汇合时，金属坯料即被冲断。

（2）修整　修整是利用修整模沿冲裁件外缘或内孔刮削一薄层金属，以切掉冲裁件断

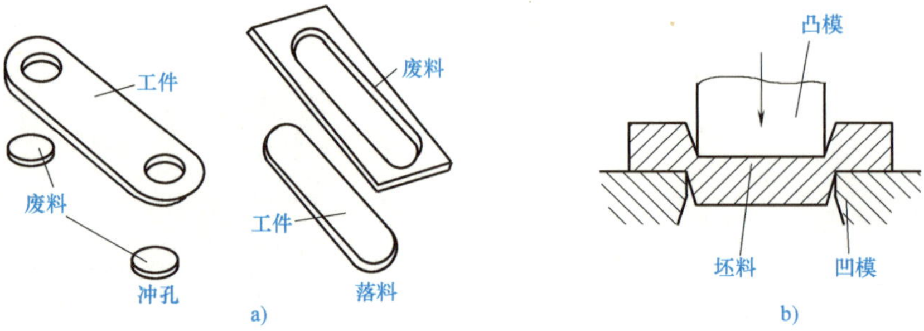

图 8-39　落料和冲孔

面上存留的剪裂带和毛刺，从而提高冲裁件的尺寸精度，降低表面粗糙度值，如图 8-40a 所示。

（3）剪切　剪切是以两个相互平行或交叉的刀片对金属材料进行切断的过程，一般在剪床上进行，如图 8-40b 所示。

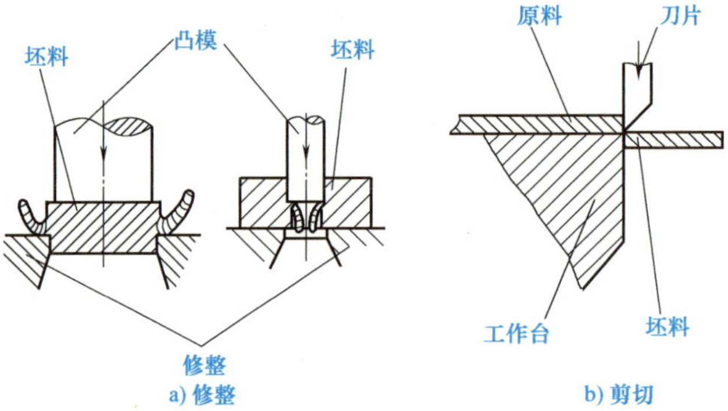

图 8-40　修整和剪切

2. 变形工序

变形工序是使金属坯料的一部分相对于另一部分产生位移而不破裂的工序，如弯曲、拉深、翻边、胀形、缩口和扩口等。

（1）拉深　拉深是指变形区在一拉一压应力的作用下，使板料成为空心件而深度基本不变的加工方法，如图 8-41 所示。

拉深过程中，由于坯料边缘在切向受到压缩，在压应力的作用下很可能产生波浪状变形。坯料厚度越薄，拉深深度越高，越容易产生褶皱。为防止褶皱的产生，必须用压板或压边圈将坯料压住。压力的大小以工件不起褶皱为宜，压力过大会导致工件被拉穿。对于变形深度较高的拉深件，不能一次拉深到位，需要分步多次拉深。拉深常见缺陷（起皱和拉裂），如图 8-42 所示。

1）拉裂。拉裂的原因是毛坯被强制拉入凹模时，拉应力超过了材料本身的强度极限。

2）起皱。起皱的原因是毛坯边缘受压应力过大。拉深件主要受拉应力，应力超过强度极限时将出现拉裂，最危险处是直壁和圆角的过渡处。实践证明，能否拉深成形很大程度上取决于坯料与工件的相对尺寸。相对尺寸越大，则变形程度越大，越容易出现质量问题。因此，生产中采用了一个重要的工艺参数以防止拉裂或起皱，那就是拉深系数。

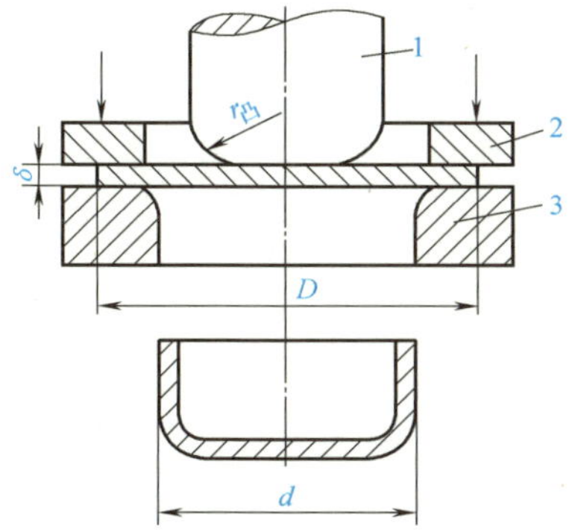

图 8-41 拉深

1—冲头 2—压板 3—凹模

a) 起皱 b) 拉裂

图 8-42 拉深常见缺陷

(2) 弯曲 弯曲是将坯料弯成一定的角度和曲率的变形工序。弯曲时，坯料产生的变形由塑性变形和弹性变形两部分组成，如图 8-43a 所示。

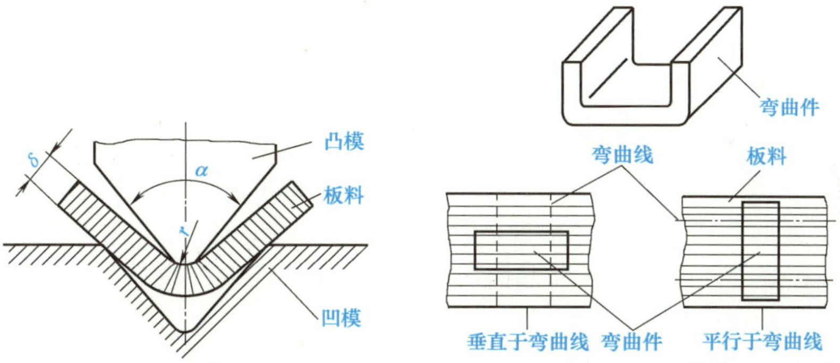

a) 弯曲示意图 b) 弯曲时流线的分布

图 8-43 弯曲

弯曲的质量问题及其防止办法：

1) 弯裂。板料外侧因拉应力过大而产生裂纹，称为弯裂。其防止办法如下：

① 限制弯曲件的弯曲半径，使 $r>r_{min}$。r_{min} 是最小弯曲半径，对应于材料的极限变形程度，一般 $r_{min}=(0.25\sim1)\delta$（板厚）。

② 板料弯曲时要注意其流线的合理分布，应使流线方向与弯曲圆弧的方向一致，如图 8-43b 所示。这样不仅能防止弯曲时工件弯裂，也有利于提高工件的使用性能。因为板材顺纤维方向的抗拉强度高于垂直于纤维方向的抗拉强度。所以弯曲线应尽可能与纤维方向垂直。板料的弯曲线与纤维方向一致时，应选取较大的 r_{min}。

2) 回弹。外力去除后塑性变形保留下来，弹性变形消失，坯料的形状和尺寸发生与弯曲时变形方向相反的变化，从而抵消一部分弯曲变形效果，这种现象称为回弹。为抵消回弹现象对弯曲件的影响，弯曲模的角度应比成品零件的角度小一个回弹角（$\alpha_0>\alpha$），如图 8-44 所示。

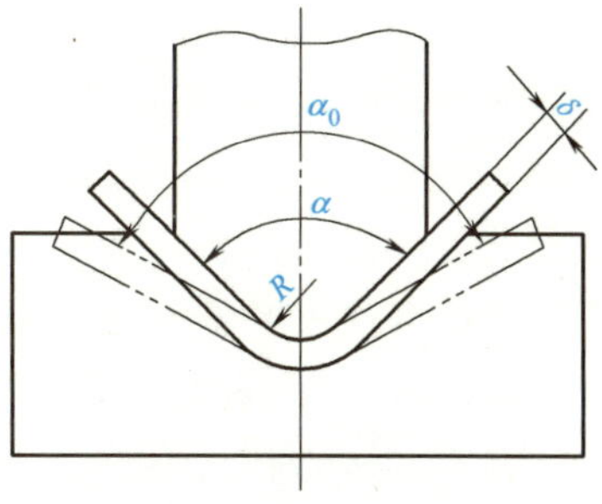

图 8-44 弯曲件的回弹现象

(3) 翻边　将制件的孔边缘或外边缘翻转成竖立或一定角度的直边的工序称为翻边，如图 8-45 所示。翻边最容易出现的质量问题是孔边缘受拉伸破裂。

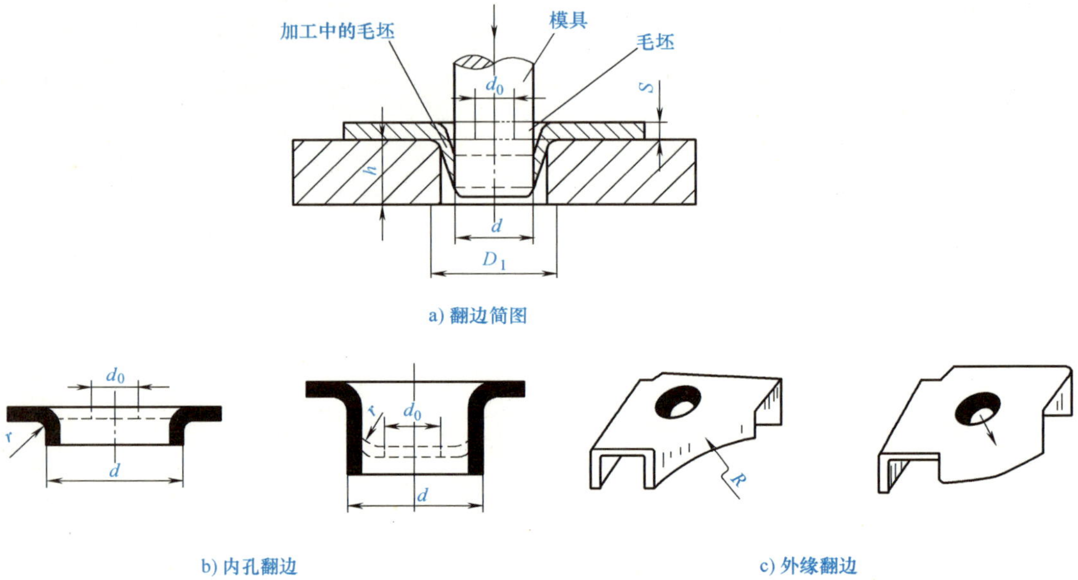

图 8-45　翻边

(4) 胀形　胀形是利用局部变形使坯料或半成品改变形状的工序。通过模具使空心件或管状坯料向外扩张，胀出所需的凸起曲面，如图 8-46 所示。

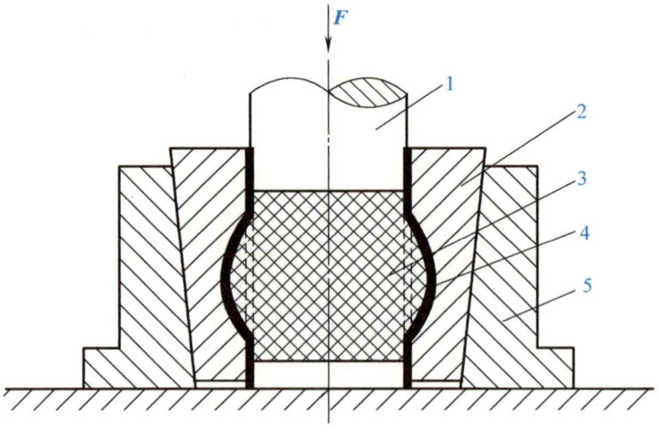

图 8-46　胀形

1—凸模　2—凹模　3—橡胶　4—坯料　5—外套

想一想

观察图 8-47 所示的板料冲压零件，思考以下问题。

1. 板料冲压有什么特点？
2. 与锻造相比，板料冲压零件对材料塑性的要求更高还是更低？

图 8-47 板料冲压零件

课后练习

一、判断题

1. 使板料经分离或成形而得到制件的工艺统称为冲压。(　　)
2. 金属在室温下产生塑性变形，称为冷变形。(　　)
3. 锻造只能改变金属坯料的形状而不能改变其力学性能。(　　)
4. 生产薄钢板的方法是冲压。(　　)

二、简答题

1. 落料和冲孔有何区别?
2. 板料冲压都属于冷加工吗?

项目九

认识焊接

知识目标

1. 熟悉焊接的特点、分类及其应用
2. 掌握手工焊条电弧焊成形原理及焊条电弧焊接工艺
3. 了解焊接电流、电焊机及其构造、电焊条和焊条电弧焊工艺
4. 了解焊接接头和坡口的基本形式
5. 了解电阻焊、摩擦焊、钎焊、电渣焊等
6. 了解铸铁焊接的步骤和注意事项
7. 了解气焊及其他焊接方法的原理、特点及应用
8. 了解气割的原理、特点及应用

能力目标

1. 能够辨别焊条型号，了解其作用及选用原则
2. 能够完成气割设备的维护保养
3. 能够分析焊接缺陷产生的原因和提出预防的方法
4. 能够利用电弧焊机进行简单焊件的焊接操作
5. 在焊接操作过程中，能做好安全防护，提高安全意识
6. 能够规范操作气割设备完成实践生产任务

素质目标

1. 了解焊接技术发展，开阔学生的视野
2. 培养学生职业道德观及团结协作的精神
3. 培养学生分析问题和解决问题的能力

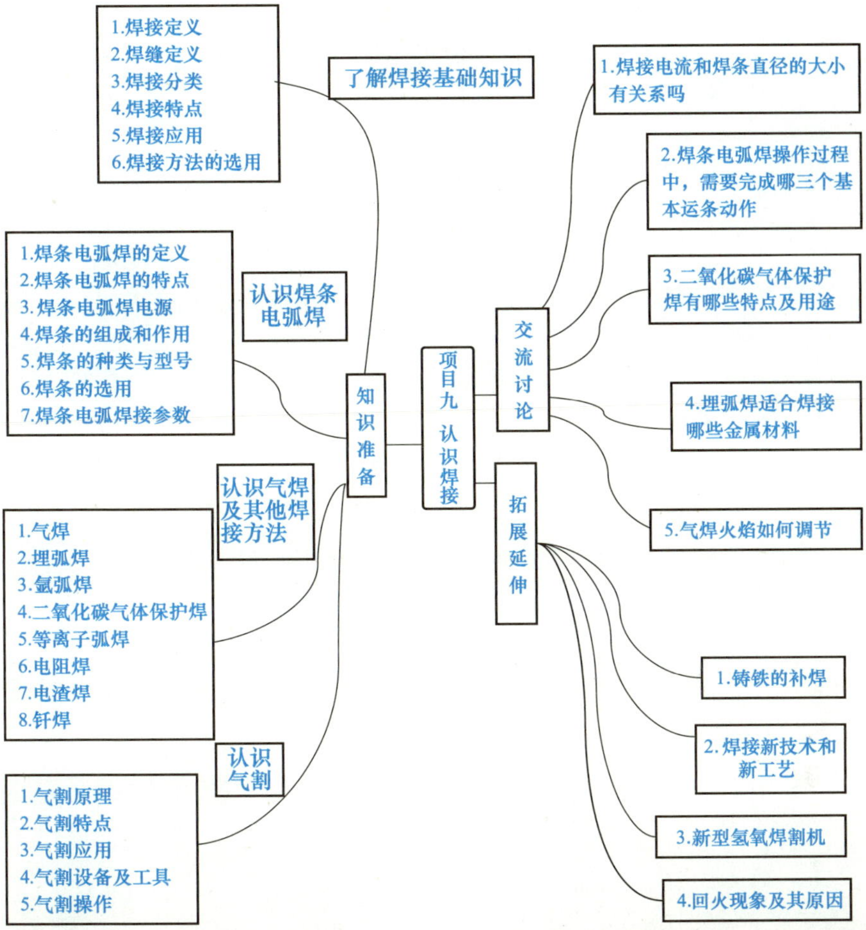

焊接在现代工业生产中具有十分重要的作用，在制造大型结构或复杂的机器部件时更显优越，因为它可以用化大为小、化复杂为简单的方法准备坯料，然后用逐次装配焊接的方法拼小成大，这是其他工艺方法难以做到的。

焊接是一种重要的金属成形加工工艺，广泛应用于车辆、桥梁、容器、船舰、锅炉、起重机械、金属桁架等构件制造中，并且随着科学技术的不断发展和计算机技术在焊接工艺的应用，焊接质量及生产率不断提高，焊接在国民经济建设中的应用也更加广泛。

任务一　了解焊接基础知识

焊接是指使两个分离的金属物体（同种金属或异种金属）产生原子（分子）间结合而连接成一体的工艺方法，如图 9-1 所示。随着近代科学技术的发展，焊接已发展成为一门独立的科学，广泛地应用于国民经济的各个领域，并渗透到家庭生活日用品中。据统计，我国焊接件用钢量占钢材总产量的 25%~28%，而世界发达国家的焊接件用钢量已占钢材总产量的 45%左右，可见焊接技术的应用前景是很广阔的。

a) 同种金属的焊接　　b) 异种金属的焊接

图 9-1　焊接

1. 焊接

焊接是通过加热或加压，或同时加热、加压，并且用或不用填充材料，使工件达到结合的一种工艺方法。

2. 焊缝

焊接操作结束后，在某一区域所形成的金属或非金属的聚合体称为焊缝，如图 9-2 所示。

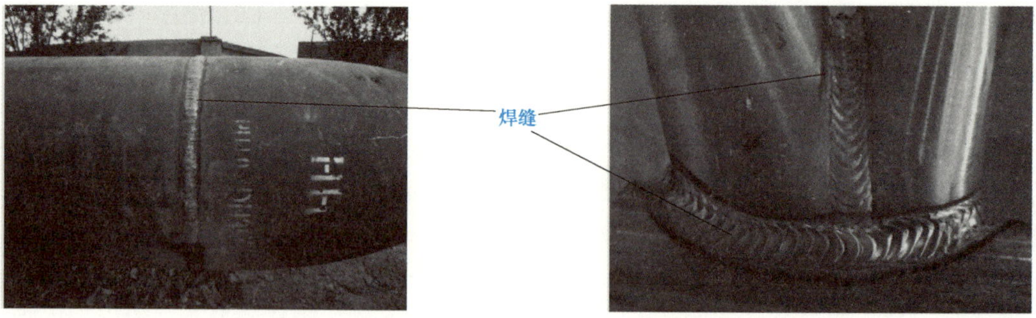

图 9-2　焊缝

3. 焊接的分类

按照焊接工艺特点分为熔焊、压力焊、钎焊三种。

(1) 熔焊　将待焊处母材金属熔化以形成焊缝的焊接方法称为熔焊。熔焊的本质是小熔池熔炼与铸造，是金属熔化与结晶的过程，如图 9-3 所示。熔焊主要包括电弧焊（焊条电弧焊、气体保护焊和埋弧焊）、电渣焊、激光焊、电子束焊、等离子弧焊。

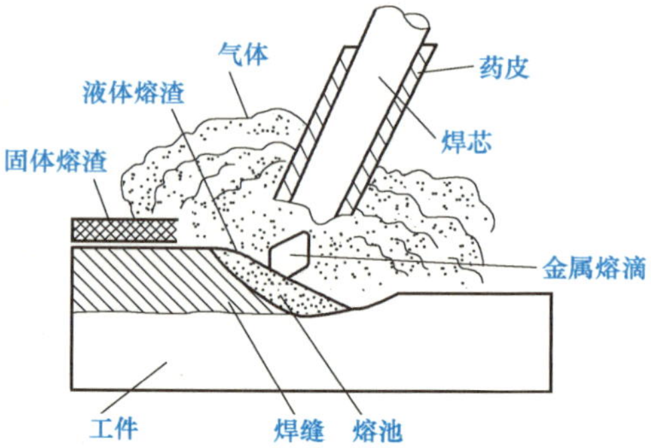

图 9-3　焊条电弧焊过程示意图

(2) 压力焊　焊接过程中必须对焊件施加压力，以完成焊接的方法称为压力焊。压力焊是通过适当的物理和化学过程，使两个分离表面上的金属原子接近到原子能够发生相互作用的距离（0.3~0.5nm），形成金属键，从而使两金属连为一体，达到焊接的目的。可见，压力焊是通过对焊区施加一定的压力而实现的，压力的大小与材料的种类、焊接温度、焊接环境和介质等有关，压力的性质可以是静压力、冲击力或爆炸力。压力焊主要分为电阻焊（图 9-4）、摩擦焊、超声波焊、爆炸焊、扩散焊和高频焊。

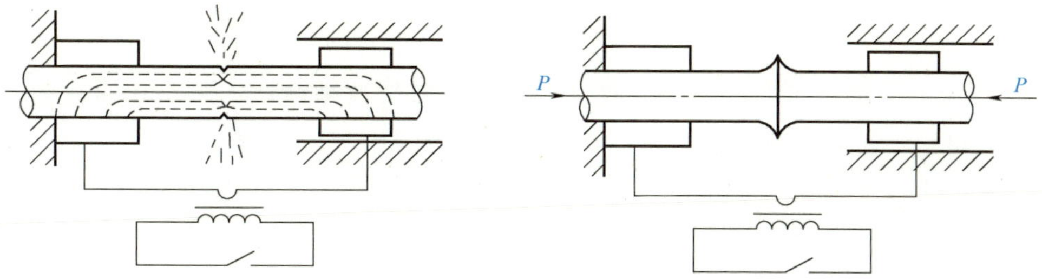

a) 通电，闪光加热　　b) 顶锻断电，继续顶锻

图 9-4　电阻焊

（3）钎焊　钎焊是硬钎焊和软钎焊的总称。采用比母材金属熔点低的金属材料做钎料，将焊件和钎料加热到高于钎料熔点、低于母材熔点温度，使液态钎料润湿母材，填充接头间隙并与母材相互扩散实现连接焊件的方法。

4. 焊接的特点

（1）优点

1）焊接能够减轻结构重量，节省金属材料。焊接与传统的铆接方法相比，一般可以节省 15%~20%的金属材料。

2）焊接能够制造双金属结构。可以对不同金属材料的零件进行对焊、摩擦焊等；还可以制造复合层容器，以满足高温设备、高压设备、化工设备等的特殊性能要求。

3）焊接能够化大为小，也能实现以小拼大。在制造形状复杂的结构件时，常常先把金属材料加工成较小的部分，然后用逐步装配焊接的方法实现以小拼大。对于大型结构，如船体等，其制造过程就是以小拼大。

4）焊接结构强度高。在多数情况下，焊接接头能达到与母材等强度，甚至高于母材强度，因此，焊接结构的产品质量比铆接的要好。目前，焊接结构件已基本上取代了铆接结构件。

5）焊接过程产生的噪声较小，工人劳动强度较低，生产率较高，易于实现机械化与自动化。

6）由于焊接是一个不均匀的加热过程，因此，焊接后会产生焊接应力与焊接变形。如果在焊接过程中采取合理的措施，则可以消除或减轻焊接应力与变形。

（2）不足

1）焊接结构具有不可拆性。

2）焊接时局部加热，焊接接头的组织和性能与母材相比发生了变化，产生了焊接残余应力和焊接变形。

3）焊接缺陷具有隐蔽性，易导致焊接结构意外破坏。

5. 焊接的应用

1）制造金属结构件、承压设备。

2）制造机器零件和工具。

3）修复机器零部件。

知识拓展

1. 熔化焊的三要素

（1）热源　能量要集中，温度要高，以保证金属快速被熔化，减小热影响区。满足要求的热源有电弧、等离子弧、电渣热、电子束和激光。

（2）熔池的保护　可用渣保护、气保护和渣-气联合保护，以防止氧化，并进行脱氧、脱硫和脱磷，给熔池过渡合金元素。

（3）填充金属　保证焊缝填满及给焊缝带入有益的合金元素，并达到力学性能和其他性能的要求，填充金属主要有焊芯和焊丝。

2. 焊接方法的选用

影响着焊接方法选择的因素有材料的焊接性、焊接结构的特点、焊件的生产批量和经济性等。选择原则是：在保证获得优质焊接接头的前提下，优先选择常用的焊接方法，若生产批量较大，还需考虑有高的生产率和低廉的成本。

（1）材料的焊接性　一般来说，低碳钢和低合金结构钢可采用各种焊接方法；高合金钢、非铁金属及其合金则宜采用能量集中、保护性良好的焊接方法，如氩弧焊、电子束焊、等离子弧焊等。异种金属焊接则宜采用电子束焊、激光焊、摩擦焊、扩散焊和钎焊等。

（2）焊件结构特点　焊缝较短且不规则时，宜采用气焊、焊条电弧焊等手工焊方法；焊缝较长且规则时，宜采用埋弧焊、气体保护焊等机械化、自动化焊接方法。薄板结构宜采用电阻点焊、缝焊、CO_2气体保护焊、氩弧焊和等离子弧焊等；厚板结构宜采用埋弧焊、电渣焊、电子束焊等。形状复杂，焊缝多而难以施焊时可采用钎焊方法。截面小而长度大的结构（如棒材、管材、型材等）要求对接，宜采用对焊或摩擦焊。

（3）焊件的生产批量　生产批量较小时，宜采用气焊、焊条电弧焊（以减少投资）；生产批量较大时，宜采用电阻焊、摩擦焊、埋弧焊和气体保护焊等高效焊接方法。

（4）经济性　应优先选用普通的焊接方法，如气焊、电弧焊、电阻焊等，以减少设备投资和生产成本，同时也应注意生产率和焊接质量。

课后练习

简答题

1. 什么是焊接？
2. 焊接有哪些特点？
3. 焊接怎样分类？
4. 熔化焊的三要素是什么？

任务二 认识焊条电弧焊

一、焊条电弧焊的原理和特点

1. 焊接电弧

焊接电弧是指在电极与焊件之间的气体介质中产生强烈而持久的放电现象。电弧包括弧柱区、阴极区和阳极区三部分。电弧区域的热量分布为阳极区 43%、弧柱区 21%、阴极区 36%。温度分布为阴极区 2100℃、弧柱区 5700~7700℃、阳极区 2300℃，如图 9-5 所示。

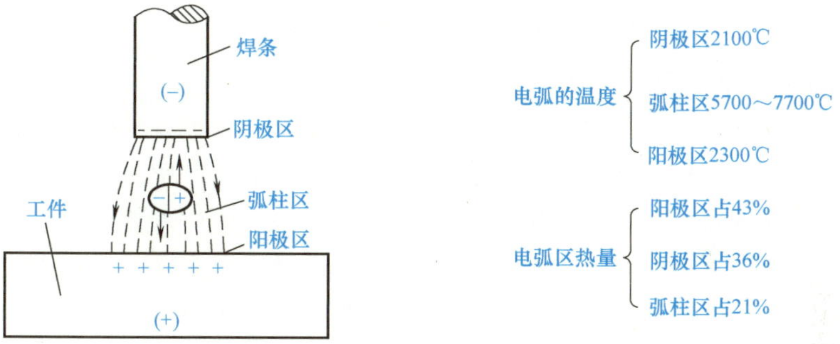

图 9-5 焊接电弧

电弧焊是指用电弧燃烧提供热源的焊接方法。

2. 焊条电弧焊的原理

焊条电弧焊是利用焊条与工件之间的电弧热，将焊条和部分工件熔化而形成焊缝的焊接方法，如图 9-6 所示。

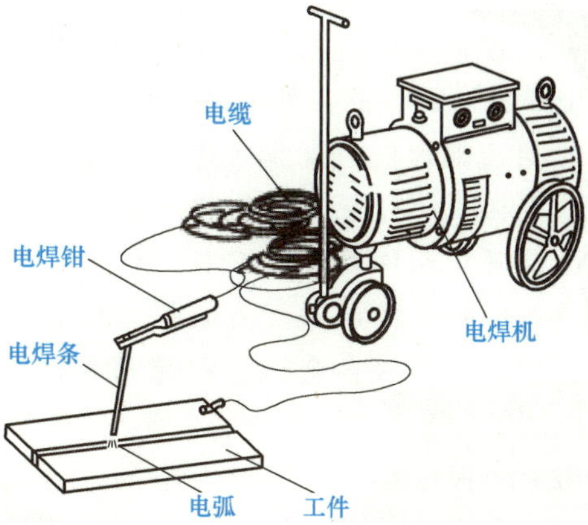

图 9-6 焊条电弧焊

焊接过程如下：

1）电弧在焊条与被焊件之间燃烧产生电弧热，使工件和焊条同时熔化成熔池。

2）电弧使焊条的药皮熔化或燃烧，产生熔渣和气体，对熔化金属和熔池起保护作用。

3）当电弧向前移动时，后面的熔池冷却凝固而新的熔池又不断产生，从而形成连续的焊缝，如图 9-7 所示。

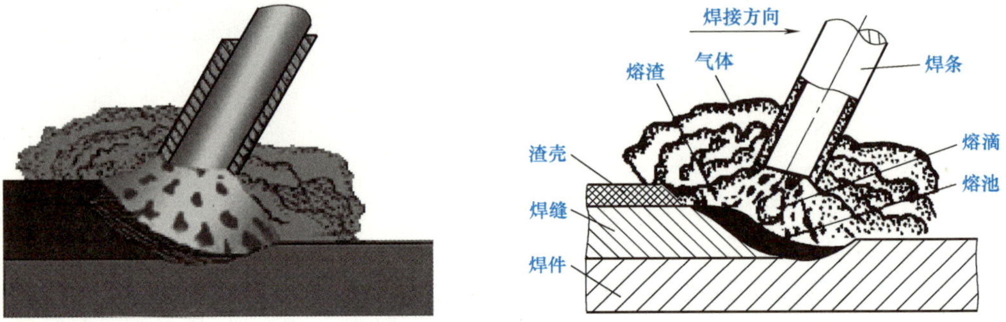

图 9-7　焊条电弧焊示意图

3. 焊条电弧焊的特点

焊条电弧焊具有设备简单、操作灵活、成本低等优点，且焊接性好，对焊接接头的装配尺寸无特殊要求，可在各种条件下进行各种位置的焊接，是生产中应用最广的焊接方法。但进行焊条电弧焊时有强烈的弧光和烟尘污染，劳动条件差，生产率低，对工人技术水平要求较高，焊接质量不够稳定。因此，主要应用于单件小批量生产中碳素钢、低合金结构钢、不锈钢、耐热钢的焊接和铸铁的补焊等，其适宜焊件的板厚为 3～20mm。

二、焊条电弧焊电源

1. 电源的要求

焊条电弧焊电源应具有适当的空载电压和较高的引弧电压，以利于引弧，保证安全。当电弧稳定燃烧时，焊接电流增大，电弧电压应急剧下降。还应保证焊条与焊件短路时，短路电流不应太大。同时，焊接电流应能灵活调节，以适应不同焊件及焊条的要求。

2. 电源种类

（1）交流弧焊机　它是一种特殊的降压变压器，具有结构简单、噪声小、成本低等优点，但电弧稳定性较差，如图 9-8 所示。

（2）直流弧焊机　直流弧焊机有弧焊发电机（由一台三相感应电动机和一台直流弧焊发电机组成）和焊接整流器（整流式直流弧焊机）两种类型，如图 9-9 所示。

图 9-8　交流弧焊机

直流弧焊机的特点是直流电弧燃烧稳定，所以用小电流焊接时常选用。在焊接合金钢、不锈钢等材质的工件时，也常选用直流电源。

直流电源根据接工件的电极不同，分为正接和反接两种接法。直流正接是指工件接正极，焊条接负极（厚板、酸性焊条）。直流反接是指工件接负极，焊条接正极（薄板、碱性低氢焊条、低合金钢和铝合金），如图 9-10 所示。正接和反接时，焊接电弧的形状不一样。显然，只有采用直流焊接电源时，才有

a) 弧焊发电机　　b) 焊接整流器(整流式直流弧焊机)

图 9-9　直流弧焊机

正接和反接两种接法，交流焊接电源由于正、负极在不断地交替，所以不存在极性问题。

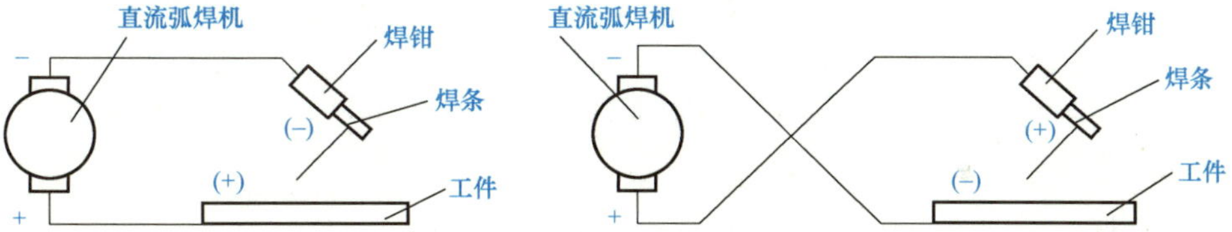

a) 正接　　b) 反接

图 9-10　直流弧焊机的正接与反接

极性的选择原则如下：

1）焊条电弧焊使用碱性低氢焊条时，一律采用反接。若采用正接，则电弧燃烧不稳定，电弧声音很暴烈，会发出强烈的嘶嘶声并且飞溅很大，极容易产生气孔。使用酸性焊条时，极性对电弧的稳定燃烧影响不大。因此，埋弧焊若使用直流电源施焊，一般也采用反接。

2）钨极氩弧焊焊接钢、黄铜时，一律采用正接。因为阴极的发热量远小于阳极，所以用直流正接电源时，钨极接负极从而发热量小，不易过热，且钨极寿命长，同样直径的钨极可以通过较大的焊接电流。同时正接时，焊件作为阳极发热量大，从而熔深大，生产率高。

三、焊条

1. 焊条的组成和作用

焊条是涂有药皮供焊条电弧焊用的熔化电极，由药皮和焊芯两部分组成，如图 9-11 所示。

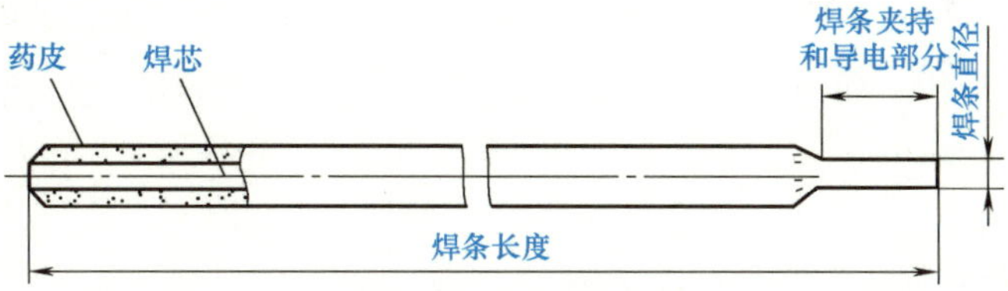

图 9-11　焊条的组成

焊芯在焊接过程中既是导电的电极，同时本身又熔化作为填充金属，与熔化的母材共同形成焊缝金属。药皮是压涂在焊芯表面的涂料层，其主要作用是在焊接过程中造气，起保护作用，防止空气进入焊缝；同时具有冶金作用，如脱氧、脱硫、脱磷和渗合金等；并具有稳弧、脱渣等作用，以保证焊条具有良好的工艺性能，形成美观的焊缝。

2. 焊条的种类与型号

1）焊条按熔渣的化学性质分为两大类。

酸性焊条：熔渣呈酸性，药皮中含大量 SiO_2、TiO_2、MnO 等氧化物。

碱性焊条：熔渣呈碱性，药皮的主要成分为 $CaCo_3$ 和 CaF_2。

2）焊条按用途可分为碳钢焊条、低合金钢焊条、钼和铬钼耐热钢焊条、低温钢焊条、不锈钢焊条、堆焊焊条、铸铁焊条、镍及镍合金焊条、铜及铜合金焊条、铝及铝合金焊条、特殊用途焊条。

3）焊条型号。国家标准规定了各类焊条的型号编制方法。如规定碳钢焊条型号为“E××××”，其中，字母“E”表示焊条；前两位数字表示熔敷金属抗拉强度的最小值；第三位数字表示焊接位置，“0”及“1”表示焊条适用于全位置（平焊、立焊、横焊、仰焊）焊接，“2”为平焊及平角焊，“4”表示焊条适用于向下立焊；第三位和第四位数字组合时表示焊接电流种类及药皮类型；在第四位数字后附加“R”表示耐吸潮焊条，附加“M”表示耐吸潮和力学性能有特殊规定的焊条，附加“-1”表示冲击性能有特殊规定的焊条。

3. 焊条的选用

（1）按强度等级和化学成分选用

1）焊接一般结构，如低碳钢、低合金钢结构件时，一般选与焊件强度等级相同的焊条，而不考虑化学成分相同或相近。

2）焊接异种结构钢时，按强度等级低的钢种选用焊条。

3）焊接特殊性能钢种，如不锈钢、耐热钢时，应选用与焊件化学成分相同或相近的特种焊条。

4）焊件中碳、硫、磷的质量分数较大时，应选用碱性焊条。

5）焊接铸造碳钢或合金钢时，因为碳和合金元素的质量分数较高，而且多数铸件厚度、刚度较大，形状复杂，故一般选用碱性焊条。

（2）按焊件的工况条件选用焊条

1）焊接承受动载、交变载荷及冲击载荷的结构件时，应选用碱性焊条。

2）焊接承受静载的结构件时，应选用酸性焊条。

3）焊接表面带有油、锈、污物等难以清理的物质的结构件时，应选用酸性焊条。

4）焊接在腐蚀介质、高温等特殊条件下工作的结构件时，应选用特殊用途焊条。

（3）按焊件形状、刚度及焊接位置选用焊条

1）厚度、刚度大，形状复杂的结构件，应选用碱性焊条。

2）厚度、刚度不大，形状一般，尤其是均可采用平焊的结构件，应选用适当的酸性焊条。

3）除平焊外，立焊、横焊、仰焊等焊接位置的结构件应选用全位置焊条。

四、焊条电弧焊工艺

1. 焊缝的空间位置

（1）平焊　手工平焊影像明显可见均匀分布的焊条运行波纹，成形较规正，其波纹图

形如同水的波纹一样。平焊又可分为平对接焊和平角接焊。

焊件厚度小于 6mm 时，通常采用不开坡口的平对接焊，此时宜用 $\phi3\sim\phi4$mm 的焊条进行短弧焊接，并使熔池深度达到板厚的 2/3，焊缝宽度达到 5～8mm，施焊运条方法为直线形；当焊件厚度大于 6mm 时，则应采用开坡口的平对接焊，分为对接多层焊和对接多层多道焊（图 9-12a、b）。

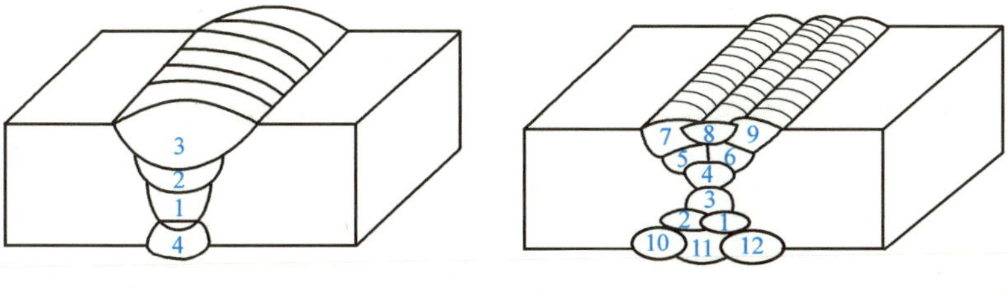

a) 对接多层焊　　b) 对接多层多道焊

图 9-12　平对接焊

平角接焊主要是指 T 形接头和搭接接头的焊接。平角接焊通常用 $\phi3\sim\phi5$mm 的焊条，焊条角度如图 9-13 所示。

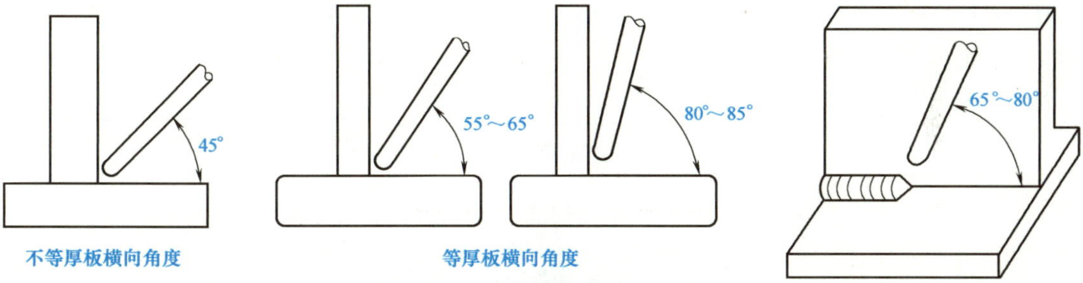

不等厚板横向角度　　等厚板横向角度

图 9-13　平角接焊的焊条角度

（2）立焊　手工立焊影像明显可见鱼鳞状三角波纹，有时呈三角沟槽，成形较规正。立焊的熔池处于垂直面上，施焊方法有两种：一种由下而上施焊，另一种则由上而下施焊。一般采用前者。立焊时，焊条的角度如图 9-14 所示。同时宜选用较小直径和较大电流的短弧焊接，并且多采用直线往复形运条法和三角形运条法，一个台阶一个台阶地往上堆积。

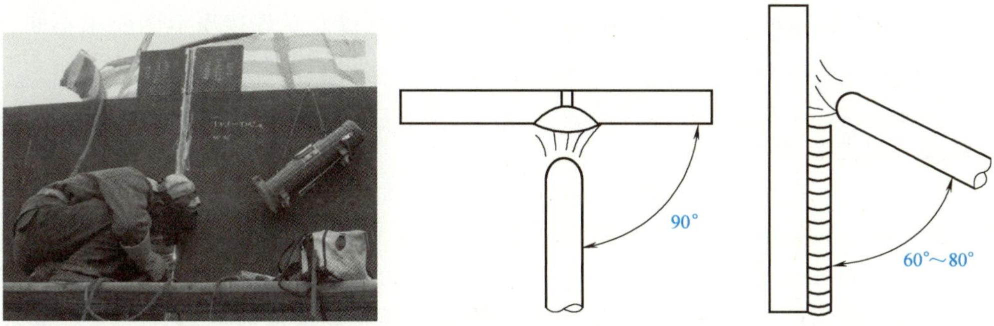

图 9-14　立焊

（3）横焊　手工横焊影像明显可见焊道与焊道之间的沟槽，横焊时，焊条无上下摆动，故无运条波纹。横焊时，应选用较小直径的焊条和较小的焊接电流，并采用短弧法及适当的运条法。当焊件厚度小于 5mm 时，可以不开坡口，宜选用 $\phi3.2$mm 或 $\phi4$mm 的焊条，如图 9-15 所示。

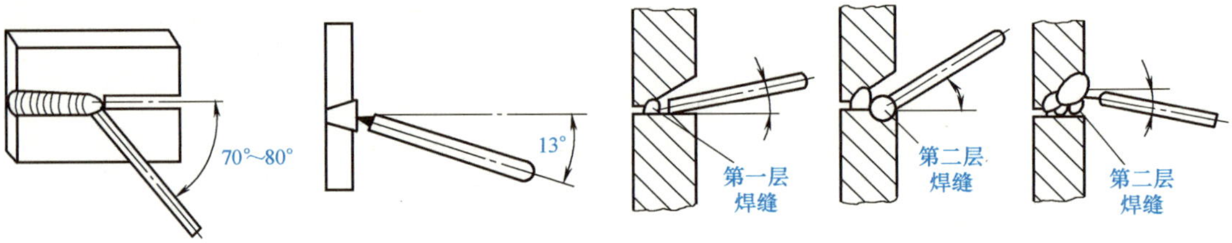

图 9-15　横焊

（4）仰焊　手工仰焊由于焊条摆动方式与平、立、横焊均不相同，其影像无平、立、横焊时的运条波纹，呈现如同许多个圆饼形纹组成的焊缝影像，黑度不均匀，若其背面为平焊缝，则还可见不太明显的平焊波纹。

仰焊时，应采用尽可能短的电弧，以使熔滴在很短的时间立即过渡到熔池中，很快与熔池中熔化的金属熔合，促使焊缝快速凝固。仰焊时应选用较小直径的焊条，一般为 $\phi3$~$\phi4$mm，焊条角度如图 9-16 所示。

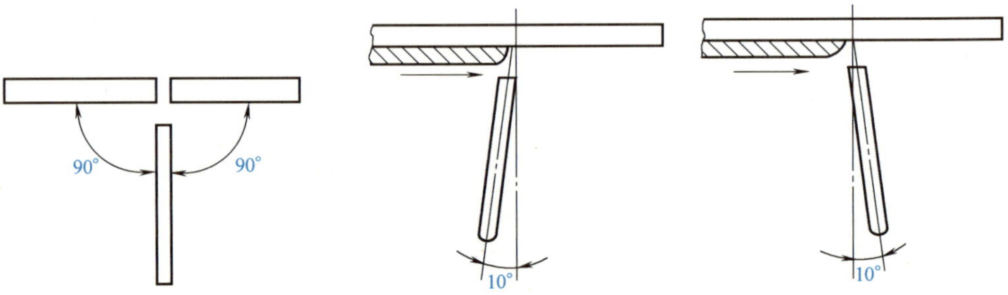

a) 焊条与焊件两边的相对位置　b) 熔深小的焊条角度　c) 熔深大的焊条角度

图 9-16　仰焊

2. 焊接接头的基本形式和坡口的基本形式

根据设计或工艺需要，在焊接待焊部位时加工并装配成的具有一定几何形状的沟槽，称为坡口。对于焊条电弧焊，由于焊件结构形状、焊件厚度以及对焊接质量的要求不同，焊件的接头形式和坡口形式有所不同。对接接头、角接接头、T 形接头、搭接接头如图 9-17~图 9-20 所示。

3. 焊接参数的选择

（1）焊条直径　焊条直径主要取决于焊件厚度、接头形式、焊缝位置、焊层（道）数等因素。根据焊件厚度，平焊时焊条的选用原则：一般当焊件板厚 $\delta \leqslant 4$mm 时，焊条直径等于焊件板厚；当 $\delta > 4$mm 时，常采用多层焊，焊条直径为 4~6mm。

（2）焊接电流　焊接电流大小根据焊条直径来选择。焊接电流的选择主要根据焊件厚度和焊条直径来确定，非水平位置焊接或焊接不锈钢时，焊接电流应比平时小 15%左右。

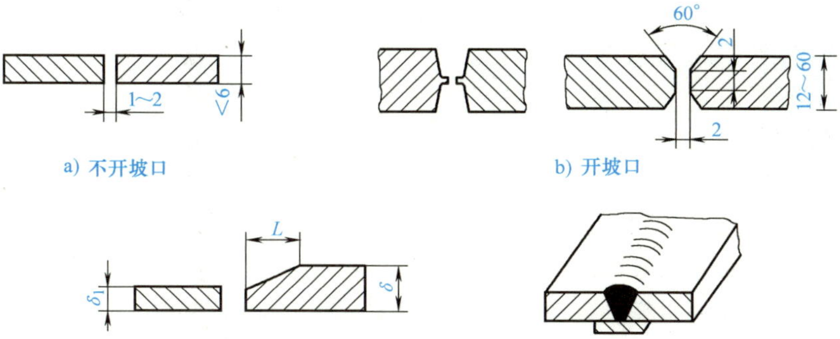

a) 不开坡口 b) 开坡口 c) 削薄 d) 带垫板

图 9-17 对接接头

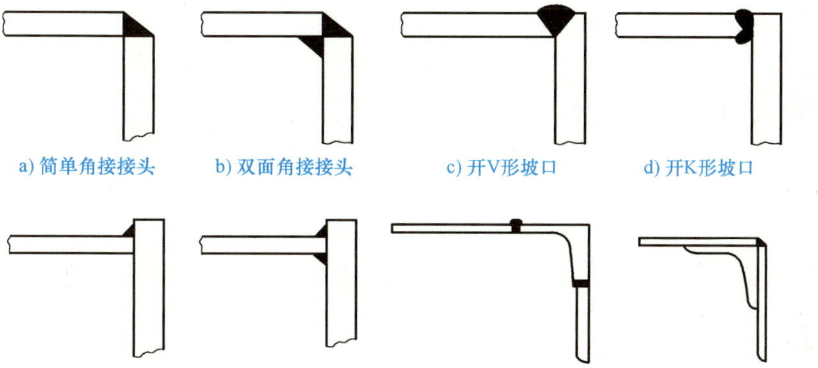
a) 简单角接接头 b) 双面角接接头 c) 开V形坡口 d) 开K形坡口 e) 易装配角接接头 f) 易装配角接接头 g) 保证准确直角的角接接头 h) 不合理的角接接头

图 9-18 角接接头

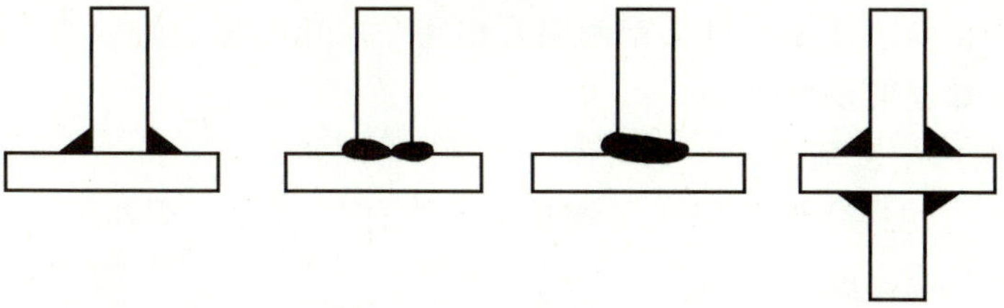
a) 单面不开坡口 b) 开K形坡口 c) 开单边V形坡口 d) 双面不开坡口

图 9-19 T 形接头

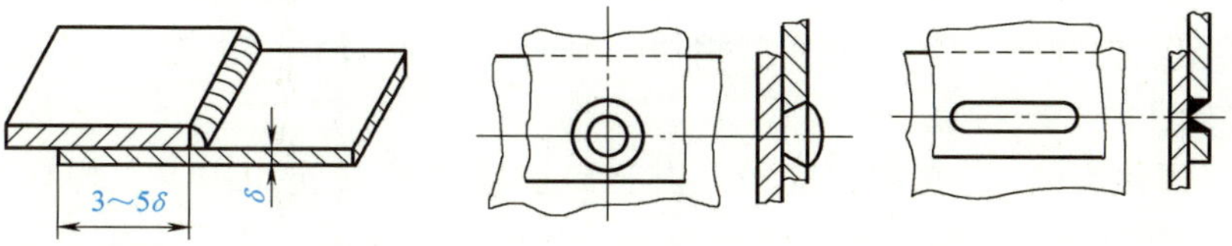

a) 不开坡口 b) 圆孔内塞焊 c) 长孔内塞焊

图 9-20 搭接接头

总之，焊接参数的选择应在保证焊接质量的条件下，尽量采用较大直径的焊条和较大的焊接电流进行焊接，以提高劳动生产率。焊接参数参考值见表 9-1。

表 9-1 焊接参数参考值

焊件厚度/mm	1.5~2	2.5~3	3.5~4.5	5~8	10~12	13
焊条直径/mm	1.6~2	2.5	3.2	3.2~4	4~5	5~6
焊接电流/A	40~70	70~90	100~130	160~200	200~250	250~300

(3) 电弧长度和焊接速度的选择　在焊条电弧焊中电弧长度和焊接速度都是靠手工操作来控制的，在技术上未做具体规定。但如果电弧过长，则减小熔深，增加了飞溅，会使空气中的氧和氮侵入焊缝区而降低焊缝质量，所以要求电弧长度尽量短些。焊接速度不应过快或过慢，应以焊缝的外观与内在质量均达到要求为宜。

4. 焊接基本操作技术

焊接基本操作技术主要包括引弧、运条和焊道收尾等。

(1) 引弧　引孤是指在弧焊开始时，引燃焊接电弧的过程。引弧方法有敲击法和划擦法两种。引弧时，首先将焊条末端与工件表面接触（或划擦）形成短路，然后迅速将焊条向上提起 3~6mm，电弧即可引燃。

(2) 运条　运条是在焊接过程中，焊条相对于焊缝所做的各种动作的总称。引弧后，必须掌握好焊条与焊件之间的角度。另外，在操作过程中要使焊条同时完成三个基本的运条动作，即：

1) 焊条朝熔池方向的送进运动。焊条送进速度应等于焊条熔化速度，以保持弧长不变。

2) 焊条沿焊接方向的移动。焊条移动速度应等于焊接速度。

3) 焊条沿焊缝的横向摆动。焊条以一定的运动轨迹周期性地沿焊缝左右摆动，以便获得一定宽度的焊缝。

(3) 焊道收尾　焊道收尾是指一条焊道结束时收尾的过程。焊道收尾时，为防止尾坑的出现，焊条应停止向前移动。可采用画圈收尾法、后移收尾法等，自下而上地慢慢拉断电弧，以保证焊道尾部成形良好。

5. 焊接缺陷的产生及预防

(1) 焊接裂纹与焊接变形的形式　焊接时，在任何情况下焊接应力总是存在的。当焊接应力超过该材料相应温度下的屈服应力时，焊件将产生变形；超过材料的断裂应力时，焊件将会产生裂纹甚至断裂。焊接裂纹包括纵向裂纹、横向裂纹、内部裂纹、根部裂纹等；焊接变形的基本形式有角变形、弯曲变形、波浪变形、收缩变形、扭曲变形、错边变形等，如图 9-21 所示。

(2) 焊接缺陷的预防　焊接与炼钢相似，是一个冶炼过程。但这个过程比炼钢的时间短得多，有它自己的一些特点。

1) 裂纹（焊接裂纹）。在焊接应力及其他致脆因素的共同作用下，焊接接头中局部地区的金属原子结合力遭到破坏而形成的新界面，从而产生缝隙，称为焊接裂纹。它具有尖锐的缺口和大的长宽比特征。

冷裂纹是指焊接接头冷却到较低温度时（对于钢来说在 Ms 温度，即奥氏体开始转变为马氏体的温度以下）产生的焊接裂纹。最主要、常见的冷裂纹为延迟裂纹，即在焊后延迟一段时间才出现的裂纹——因为氢是最活跃的诱发因素，而氢在金属中扩散、聚集和诱发裂

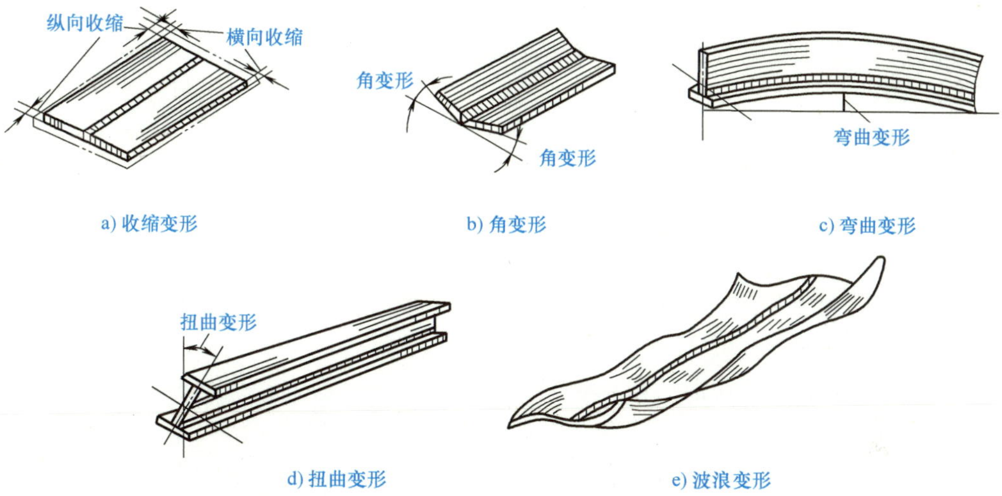

图 9-21　焊接变形的基本形式

纹需要一定的时间。

冷裂纹的预防措施：使用碱性焊条，减少焊缝金属中氢含量，提高焊缝金属的塑性；减少氢来源，焊材要烘干，接头要清洁（无油、锈、水）；避免产生淬硬组织，焊前预热、焊后缓冷；降低焊接应力，采用合理的工艺规范，进行焊后热处理等；焊后立即进行消氢处理，即加热到250℃左右保温，使焊缝金属中的扩散氢逸出金属表面。

热裂纹是在高温下结晶时产生的，而且都是沿晶间开裂，所以也称为晶间裂纹。这种裂纹在显微镜下可以观察到，具有晶间破坏的特征，在裂纹断面上多数具有氧化色。热裂纹主要出现在含杂质较多的焊缝中（特别是含硫、磷较多的碳钢焊缝中）和单相奥氏体或某些铝合金焊缝中，有时也产生在热影响区中。

热裂纹的预防措施如下：

① 预热。预热温度为200～450℃。若焊后能及时后热，可适当降低预热温度。例如，18MnMoNb钢焊后在180℃热处理2h，预热温度可降低至180℃。

② 焊接线能量的控制。一般来说，增大线能量可以降低约束力，能使再热裂纹倾向有所减小；若线能量大得使奥氏体晶粒粗化严重，则会促使再热裂纹倾向增大。

③ 应用低强度焊缝，使焊缝强度低于母材强度，以提高其塑性变形能力。

④ 减小焊接应力。合理地安排焊接顺序，减小余高，避免咬边及根部未焊透等缺陷，以减小焊接应力。

2）未熔合。未熔合是指熔焊时，焊道与母材之间或焊道与焊道之间未完全熔化结合的部分。

未熔合可分为坡口未熔合、焊道之间未熔合（包括层间未熔合）、焊缝根部未熔合。按其间未完全熔化结合部分的成分不同，可分为白色未熔合（纯气隙、不含夹渣）、黑色未熔合（含夹渣的）。

3）未焊透。焊接时接头根部未完全熔透的现象，也就是焊件的间隙或钝边未被熔化而留下的间隙，或是母材金属之间没有熔化，焊缝熔敷金属没有进入接头的根部造成的缺陷。

产生未焊透缺陷的主要原因：焊接电流过小，焊接速度过快；坡口角度太小；根部钝边太厚；间隙太小；焊条角度不当；电弧太长或偏吹（偏弧）等。

4）夹渣。夹渣是指焊缝金属中残留有外来固体物质所形成的缺陷，以及焊后残留在焊缝中的金属颗粒。

产生非金属夹渣的主要原因：焊接电流太小，焊接速度太快；熔池金属凝固过快；运条不正确；铁液与熔渣分离不好；层间清渣不彻底等。

产生金属夹渣的主要原因：焊接电流过大或钨极直径太小，氩气保护不良引起钨极烧损，钨极触及熔池或焊丝而剥落。

夹渣是一种体积型缺陷，容易被射线照相检出。夹渣会减小焊缝受力截面；夹渣的棱角容易引起应力集中，成为交变载荷下的疲劳源。

5）气孔。气孔是指焊接时，熔池中的气泡在凝固时未能逸出，而残留下来所形成的空穴。

产生气孔的主要原因：基本金属或填充材料表面的锈、油等未清理干净；焊条及熔剂没有充分烘干；电弧能量过小或焊接速度过快；焊缝金属脱氧不足。

6）形状缺陷。形状缺陷是指焊缝金属表面成形不良或其他原因造成的缺陷，包括咬边、烧穿、根部内凹、收缩沟、弧坑、焊瘤、未焊满、搭接不良等。

焊缝经表面检验合格后才能进行射线照相。但是，有时一些未经外观检验或外观检验不合格的焊缝也进行了射线照相。有些构件的某些焊缝是难以进行外观检查的，如带垫板管件、液化石油气钢瓶环焊缝、无人孔的小容器焊缝、锅炉联箱最后组装的环焊缝等的内凹和内咬边，都需要进行无损探伤才能综合评定。

小知识

焊条的保管

焊条保管得好坏对焊接质量有直接影响，尤其是在野外工作时要特别注意。每个焊工、保管员和技术人员都应该知道焊条的存储和保管规则。

焊条是一种陶质产品，它不像钢芯那样耐冲击，所以装货和卸货时不能摔到。用纸盒包装的焊条不能用吊钩搬运。某些型号的焊条，如有特殊烘干要求的碱性焊条比普通焊条更要小心轻放。在一般情况下，焊条由塑料袋和纸盒包装，为了防止吸潮，在焊条使用前，不能随意拆开，尽量做到现用现拆，有可能的话，焊完后应将剩余的焊条再密封起来。

酸性焊条对水分不敏感，而有机物金红石型焊条允许有更高的含水量。所以要根据受潮的具体情况，在70～150℃烘干1h。如果存储时间短且包装良好，一般使用前可不烘干。碱性低氢型焊条在使用前必须烘干，以降低焊条的含氢量，防止气孔、裂纹等缺陷产生，一般处于350℃烘干1h。不可将焊条突然放入高温炉中或突然冷却，以免药皮干裂。对含氢量有特殊要求的，烘干温度应提高到400～500℃，烘干1～2h。

经烘干的碱性焊条最好放入另一个温度控制在50～100℃的低温烘干箱中存放，并随用随取。烘干焊条时，每层焊条不能堆放得太高（一般1～3层），以免焊条烘干时受热不均和潮气不易排除。露天操作时，隔夜必须将焊条妥善保管，不允许露天存放，应该在低温箱中恒温存放，否则次日使用前必须重新烘干。也可以将焊条放到焊条保温桶里，如图9-22所示。

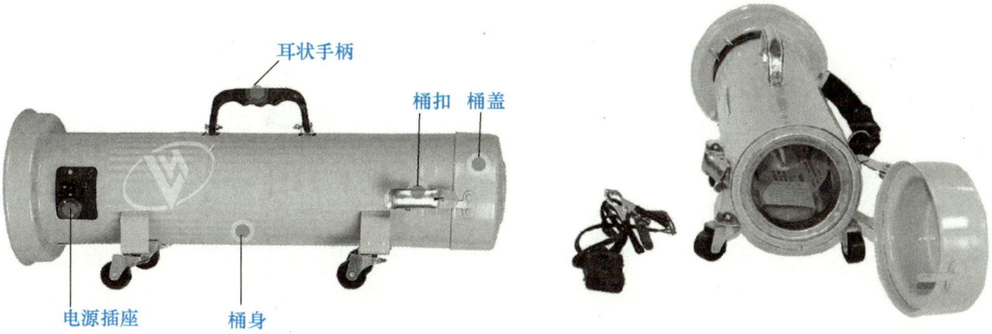

图 9-22 焊条保温桶

想一想

焊接电流和焊条直径的大小有关系吗？有何关系？

交流讨论

焊条电弧焊操作过程中，需要完成哪三个基本运条动作？

知识拓展

铸铁的补焊

铸铁件出现铸造缺陷时通常可采用焊接修复。20 世纪 70 年代以来，铸铁焊接技术已得到较广泛的应用，焊接材料也已形成系列产品。

一、铸铁焊接

1. 焊接方法

根据铸件的材质、大小、厚薄、复杂程度、缺陷类型和尺寸，以及切削加工和技术要求等来选择不同焊接方法。并按不同的焊接要求做焊前准备，如清除油污及夹砂、开坡口或预热等。焊接方法有气焊、钎焊、焊条电弧焊、电渣焊。其中气焊分为热焊法、加热减应区法、不预热气焊；焊条电弧焊分为冷焊、半热焊、不预热焊和热焊。

2. 焊条的选择

一般根据焊后技术要求来选择焊条。灰铸铁非加工冷焊法可用氧化型钢芯铸铁焊条（中国牌号 Z100）、铁粉型钢芯铸铁焊条（中国牌号 Z112Fe）和低碳钢焊条（中国牌号 J422、J506 等）；加热 400℃以上的热焊，可用钢芯石墨化铸铁焊条（中国牌号 Z208）；加工面不预热的，可用铸铁芯铸铁焊条（中国牌号 Z248）；要求可加工、抗裂性好，但强度不高又可冷焊的，可采用铜镍焊条（中国牌号 Z508）；抗裂性好、加工性差、强度较低的，可用铜铁铸铁焊条（中国牌号 Z607、Z612）；重要铸件要求可加工的，可用纯镍铸铁焊条（中国牌号 Z116、Z117）；高强度灰铸铁、球墨铸铁可冷焊的，可用铁镍铸铁焊条（中国牌号 Z408）和 927 钢芯石墨球化通用铸铁焊条（中国牌号 Z268）；球墨铸铁加热焊时，可用钢芯球墨铸铁焊条（中国牌号 Z238）；薄壁铸件可用钢芯石墨球化通用铸铁焊条（中国牌号 Z268、Z607 和 Z612）。还有焊接新材料 $CaO\text{-}BaO\text{-}CaF_2$ 渣系钢芯石墨化焊条，它利用贝氏体和马氏体两次相变产生的应力松弛效应来提高抗裂性能。Z238SnCu 焊条的力学性能高，白口倾向小，抗裂性好，可用于球墨铸铁件的焊接。

3. 焊接缺陷及其防止方法

（1）白口　焊接时，如果在焊缝及熔合区产生白口，其原因是焊缝冷却速度快，同质焊条的焊缝石墨化元素不足或存在阻碍石墨化元素。防止白口的方法：增强同质焊条的石墨化能力，同时减慢 800℃以上时的冷却速度；根据不同铸件壁厚可预热至 400~700℃，以防止白口；采用镍基、铜基、高钒钢等异质焊条或钎焊等其他措施也可以防止产生白口。

（2）热应力裂纹　当焊接应力超过铸铁强度时，沿焊补区的薄弱处、熔合区或热影响区开裂，使焊缝剥离。为防止产生这种裂纹，主要应从减小应力着手：

1）采用热焊法，焊前将铸件预热到 600~700℃，焊接过程中保持在 400℃以上。

2）采用加热减应区法，正确选择加热位置和方法加热铸件，使原裂纹间隙张大，然后补焊。

3）正确运用电弧冷焊，改变焊缝的化学成分和合金系统，使焊缝具有较好的塑性和较低的硬度，同时采用短焊道、锤击焊缝以及控制焊补区的温升等工艺措施。

二、铸铁焊接步骤

1）根据铸铁焊接产品图及技术条件、产品批量及需用日期，结合工厂实际条件选择铸造方法。

2）绘出铸铁焊接各视图上的加工余量及不铸孔、沟槽等工艺符号。

3）铸铁焊接图上应绘出浇注系统、冒口的位置、形状、尺寸和数量，同铸试样的形状、位置和尺寸。

4）标出与分型面垂直壁的起模斜度。

5）标出浇注位置和分型面。

6）绘出砂芯形状、砂芯分块线（包括分芯负数）、芯头间隙、压紧环和防压环、积砂槽，标出有关尺寸和砂芯负，必要时设计芯骨形状、尺寸和吃砂量。

7）分析铸件的结构工艺性，判断缺陷倾向，提出结构改进意见和确定铸铁焊接凝固原则。

8）确定模样的分型负数，分型面及活块形状，反变形量的大小、位置及形状，非加工壁厚的负余量，工艺补正量的加设位置和尺寸等。

9）确定冷铁和铸筋的位置、形状、尺寸和数量，固定组合方法及冷铁留缝大小等。

三、注意事项

1. 电弧的长度

电弧的长度与焊条涂料种类和药皮厚度有关系，但应尽可能采用短弧，特别是低氢焊条。电弧长可能会造成气孔，而短弧可避免大气中的 O_2、N_2 等有害气体侵入焊缝金属，形成氧化物等不良杂质而影响焊缝质量。

2. 焊接速度

焊接速度是随焊条直径、涂料类型、焊接电流、被焊接物的热容量等条件而变化的，不能做出标准的规定。保持适宜的焊接速度，熔渣能很好地覆盖熔池，使熔池内的各种杂质和气体有充分的浮出时间，避免形成焊缝夹渣和气孔。在焊接时如运条速度太快，焊接部位冷却时收缩应力会增大，使焊缝产生裂缝。

3. 焊丝选用要点

焊丝的选择要根据被焊钢材种类、焊接部件的质量要求、焊接施工条件（板厚、坡口形状、焊接位置、焊接条件、焊后热处理及焊接操作等待时间）、成本等综合考虑。

按以下顺序选用焊丝：

1）根据被焊结构的钢种选择焊丝。对于碳素钢及低合金高强度钢，主要是按“等强匹配”的原则，选择满足力学性能要求的焊丝。对于耐热钢和耐候钢，侧重于考虑焊缝金属与母材化学成分的一致性，以满足耐热性和耐蚀性等方面的要求。

2）根据被焊部件的质量要求（特别是冲击韧性）选择焊丝。与焊接条件、坡口形状、保护气体混合比等工艺条件有关，要在确保焊接接头性能的前提下，选择达到最大焊接效率及降低焊接成本的焊接材料。

3）根据现场焊接位置，对应于被焊工件的板厚，选择所使用的焊丝直径，确定所使用的电流值，参考各生产厂的产品介绍资料及使用经验，选择适合于焊接位置及使用电流的焊丝牌号。

课后练习

一、单选题

1. 直流弧焊正接法用于焊接（　　）材料。

A. 铸铁　　B. 有色金属　　C. 厚件　　D. 薄件

2. 焊接时，向焊缝添加有益元素，有益元素来源于（　　）。

A. 焊芯　　B. 药皮　　C. 工件　　D. 空气

3. 焊条电弧焊，从强度角度看比较理想的接头形式是（　　）。

A. 对接接头　　B. 角接接头　　C. 丁字接头　　D. 搭接接头

4. 下列关于焊接的说法正确的是（　　）。

A. 可通过反变形法减小焊接应力与变形

B. 用交流弧焊机焊接时，电弧稳定，焊接质量好

C. 焊接设备费用低，接头密封和表面质量差

D. 二氧化碳气体保护焊主要用于焊接不锈钢及耐热钢

5. 若焊件承受交变载荷或冲击载荷，则宜选用（　　）。

A. 碱性焊条　　B. 酸性焊条　　C. E4303　　D. 都可以

6. 焊条中焊芯的作用是导电、引弧和（　　）。

A. 填充金属　　B. 稳弧　　C. 保护熔池　　D. 添加有益元素

7. 操作方便、生产率高，并且容易保证质量的焊接工艺是（　　）。

A. 平焊　　B. 立焊　　C. 横焊　　D. 仰焊

8. 关于焊条电弧焊运条动作不正确的是（　　）。

A. 焊条朝金属熔化的方向前进　　B. 焊条沿焊接方向的移动

C. 焊条的上提运动　　D. 焊条沿焊缝的横向摆动

9. 焊条电弧焊操作时若电弧过长，不会出现（　　）。

A. 电弧不稳定　　B. 增加熔深　　C. 增加飞溅　　D. 焊缝易氧化

10. 下列不是焊接基本操作的是（　　）。

A. 运条　　B. 引弧　　C. 焊道收尾　　D. 调节弧长

二、简答题

1. 简述焊条电弧焊所使用焊条的组成及各部分的作用。
2. 焊条电弧焊的焊条直径和焊接电流如何选择？

任务三　认识气焊及其他焊接方法

一、气焊

气焊是利用可燃性气体火焰作为热源来熔化母材和填充金属，实现金属焊接的一种方法。可燃性气体主要有乙炔、液化气或丙烷燃气等，其中最常用的是乙炔。

1. 气焊的主要设备和工具

气焊主要设备和工具包括氧气瓶、氧气减压器、乙炔气瓶、乙炔减压器、回火保险器、焊炬、胶管等，如图 9-23 所示。

（1）氧气瓶　氧气瓶是一种储存和运输氧气的高压容器。氧气瓶的容积一般为 40L，瓶口装有开闭氧气瓶的阀门，并套有保护瓶阀的瓶帽。按规定，氧气瓶外表涂成天蓝色并用黑色字标明“氧气”字样。氧气瓶不允许被暴晒、火烤、振荡及敲打，也不允许被油脂污染。使用中的氧气瓶必须定期进行压力试验。

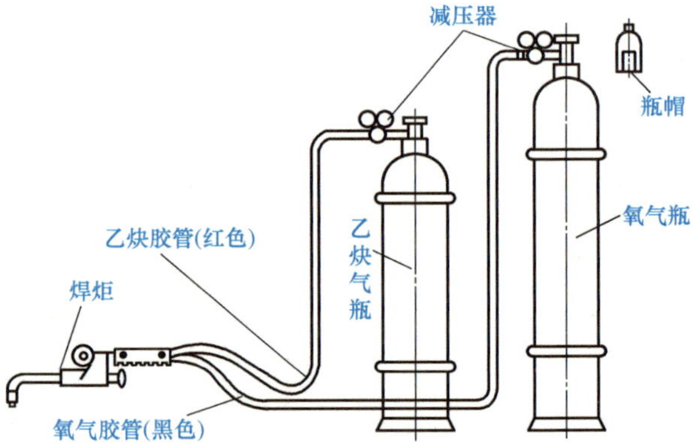

图 9-23　气焊设备

（2）乙炔气瓶　乙炔气瓶是一种储存和运输乙炔气的高压容器，瓶口装有阀门并套有瓶帽保护。按规定，乙炔气瓶外表涂成白色并用红色字标明“乙炔，火不可近”字样。

（3）乙炔减压器　氧气减压器（图 9-24）的作用是将氧气瓶内的高压氧气调节成工作所需要的低压氧气，并在工作过程中保持压力与流量稳定不变。乙炔气减压器是将乙炔气瓶内的高压乙炔气调节成工作所需要的低压乙炔气，并保持工作过程中的压力与流量稳定不变。

（4）回火保险器　在气焊过程中，由于气体供应不足，或管道与焊嘴阻塞等原因，均会导致火焰沿乙炔导管向内逆燃，这种现象称为回火。回火会引起乙炔气瓶或乙炔发生器的爆炸。为了防止这种严重事故的发生，必须在导管与发生器之间安装回火保险器，如图 9-25 所示。

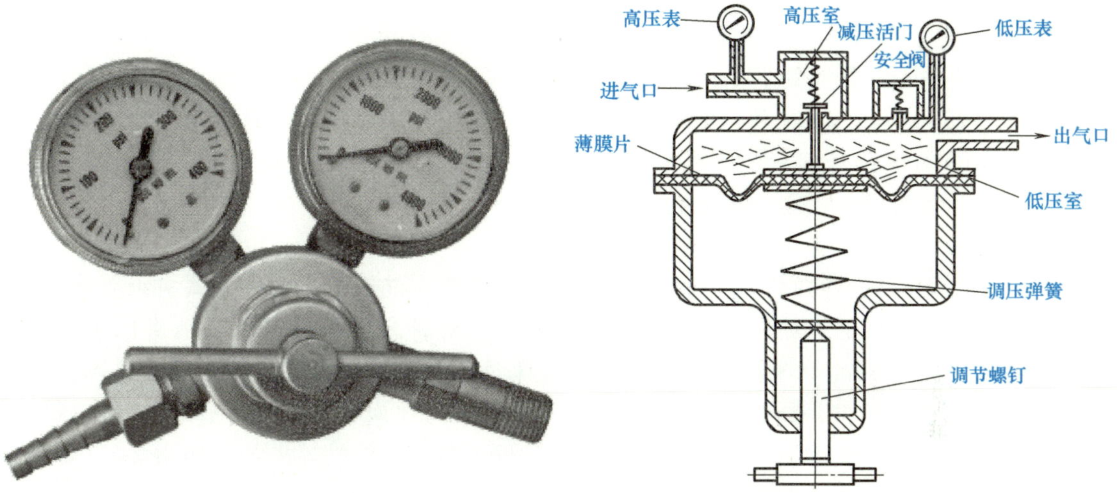

图 9-24 氧气减压器

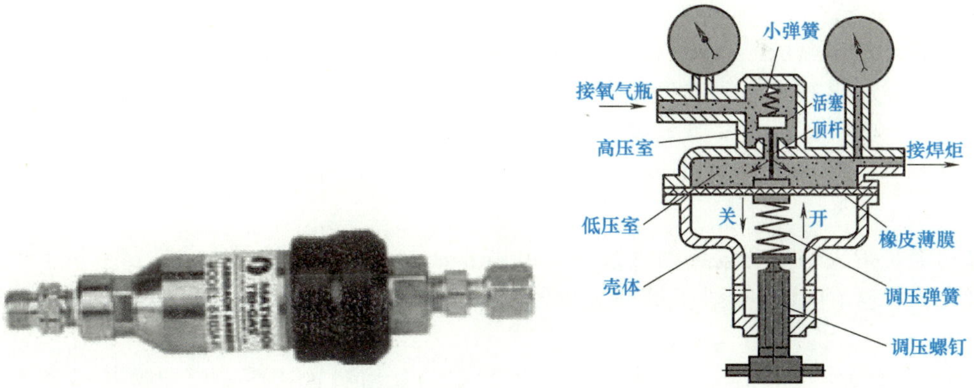

图 9-25 回火保险器

（5）焊炬 焊炬的作用是将可燃气体与氧气按一定比例混合，并以一定的速度喷出，点燃后形成稳定燃烧并具有较高热能的焊接火焰。按可燃气体与氧气混合方式的不同，焊炬可分为射吸式和等压式两类。目前使用较多的是射吸式焊炬，如图 9-26 所示。

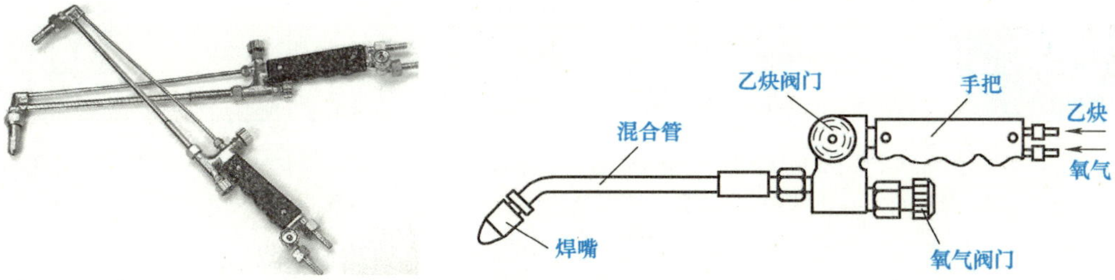

图 9-26 焊炬

小知识

乙炔与铜或银长期接触后生成的乙炔铜或乙炔银是一种爆炸性化合物，它们受到剧烈振动或者加热到110~120℃时会发生爆炸。因此，凡是与乙炔接触的器具禁止用银或铜的质量分数大于70%的铜合金制造。另外，乙炔与氯、次氯酸盐反应会发生燃烧和爆炸，因此，乙炔燃烧时，绝对禁止使用四氯化碳来灭火。

2. 气焊工艺

气焊具有火焰容易控制、适应性强、不需选择电源、能够焊接多种金属材料等优点。但气焊存在火焰温度较低、加热缓慢、热影响区较宽、焊件易变形及难以实现机械化等缺点。气焊适用于厚度在3mm以下的薄钢板、非铁金属及其合金的焊接以及铸铁的补焊等。

（1）气焊火焰　气焊质量的优劣与所用气焊火焰的性质有很大关系。改变氧气和乙炔气的体积比，可得到中性焰、碳化焰和氧化焰三种不同性质的气焊火焰，如图9-27所示。

a) 中性焰　b) 碳化焰　c) 氧化焰

图 9-27　氧乙炔焰的构造与形状

中性焰是指在燃烧区内既无过量氧又无游离碳的火焰。氧气与乙炔充分燃烧，内焰的最高温度可达3000~3200℃，适合焊接低碳钢、中碳钢、低合金钢、纯铜、铝及其合金等。

碳化焰是指火焰中含有游离碳，具有较强的还原作用，也具有一定渗碳作用的火焰。此时乙炔过剩，火焰最高温度可达3000℃，适合焊接高碳钢、高速工具钢、铸铁及硬质合金等。

氧化焰是指火焰中有过量的氧，在尖形焰芯外面形成一个具有氧化性富氧区的火焰。由于氧气充足，火焰燃烧剧烈，最高温度可达3300℃，适合焊接黄铜、锡青铜、镀锌薄钢板等。

（2）气焊的接头形式与坡口形式　气焊时主要采用对接接头，而角接接头和卷边接头只是在焊接薄板时采用，搭接接头和T形接头则较少采用。在对接接头中，当焊件厚度小于5mm时，可以不开坡口，只留0.5~1.5mm的间隙；当焊件厚度大于5mm时，必须开坡口。坡口的形式、角度、间隙及钝边等与焊条电弧焊基本相同。

（3）气焊时焊丝直径的选择　气焊焊丝的化学成分要求与焊件的化学成分基本相符。焊丝的直径一般根据焊件的厚度来决定，见表9-2。

表 9-2　焊件厚度与焊丝直径

焊件厚度/mm	1~2	2~3	3~5	5~10	10~15	>15
焊丝直径/mm	1~2	2~3	3~4	3~5	4~6	4~6

（4）气焊时焊嘴倾角的选择　焊炬的倾斜角度是指焊嘴长度方向与焊件之间的夹角，其大小主要取决于焊件厚度和母材的熔点与导热性等。气焊过程中，焊丝与焊件表面的倾角一般为30°~40°，焊丝与焊炬中心线的夹角为90°~100°，如图9-28所示。

3. 气焊的基本操作方法

气焊前，先调节好氧气压力和乙炔压力，装好焊炬。点火时，先微开氧气阀门，再打开

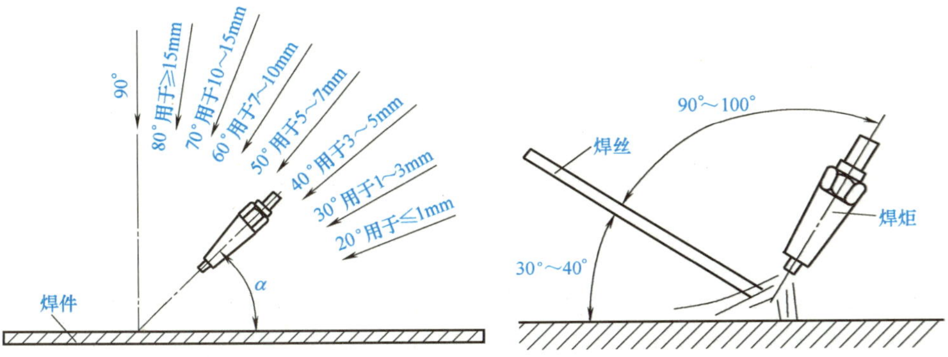

图 9-28　气焊焊嘴倾角

乙炔阀门。随后点燃火焰，并调节至所需要的火焰。在点火过程中，如果有放炮声或火焰熄灭现象，应立即减少氧气量或放掉不纯的乙炔后再点火。灭火时，应先关乙炔阀门，再关氧气阀门，以免发生回火并减少烟尘。

4. 气焊时的焊接速度

焊接速度与焊件的熔点和厚度有关，一般当焊件的熔点高、厚度大时，焊接速度应慢些，但在保证焊接质量的前提下应尽量提高焊接速度，以提高生产率。

二、埋弧焊

埋弧焊是指电弧在焊剂层下燃烧并进行焊接的方法。埋弧焊属于电弧焊的一种，可分为自动埋弧焊和半自动埋弧焊两种。埋弧焊的工作原理：电弧在颗粒状的焊剂下燃烧，焊丝由送丝机构自动送入焊接区。电弧沿焊接方向的移动靠手工操作完成的称为半自动埋弧焊，电弧沿焊接方向的移动靠机械自动完成的称为自动埋弧焊。

自动埋弧焊设备如图 9-29 所示。电源与焊件相接，颗粒状焊剂通过软管均匀地撒在焊接位置，焊丝被送丝机构自动送入电弧燃烧区，并维持选定的弧长，在焊接小车的带动下，以一定的速度移动完成焊接。

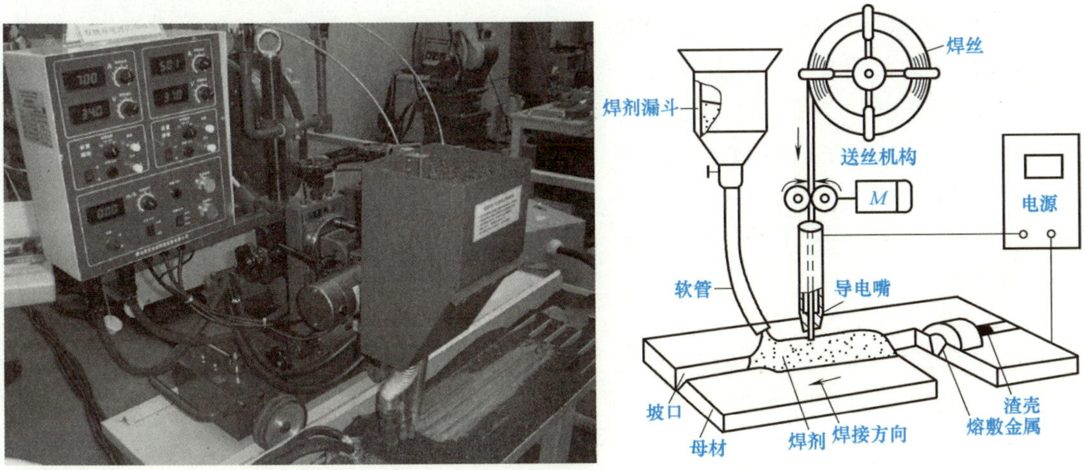

图 9-29　自动埋弧焊设备

自动埋弧焊的优点是允许采用较大的焊接电流以提高生产率，焊缝保护好，焊接质量高，能节省材料和电能，无熔化金属溅射和弧光四射现象，劳动条件好，容易实现焊接自动化和机械化。其缺点是焊接时电弧不可见，不能及时发现问题，接头的加工与装配要求较高，设备费用较高、焊前准备时间长。埋弧焊主要用于焊接非合金钢、低合金高强度钢，也可用于焊接不锈钢及加工铜等，适合大批量焊接较厚的大型结构件的直线焊缝和大直径环形焊缝。

三、气体保护电弧焊

用外加气体作为电弧介质并保护电弧和焊接区的电弧焊，称为气体保护电弧焊，简称气体保护焊或气电焊。根据所用保护气体的不同，气体保护焊可分为氩弧焊、二氧化碳气体保护焊、氮弧焊等。下面主要介绍氩弧焊和二氧化碳气体保护焊。

1. 氩弧焊

氩弧焊是以氩气作为保护气体的电弧焊。氩气是一种惰性气体，它既不与金属发生化学反应，又不溶于金属，故能有效地保证焊接质量。按所用的电极不同，氩弧焊分为非熔化极（钨极）氩弧焊和熔化极氩弧焊两种，如图 9-30 所示。

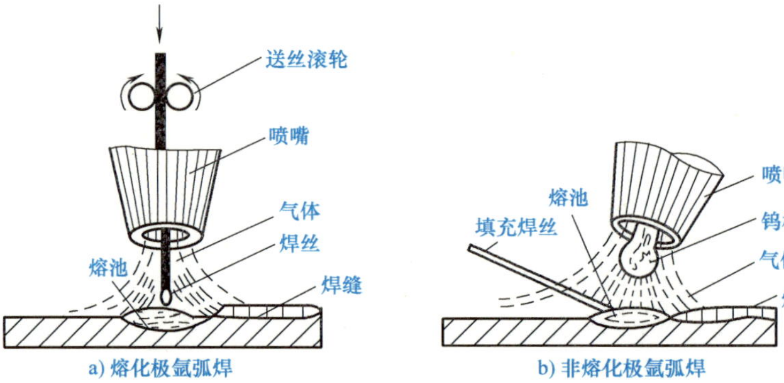

图 9-30 氩弧焊示意图

氩弧焊的特点是：便于观察，操作灵活，适宜于各种位置的焊接，焊后无熔渣，易实现焊接自动化，焊缝表面成形好，具有较好的力学性能，焊接电弧燃烧稳定，飞溅较少，能够焊接 1mm 以下的薄板及某些异种金属；但氩弧焊所用设备及控制系统比较复杂，维修较困难，氩气价格较贵，焊接成本高。氩弧焊应用范围广泛，几乎可以对所有金属进行焊接，通常多用于在焊接过程中易氧化的铝、镁、钛及其合金、不锈钢、耐热合金等的焊接。

2. 二氧化碳气体保护焊

用二氧化碳作为保护气体的气体保护电弧焊称为二氧化碳气体保护焊，如图 9-31 所示。

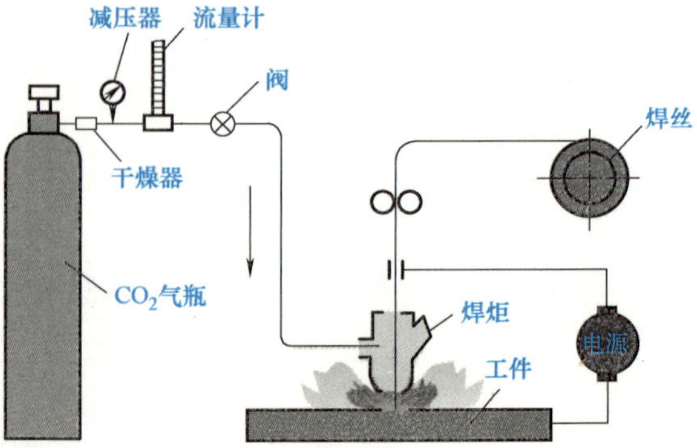

图 9-31 二氧化碳气体保护焊

焊接时焊丝作为电极连续送进，二

氧化碳气体从喷嘴中以一定流量喷出，电弧引燃后，电弧与熔池被二氧化碳气体包围，防止了空气对焊缝的有害作用。

二氧化碳气体保护焊的优点是：二氧化碳气体来源广，价格低，生产成本为埋弧焊的40%~50%；电弧的穿透能力强，熔池深；焊接速度快，生产率比焊条电弧焊高2~4倍；热影响区小，焊件变形小，焊缝质量高。

二氧化碳气体保护焊的缺点是：焊接设备较为复杂，需要采用直流电源；焊接时弧光较强，飞溅较多；焊缝表面不平滑，室外焊接时常受风的影响。二氧化碳气体保护焊主要用于焊接低碳钢和低合金钢薄板。

3. 等离子弧焊

借助水冷喷嘴对电弧的拘束作用，获得较高能量密度的等离子弧进行焊接的方法，称为等离子弧焊，如图9-32所示。

等离子弧焊的优点是：等离子弧能量易于控制，弧柱温度高（可达15700℃以上），穿透能力强，焊接质量高，生产率高，焊缝深宽比大，热影响区小。

等离子弧焊的缺点是：焊炬结构复杂，对控制系统要求高，焊接区可见度较差，焊件最大厚度受到限制。

等离子弧焊可以焊接绝大部分金属，但由于焊接成本较高，因此主要适合焊接某些焊接性能较差的金属材料和精细工件等，如焊接不锈钢、耐热钢、高强度钢、难熔金属材料及合金等。此外，还可以焊接厚度为0.025~2.5mm的箔材及板材，也可进行等离子弧切割。

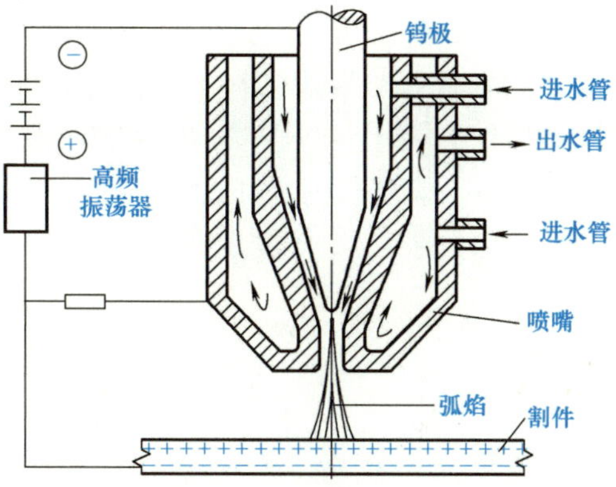

图9-32 等离子弧焊发生装置

4. 电阻焊

工件组合后通过电极施加压力，利用电流流过接头的接触面及邻近区域产生的电阻热进行焊接的方法，称为电阻焊。电阻焊根据接头形式的不同，可分为电焊、缝焊和对焊三种。

电阻焊的特点是生产率较高，成本较低，劳动条件好，工件变形小，易实现机械化与自动化。由于焊接过程极快，因而电阻焊设备需要相当大的电功率和机械功率。

电阻焊主要用于焊接低碳钢、不锈钢、铝及铜等金属材料。其中电焊主要用于焊接厚度在4mm以下的薄板，广泛应用于汽车、飞机制造中；缝焊主要用于焊接厚度在3mm以下的薄板，广泛应用于焊接油箱、烟道等；对焊主要用于焊接较大截面焊件和不同种类金属材料的对接，广泛应用于焊接刀具、管件、钢筋、钢轨、链条等。

5. 电渣焊

利用电流通过液态熔渣所产生的电阻热进行焊接的方法，称为电渣焊。电渣焊分为丝极电渣焊、板极电渣焊和熔嘴电渣焊三种。

电渣焊时，焊件不需要开坡口，不易产生气孔及夹渣等缺陷，不易出现淬硬组织和冷裂倾向；焊接低合金高强度钢及中碳钢时，通常不需要预热；焊接热影响区在高温停留时间长，易产生晶粒粗大和过热组织；焊接接头冲击韧性较差，一般焊后需要正火或回火，以改善接头的组织与力学性能。电渣焊生产效率高，劳动卫生条件好，特别适合于焊接板材厚度在 40mm 以上的结构件，主要用于厚壁压力容器纵缝的焊接；适合于电渣焊的金属材料有非合金钢、耐热钢、不锈钢、铝及铝合金等。

6. 钎焊

钎焊与熔化焊相比，焊件加热温度低、组织和力学性能变化较小，接头光滑平整；某些钎焊方法可以一次焊接多个工件和多个接头，生产率高；可以连接异种材料。但钎焊接头强度较低，工作温度不能太高。根据钎料熔点的不同，钎焊可分为硬钎焊和软钎焊两种。

（1）硬钎焊　所用钎料熔点在 450℃ 以上的钎焊称为硬钎焊。硬钎焊的焊接强度为 300~500MPa。属于硬钎焊的钎料有铜基钎料、铝基钎料、银基钎料、镍基钎料、锰基钎料等，常用的为铜基钎料。焊接时需要加钎剂，铜基钎料常用硼砂、硼酸混合物。硬钎焊的加热方式有火焰加热、电阻加热、炉内加热、电弧加热、激光加热等，硬钎焊常用于受力较大的工件及工具的焊接。

（2）软钎焊　所用钎料熔点在 450℃ 以下的钎焊称为软钎焊。软钎焊的焊接强度一般不超过 140MPa。属于软钎焊的钎料有锡铅钎料、锡银钎料、铅基钎料、镉基钎料等，常用的是锡铅钎料。软钎焊时所用的钎剂为松香、酒精溶液、氧化锌或氯化锌加氯化氨水溶液。软钎焊时可用烙铁、喷灯或炉子加热焊件。软钎焊常用于受力不大的仪表、导电元件等的焊接。

小知识

在唐朝（约公元 7 世纪）时期，我国已开始应用锡焊和银焊技术，而欧洲直到公元 17 世纪才出现此项技术。

知识拓展

焊接新技术和新工艺

随着科学技术和机械制造工业的发展，焊接技术也在不断地发展和提高。下面介绍部分成熟的焊接新技术与新工艺。

1. 摩擦焊

摩擦焊是指利用焊件表面相互摩擦所产生的热，使端面达到热塑性状态然后迅速顶锻，完成焊接的一种压焊方法。

2. 超声波焊

利用超声波的高频振荡能对焊件接头进行局部加热和表面清理，然后施加压力实现焊接的压焊方法称为超声波焊。

3. 爆炸焊

利用炸药爆炸产生的冲击力使焊件迅速碰撞，实现连接焊件的压焊方法称为爆炸焊。

4. 高频电阻焊

利用 10~500kHz 的高频电流进行焊接的电阻焊方法称为高频电阻焊。

5. 激光焊

以聚焦的激光束作为能源轰击焊件所产生的热量进行焊接的方法称为激光焊。

6. 电子束焊

利用加速和聚焦的电子束轰击置于真空或非真空中的焊件所产生的热能进行焊接的方法称为电子束焊。

知识拓展

新型氢氧焊割机

新型氢氧焊割机克服了传统氧乙炔焊割机能耗高、不安全的缺点。它采用电解水的原理，将水分解为氢氧混合物，利用其可燃的氢氧混合物进行各种火焰加工，混合物的燃烧热值是传统方法的 3 倍，使用成本是氧乙炔焊的 1/10，混合物燃烧后生成物是水，不污染环境。新型氢氧焊割机可用于钢铁材料、非铁金属的焊接和切割及玻璃制品的封口和烧制。

课后练习

一、选择题

1. 下列说法中不属于二氧化碳气体保护焊特点的是（　　）。

A. 气体来源广，价格低　　B. 电弧的穿透能力强，熔池深

C. 焊接速度快，生产率低　　D. 焊接电弧燃烧稳定，飞溅较小

2. 利用气体作为保护介质的电弧焊方法是（　　）。

A. 电渣焊　　B. 接触焊　　C. 氩弧焊　　D. 钎焊

二、简答题

简述二氧化碳气体保护焊的特点及用途。

任务四　认识气割

气割是利用金属在纯氧气流中能够剧烈燃烧，生成熔渣并放出大量热量的原理而进行的。气割可用于切割不同厚度的钢板，在汽车车身修复作业中，常用于钢板件的切断及挖补。

一、气割的原理、特点及应用

1. 气割原理

气割是利用气体火焰的热量，将割件待切割处附近预热到一定温度后，喷出高速氧气流使其燃烧，以实现金属切割的方法，如图 9-33 所示。

2. 特点

1）气割其他机械切割方法的效率高。

2）机械切割方法难以切割的截面形状和厚度，采用氧乙炔气割比较经济。

3）气割设备的投资比机械切割设备的投资要低，气割设备轻便，可以用于野外作业。

4）气割尺寸精度低。

5）预热火焰和排除的赤热熔渣存在发生火灾及烧坏设备和烧伤操作工人的危险。

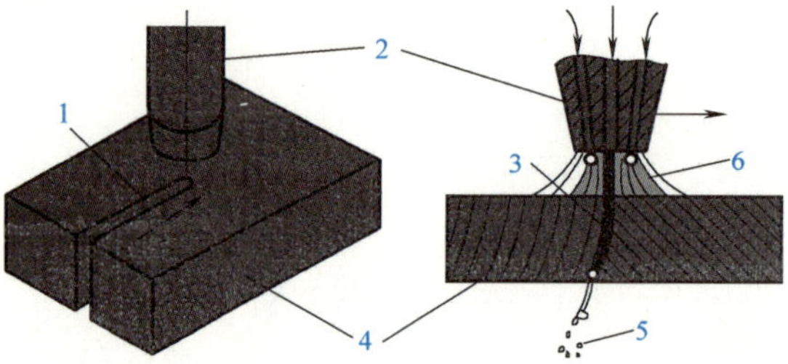

图 9-33　气割原理图

1—割缝　2—割嘴　3—氧气流　4—工件　5—氧化物　6—预热火焰

3. 应用

1）广泛用于钢板、型材下料以及开焊接坡口。

2）铸件浇冒口的切割，切割厚度可达 300mm 以上。

3）主要用于各种碳钢和低合金钢的切割。

二、气割设备及工具

1）气瓶包括氧气瓶、乙炔瓶和液化石油气瓶，如图 9-34 所示。气瓶运输、储存、充灌、使用的安全要求如下：瓶内气体相互接触能引起燃烧、爆炸或产生毒气的气瓶，不得同车（厢）运输。气瓶装在车上，应妥善固定，避免发生碰撞、摩擦和滚动，一般应横放在车厢里，头部朝向一个方向。垛高不得超过车厢高度，一般不超过五层；立放时，车厢高度应在瓶高的 2/3 以上。夏季运输应有遮阳设施，适当覆盖，避免曝晒；在城市的繁华地区应避免白天运输。不得用温度超过 40℃ 的热源对气瓶加热，如乙炔瓶温度过高会降低丙酮对乙炔的溶解度，而使瓶内乙炔压力急剧增高，造成危险。瓶内气体不得用尽，必须留有剩余气压并关紧阀门，防止漏气；使气压保持正压，以便充气时检查，还可以防止其他气体倒流入瓶内而引发事故。

a) 氧气瓶

b) 乙炔瓶

c) 液化石油气瓶

图 9-34　氧气瓶、乙炔瓶、液化石油气瓶

2）减压器（压力表）如图 9-35 所示。

3）胶管如图 9-36 所示。

4）割炬（枪）如图 9-37 所示。

a) 乙炔减压器　　b) 氧气减压器

图 9-35　减压器（压力表）

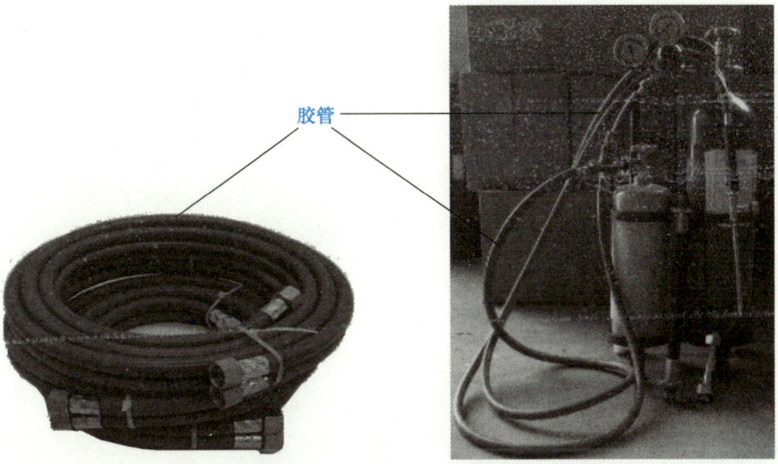

图 9-36　焊接用氧乙炔胶管

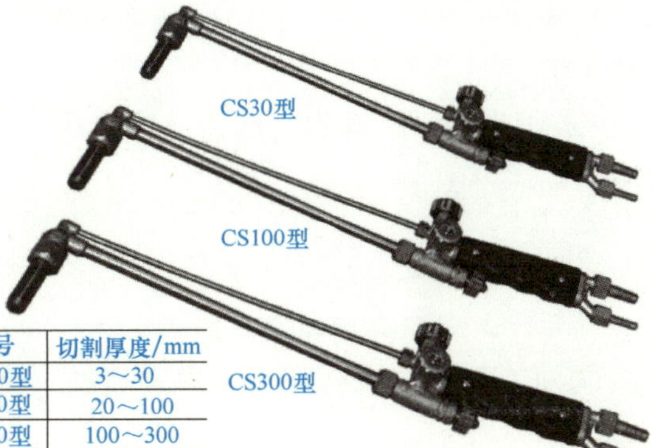

型号	切割厚度/mm
CS30型	3～30
CS100型	20～100
CS300型	100～300

图 9-37　割炬（枪）

三、气割操作

（1）点火　先开乙炔阀，再微开预热氧调节阀，将火焰调节为中性焰或轻微氧化焰。

（2）预热　在工件边缘预热，使其达到燃点（呈红色）。

（3）切割　听到“啪啪”声，说明已割穿，须均匀移动，注意距离与角度。若熔渣流动的方向基本上与工件垂直，说明气割速度正常；若熔渣呈一定角度流出，说明后拖量大，气割速度太快。

（4）移位　每气割 300~500mm 移位一次。

（5）终割　在气割终了时，后倾一定角度，使钢板下部提前割穿，这样割缝较平整。气割结束时，迅速关闭氧调节阀，再关闭乙炔调节阀，最后关闭预热氧调节阀。

四、气割设备的维修保养

气割与气焊所用设备除了割炬不同外，其他基本相同。割炬在使用及维护方面应注意以下几点：

1）应根据制件厚度，选用合适的割嘴，安装时应拧紧割嘴螺母。

2）装配割嘴时，必须使内嘴和外嘴保持同心，以使切割氧射流位于预热火焰中心。

3）点火后，当开预热氧调节阀调整火焰时，若火焰立即熄灭，其原因是各气体通道内存在脏物或射吸管喇叭口接触不严，以及割嘴外套与内嘴配合不当。处理办法是将射吸管螺母拧紧。无效时，可拆下射吸管，清除各气体通道内的脏物及调整割嘴外套与内套间隙，并拧紧。

4）火焰调整正常后，割嘴发出有节奏的“叭叭”声，但火焰并不熄灭。切割氧调节阀开得小时火焰不灭，能勉强切割，但切割氧调节阀开大时，火焰就立即熄灭。其原因是割嘴芯（六方和圆芯螺钉接头处）漏气。处理方法是拆下割嘴外套，轻轻拧紧割嘴芯即可。若仍然无效，可再拆下外套，并用石棉绳垫上。

5）点火后火焰虽调整正常，但一打开切割氧调节阀时，火焰就立即熄灭，其原因是割嘴头和割炬配合不严。处理方法是将割嘴再拧紧一些。若仍无效，再拆下割嘴，把细砂纸放在手心上轻轻地研磨嘴头配合面，直到配合严密。

6）割嘴通道应经常保持清洁、光滑，孔道内的脏物应随时用通针清除干净。当环形割嘴的外套与内嘴发生偏心和缝线不直时，用木槌轻轻地朝与偏心相反的方向敲打内嘴肩部，直至调整同心后方可继续使用。

7）当发生回火时，应立即关闭切割氧调节阀，然后关闭乙炔调节阀和预热氧调节阀。在正常工作停止时，也是如此。

知识拓展

回火现象及其原因

（1）含义　在气焊、气割工作中有时会发生气体火焰进入喷嘴内逆向燃烧的现象，这种现象称为回火。

（2）形式　回烧——火焰向喷嘴孔逆行，并继续向混合室和气体管路燃烧的现象。

逆火——火焰向喷嘴逆行，并瞬时自行熄灭，同时伴有爆鸣声的现象。

（3）根本原因　混合气体从割炬的喷射孔内喷出的速度小于混合气体的燃烧速度，具体原因如下：

1）输送气体的软管太长、太细或者曲折太多，使气体在软管内流动时所受的阻力增大，降低了气体的流速。

2）气割时间过长或者割嘴离焊件太近，致使割嘴温度升高，割炬内的气体压力增大，增大了混合气体的流动阻力，减慢了气体的流动速度。

3）割嘴端面粘附了过多飞溅出来的熔化金属微粒，这些微粒阻塞了喷射孔，使混合气体不能畅通地流出。

4）输送气体的软管内壁或割炬内部的气体通道上粘附了固体碳质微粒或其他物质。

课后练习

简答题

1. 什么是气割？
2. 气割设备由哪几部分组成？

参 考 文 献

[1] 王志海. 热加工工艺基础 [M]. 武汉：武汉工业大学出版社，2001.
[2] 人力资源和社会保障部教材办公室. 金属材料与热处理 [M]. 6版. 北京：中国劳动社会保障出版社，2018.
[3] 王英杰，张美丽. 金属工艺学 [M]. 北京：机械工业出版社，2016.
[4] 郁兆昌. 金属工艺学 [M]. 2版. 北京：高等教育出版社，2015.
[5] 李蕾. 金属材料与热加工基础 [M]. 北京：机械工业出版社，2018.
[6] 王景奕. 金属材料及热加工基础 [M]. 成都：西南交通大学出版社，2004.